统计与数据科学丛书 9

现代因析设计理论

〔印〕拉胡尔·慕克吉 (Rahul Mukerjee)
〔美〕吴建福 (C. F. Jeff Wu) 著

赵胜利 赵倩倩 韩晓雪 孙涛 刘启竹 译

科学出版社

北 京

图字：01-2025-2214 号

内 容 简 介

因析设计在试验设计的理论及其应用中占有重要地位，它可以经济有效地实施具有多个输入变量的试验，并已经广泛地应用到很多领域. 本书内容主要包括：① 因析设计的数学基础；② 二水平最小低阶混杂设计的理论构造方法、纯净效应的概念和纯净效应准则；③ s 水平最小低阶混杂设计的理论构造方法，这里 s 是素数或者素数幂；④ 二水平最大估计容量设计的相关理论；⑤ 混合水平设计的最小低阶混杂理论；⑥ 分区组设计的最小低阶混杂理论；⑦ 裂区设计的最小低阶混杂理论；⑧ 稳健参数设计的最小低阶混杂理论.

本书的预期读者包括统计学及相关专业的本科生，硕士、博士研究生，以及试验设计应用领域的实际工作者.

图书在版编目（CIP）数据

现代因析设计理论 /（印）拉胡尔·慕克吉（Rahul Mukerjee）等著；赵胜利等译. -- 北京：科学出版社，2025. 6. -- ISBN 978-7-03-082518-6

Ⅰ. O212.6

中国国家版本馆 CIP 数据核字第 20251Z78H2 号

责任编辑：李 欣 范培培 / 责任校对：樊雅琼
责任印制：张 伟 / 封面设计：无极书装

科学出版社 出版
北京东黄城根北街 16 号
邮政编码：100717
http://www.sciencep.com
北京中石油彩色印刷有限责任公司印刷
科学出版社发行 各地新华书店经销
＊
2025 年 6 月第 一 版 开本：720×1000 1/16
2025 年 6 月第一次印刷 印张：13 1/2
字数：270 000
定价：98.00 元
（如有印装质量问题，我社负责调换）

"统计与数据科学丛书" 序

统计学是一门集收集、处理、分析与解释量化的数据的科学. 统计学也包含了一些实验科学的因素, 例如通过设计收集数据的实验方案获取有价值的数据, 为提供优化的决策以及推断问题中的因果关系提供依据.

统计学主要起源对国家经济以及人口的描述, 那时统计研究基本上是经济学的范畴. 之后, 因心理学、医学、人体测量学、遗传学和农业的需要逐渐发展壮大, 20 世纪上半叶是统计学发展的辉煌时代. 世界各国学者在共同努力下, 逐渐建立了统计学的框架, 并将其发展成为一个成熟的学科. 随着科学技术的进步, 作为信息处理的重要手段, 统计学已经从政府决策机构收集数据的管理工具发展成为各行各业必备的基础知识.

从 20 世纪 60 年代开始, 计算机技术的发展给统计学注入了新的发展动力. 特别是近二十年来, 社会生产活动与科学技术的数字化进程不断加快, 人们越来越多地希望能够从大量的数据中总结出一些经验规律, 对各行各业的发展提供数据科学的方法论, 统计学在其中扮演了越来越重要的角色. 从 20 世纪 80 年代开始, 科学家就阐明了统计学与数据科学的紧密关系. 进入 21 世纪, 把统计学扩展到数据计算的前沿领域已经成为当前重要的研究方向. 针对这一发展趋势, 进一步提高我国的统计学与数据处理的研究水平, 应用与数据分析有关的技术和理论服务社会, 加快青年人才的培养, 是我们当今面临的重要和紧迫的任务. "统计与数据科学丛书" 因此应运而生.

这套丛书旨在针对一些重要的统计学及其计算的相关领域与研究方向作较系统的介绍. 既阐述该领域的基础知识, 又反映其新发展, 力求深入浅出, 简明扼要, 注重创新. 丛书面向统计学、计算机科学、管理科学、经济金融等领域的高校师生、科研人员以及实际应用人员, 也可以作为大学相关专业的高年级本科生、研究生的教材或参考书.

朱力行

2019 年 11 月

译 者 序

自 20 世纪二三十年代英国统计学家 R. A. Fisher 在英国 Rothamsted 农业试验站开展开创性工作以来, 试验设计已形成了广泛的理论和应用体系, 其研究涉及概率论与数理统计、有限代数、射影几何、组合理论、信息论、编码理论以及计算机科学等各个分支; 并广泛应用于农业、工业、生物、医学、物理、化学以及航空航天等各个领域.

20 世纪 80 年代, Fries 和 Hunter 提出了最小低阶混杂准则, 之后该准则受到了试验设计研究者的广泛关注, 他们发表了大量优秀的研究成果. 2006 年, Rahul Mukerjee 和 C. F. Jeff Wu 对有关成果进行了系统总结并出版了 *A Modern Theory of Factorial Designs*. 作者用有限射影几何的语言撰写本书, 主要内容包括常用的几类正规部分因析设计: 二水平设计、s 水平设计、混合水平设计、分区组设计、裂区设计和稳健参数设计. 除了最小低阶混杂准则的成果, 本书还介绍了纯净效应和最大估计容量准则的一些成果.

本书适合作为统计学和数学专业试验设计方向研究生的教学参考书, 也可作为组合数学研究生课程的参考书. 另外, 第 2—9 章均配有练习, 对读者理解本书很有帮助. 书中收集了各类设计表, 因此, 它对实际工作者来说, 也是一本很好的参考书. 希望中译本的出版对试验设计的教学、应用和研究工作的发展起到积极推动作用.

本书的翻译工作得到国家自然科学基金项目 (11801308, 12171277, 12101357, 12401326) 的支持, 在此表示感谢.

本书的翻译工作是我们集体合作完成的. 由于水平所限, 尽管我们在翻译工作中作了很大努力, 但仍然会在译文或其他方面存在不妥之处, 敬请同行专家和读者给予批评指正.

译 者

2025 年 5 月于曲阜师范大学

前　　言

一直以来, 因析设计在试验设计的理论和实践中发挥着突出作用. 因析设计可以对多个输入变量进行高效、经济的试验, 已成功应用于许多领域. 自因析设计提出 70 年以来, 人们对其进行了大量研究, 并撰写了很多有关因析设计的文章. 出于经济原因, 部分因析设计广受欢迎, 尤其是在因子数量多且试验成本高昂的情况下. 试验者面临的第一个问题, 可能也是最重要的问题, 是部分因析设计的选择. 鉴于因析设计的悠久历史, 用于设计选择的 "最优性" 理论应该很早以前就出现了. 令人惊讶的是, 直到 60 年代初才在这个方向做出第一次重要的努力, 提出分辨度的概念. 后来, 这个概念作为设计选择的准则明显辨别力不足. 同样令人惊讶的是, 又过了将近 20 年的时间才提出最小低阶混杂 (MA) 准则, 该准则自提出以来已经成为选择部分因析设计的主要准则. 自从 80 年代末人们认识到 MA 准则的重要性以后, 过去 15 年来, 关于搜索 MA 及其相关设计的理论和算法的研究发展迅速. 除了建立和改进现有的射影几何和编码理论技术外, 这些研究还推动了补设计和高效搜索算法等新技术的发展. 基本结构越来越复杂的因析设计 (例如, 混合水平、分区组、裂区和稳健参数设计) 也受到了广泛关注. 第 1 章详细阐述了因析设计的发展历史, 并介绍了本书的特点和内容.

在 2000 年, 作者认为从 MA 的视角规划并撰写一本因析设计的现代书籍的时机已经成熟. 这样一本书应该包含主要的理论工具和结果, 以及文献中获得的最优设计或有效设计表. 为了完成这个计划, Rahul Mukerjee 曾多次访问 C. F. Jeff Wu, 后者先后在密歇根大学统计系和佐治亚理工学院的工业与系统工程学院任职. 感谢两所机构的热情款待和支持.

本书的第 2 章给出了所需的数学和理论基础. 对于数学方向的读者来说, 阅读和理解书中的逻辑及推导几乎不需要额外的背景, 因为每个新概念都伴随着简要的统计解释、论证或参考文献. 对于统计方向的读者, 基本的试验设计和分析的背景将有助于理解和欣赏书中概念与结果的意义及影响. 这本书可以作为统计学或数学有关设计理论的研究生课程教科书, 也可以作为组合数学研究生课程的参考书. 我们希望它能成为一般设计研究人员的有用参考书. 本书广泛收集了各类设计表, 因此应该会受到对因析设计感兴趣的实践者和读者的喜爱.

在本书的撰写过程中, 我们得到了同事以及过去和现在的学生的评论和帮助, 包括 Aloke Dey、Tirthankar Dasgupta、邓新伟、Greg Dyson、洪瑛、Abhyuday

Mandal、钱智光、曲祥贵和徐洪泉. 我们衷心感谢他们. 本书的写作得到了美国国家科学基金会 (DMS-0072489) 的资助. Rahul Mukerjee 还得到了印度加尔各答管理学院管理与发展研究中心对该项目的支持.

Rahul Mukerjee　　C. F. Jeff Wu

加尔各答　　　亚特兰大

目　　录

第 1 章 引言与概述

1.1 绪 言

自从 R. A. Fisher 建立现代统计以来, 试验设计在统计学课程、实践和研究中发挥着重要作用. 它已成功应用于许多科学研究领域, 包括农业、医学和行为研究以及化学、制造业和高科技行业. 起源于试验设计和分析的概念, 如随机化、效应混杂和别名, 其应用范围已经超出了最初的动机. 设计理论在数学方面的工作, 如分区组设计和正交表, 也刺激了某些数学分支的新研究, 如代数、组合数学和编码理论.

试验问题根据其目标可以分为五大类 (Wu and Hamada, 2000): ①处理比较, ②变量筛选, ③响应曲面探索, ④系统优化, ⑤系统稳健性. 除了单向或二向分类设计的处理比较外, 其余问题涉及多个输入变量对试验结果 (即响应) 的影响研究. 这些输入变量称为因子, 这些试验称为因析试验. 每个因子必须有两个或更多设置, 以便探究改变因子设置对响应的影响. 这些设置称为因子的水平. 因子水平的任意组合称为一个处理组合. 在工业试验中, 一个处理组合也称为一次运行. 因析设计关心的是一个因析试验中处理组合的选择和安排. 因析设计因为它丰富的结构、理论和应用而成为最重要的一类设计. 应用设计的文章通常有很大一部分内容用来介绍因析设计. 事实上, 任何涉及多个因子的研究都可以从因析设计的概念、理论和方法中受益.

一个全因析设计包含所有可能的处理组合. 随着因子数量的增加, 处理组合的数量会迅速增加. 对于一个因子都是二水平的因析试验, 随着因子数量从 6 增加到 9, 处理组合的数量从 64 增加到 512. 当每个因子有三个水平时, 随着因子数量从 3 增加到 6, 试验的大小就从 27 增加到 729. 显然由于经济原因, 大规模的全因析试验可能不可行. 一个实用的解决方案是选择全因析设计的一部分进行试验. 以经济有效的方式选择这样的部分是部分因析设计的主题.

我们通过一个简单的例子来说明部分因析设计. 考虑表 1.1 中 16×15 的表, 称为设计矩阵. 矩阵中的行对应于处理组合 (或运行), 列用来分配因子. 每个因子有两个水平, 在表中用 0 和 1 表示. 第 1 列至第 4 列由四个因子的所有 16 种可能的处理组合构成. 从前四列中取出任意 2 到 4 列, 做模 2 加法形成第 5 列至第 15 列. 例如, 第 5 列是用第 1 列和第 2 列的模 2 加法得到的, 可以解释为第 1

列和第 2 列所安排因子的交互作用. 假设处理组合数固定在 16, 可以用前 4 列构成一个 $2 \times 2 \times 2 \times 2$ 全因析设计 (缩写为 2^4 设计) 来研究 4 个因子. 当需要研究 5 个因子时, 可以保留前 4 列, 再从剩余的 11 列 (即表中编号为 5 到 15 的列) 中选择一列作为第 5 个因子所在列. 给定一个设计目标, 这将是一个简单的搜索, 因为它只涉及 11 种不同的选择. 由此产生的设计是 2^5 全设计的 1/2 部分. 随着因子数的增加, 搜索的规模变得更加难以计算. 对于 9 个因子 16 个处理组合的设计, 需要找到 2^9 设计的 $1/2^5$ 部分, 即 2^{9-5} 设计. 除了前 4 列, 必须从剩下的 11 列中再选择 5 列, 共有 462 种选择. 对于更大的问题, 这个数字可以呈现天文数字般增长. 如前所述, 研究 $32 (= 2^5)$ 个处理组合的 13 个二水平因子, 搜索共有

$$\binom{31-5}{13-5} = \binom{26}{8} \approx 1.56 \times 10^6$$ 个选择, 为了研究 $64 (= 2^6)$ 个处理组合的 14 个

因子, 不同选择数从百万增加到 16.5 亿 $\left(\approx \binom{63-6}{14-6} = \binom{57}{8} \right)$. 通过对称分析

和其他技术, 如上数字的搜索规模可以减少. 但这种蛮力强制寻求经济和高效设计的方法显然是不可行的, 进而需要一种理论.

表 1.1　一个 16 行的设计矩阵

行	列														
	1	2	3	4	5	6	7	8	9	10	11	12	13	14	15
1	0	0	0	0	0	0	0	0	0	0	0	0	0	0	0
2	0	0	0	1	0	0	1	0	1	1	0	1	1	1	1
3	0	0	1	0	0	1	0	1	0	1	1	0	1	1	1
4	0	0	1	1	0	1	1	1	1	0	1	1	0	0	0
5	0	1	0	0	1	0	0	1	1	0	1	1	0	1	1
6	0	1	0	1	1	0	1	1	0	1	1	0	1	0	0
7	0	1	1	0	1	1	0	0	1	1	0	1	1	0	0
8	0	1	1	1	1	1	1	0	0	0	0	0	0	1	1
9	1	0	0	0	1	1	1	0	0	0	1	1	1	0	1
10	1	0	0	1	1	1	0	0	1	1	1	0	0	1	0
11	1	0	1	0	1	0	1	1	0	1	0	1	0	1	0
12	1	0	1	1	1	0	0	1	1	0	0	0	1	0	1
13	1	1	0	0	0	1	1	1	1	0	0	0	1	1	0
14	1	1	0	1	0	1	0	1	0	1	0	1	0	0	1
15	1	1	1	0	0	0	1	0	1	1	1	0	0	0	1
16	1	1	1	1	0	0	0	0	0	0	1	1	1	1	0

1.2　为什么写这本书?

在解决部分设计的 "最优" 选择问题之前, 必须确定最优性准则的选择. 第一个主要准则是 Box 和 Hunter (1961a, 1961b) 提出的最大分辨度准则: 具有更大分

辨度的部分因析设计更可取 (技术术语的定义见后续章节). 进一步研究发现, 这个准则不能区分具有相同分辨度但却有不同性质的部分因析设计. 时隔近 20 年, Fries 和 Hunter (1980) 提出了一个更具辨别力的准则: 最小低阶混杂 (minimum aberration, MA) 准则, 用于选择最优部分因析设计. 显然, 这项开创性的工作源于 Box, W. G. Hunter 和 J. S. Hunter (1978, 第 410 页) 给出的一个二水平部分因析设计表. 尽管他们的书中并没有提到 MA 准则, 但该表中的所有设计都有 MA 性质. 美国国家标准局 (National Bureau of Standards, 1957, 1959) 的经典工作也包含一些关于 MA 准则的线索, 但没有接近定义或抓住它的本质.

除了 Franklin (1984, 1985) 的工作外, Fries 和 Hunter 的论文及 MA 准则又被忽视了十年. 在 90 年代初, 本书的作者之一及其合作者认识到这一准则在选择最优部分因析设计方面的核心作用, 以及发展理论和计算机算法来描述与搜索 MA 设计的需要. 随着最初的论文发表, 这种新的因析设计方法立即受到了设计界的关注. 在过去的十五年里, MA 设计的文献大量增加, 并被推广到更复杂的情况, 进一步衍生出了如估计能力等相关准则. 这项研究对教科书和软件都产生了重大的影响. Wu 和 Hamada (2000) 的应用设计类著作首先广泛使用 MA 准则选择最优部分因析设计及其设计表. Box, J. S. Hunter 和 W. G. Hunter (2005) 的经典著作第二版也提到了 MA 准则和设计. SAS/QC, JMP 和 Design-Ease 等统计软件包现在拥有使用此准则来选择最优部分因析设计的选项.

本书旨在全面总结以 MA 方法为核心的现代因析设计. 为了使读者具备必要的背景知识, 我们还发展建立了一些基本概念和结果. 此外, 为了实际使用, 本书提供了 MA 及相关设计的大量表格. 基础工作、 MA 视角下的最新研究成果和设计表共同构成了本书的主体部分. 关于 MA 准则之外的因析设计和相关主题的书籍, 参考 Raktoe, Hedayat 和 Federer (1981), Dey (1985), John 和 Williams (1995), Dey 和 Mukerjee (1999) 以及 Hedayat, Sloane 和 Stufken (1999).

1.3 本书包含哪些内容？

本节给出本书的框架. 在绪言章节之后, 第 2 章详细阐述了因析设计的数学基础. 首先依据 Bose (1947) 的经典著作介绍因子效应, 然后定义正规部分因析设计. 依据效应分层原理, 基于分辨度和混杂提出最优性准则. 最后三节讨论部分因析设计与正交表、有限射影几何和代数编码的联系, 以及后者的相关数学性质. 本章内容为后续章节的现代理论提供了先决数学条件. 此外, 它们为试验设计其他方面, 如不完全区组设计、拉丁方和响应曲面设计, 提供了有用的背景材料. 事实上, 这一章本身对那些对组合设计领域感兴趣的人来说也很有价值.

第 3 章至第 5 章组成下一个单元. 第 3 章讨论二水平 MA 设计, 介绍主要工具和理论结果, 并讨论纯净效应和 MaxC2 准则的相关概念, 全面研究了 $k \leqslant 4$ 的 MA 2^{n-k} 设计. 对于更大的 k (即高度部分化的试验), 对问题的直接处理是无法实现的. 因此, 一个新颖的想法是通过一些组合恒等式将设计性质与其补设计的性质联系起来. 当补设计中的因子数小于原始设计中的因子数时, 这种方法特别有用. 本章详细讨论这个强大工具的发展和应用. 它将以越来越复杂的形式在随后的章节中重新出现. 本章全面给出了有 16, 32, 64 和 128 个处理组合的设计表, 并讨论它们的实际应用. 这些表格不仅包括 MA 设计, 还包括其他 MA 或 MaxC2 准则下的高效设计. 设计表格可以被视为书中 "更应用" 的部分. 同时也形成了一个数据库, 供设计研究人员使用.

第 4 章将上述工作扩展到 s 水平因析设计, 其中 s 是素数或素数幂. 本章首先讨论三水平设计的情况, 并指出从二水平到三水平或更高水平时, 在数学处理和因子效应解释中的额外复杂性. 除了这种复杂性, 本章的内容和结构与第 3 章相似. 通过使用代数编码理论作为工具, 得到一个主要定理, 这个定理将 MA 设计与其补设计联系起来. 这个定理是近期设计理论中最深刻和最重要的定理之一. 本章还给出 27 和 81 个处理组合的三水平设计表, 并讨论它们的实际用途. 与第 3 章一样, 这些表格包括 MA 设计和其他高效设计.

随着 MA 准则的流行, 人们试图在各种模型假设下, 通过一种更直接与可估性联系起来的替代准则为其提供进一步的统计证明. 这就引出了最大估计容量的思想, 这是第 5 章的重点. 本章对二水平和一般 s 水平因析设计都进行了研究. 主要技术工具仍是补设计, 现在称为补集.

第 3 章至第 5 章中考虑的设计是对称因析设计, 即所有因子的水平数相同. 然而, 在有些实际情况下, 一些因子的内在性质不允许这种对称性. 例如, 除了一个表示零件供应的定性因子, 其有四个供应商, 所有因子可能都有两个水平. 第 6 章的重点是非对称 (或混合水平) 设计, 其因子有不同的水平数. 最简单和最常见的例子是包含二水平和四水平因子的混合水平设计, 这些设计是通过替换方法构造的. 本章首先给出了含有一个或两个四水平因子和一定数量的二水平因子的 MA 设计, 然后考虑了具有 s 水平和 s^r 水平因子的设计. 射影几何理论用来描述此类设计, 补集技术用于研究其 MA 性. 本章还给出了 MA 设计表.

接下来的三章构成了本书的最后一个单元. 它们处理包含两种不同类型因子的设计. 第 6 章中因子之间的区别在于因子水平数的不同, 相较而言, 这里的区别是一种更微妙的本质不同. 需要额外关注且必须开发新的工具来解决不对称的新特征. 第 7 章涵盖了全因析设计和部分因析设计的分区组. 除了处理因子的因子结构外, 这类设计还含有一个分区组结构, 将 MA 准则推广到全因析设计的分区组设计. 然而, 部分因析设计的分区组问题因为两种结构的存在而变得复杂: 一种用来定义处理因子的部分, 另一种用来定义分区组方案. 本章用射影几何对必要的数学表示进行描述, 并讨论由 MA 驱动的各种最优性准则; 给出具有理想性质的有 16, 32, 64 和 128 个处理组合的二水平分区组设计表, 以及有 27 和 81 个处理组合的三水平分区组设计表.

第 8 章是关于部分因析裂区设计, 由于不同的误差结构, 整区和子区因子不能对称处理. 这需要用另一个后续准则来补充原来的 MA 准则. 与前几章一样, 射影几何和补集是主要技术工具. 第 8 章同样以最优设计表结束.

稳健参数设计是一种减小变差的统计或工程方法, 通过选择合适的可控因子的设置而使系统对难以控制的噪声变化不敏感. 参数设计试验通常用于质量改进, 第 9 章对其设计方面进行介绍, 考虑两种试验策略: 交叉表和单一表, 并给出交叉表可估性的基本结果. 这里缺乏对称性是由于控制因子和噪声因子在设计和建模策略的选择中扮演的角色不同. 同时考虑到对试验优先次序的认知, 引入一个新的效应排序原则解决这种不对称性. 这相应地导致对 MA 准则较大的修改, 进而讨论用修改后的准则选择最优设计.

由于本书的重点是试验设计, 因此建模问题很少提及. 有关建模、分析和应用的资料, 可以参考应用设计方面的文献, 如 Montgomery (2000), Wu 和 Hamada (2000) 以及 Box, J. S. Hunter 和 W. G. Hunter (2005).

1.4 超出本书的内容

在本节中, 我们简要指出书中未涵盖的近期因析设计中一些有研究价值的主题. 它们仍在快速发展阶段, 因此尚未形成完整的体系.

本书考虑的所有部分因析设计都是正规的. 2.4 节给出精确定义, 另见 2.7 节. 为了了解正规部分因析设计的含义, 我们参考表 1.1 中的设计矩阵. 容易看出, 该矩阵任意两个不同列的模 2 和都可以在剩余的列中找到. 在这个意义上, 从这个矩阵中选择列给出的任意部分因析设计都是正规的. 另外, 表 1.2 (Plackett and Burman, 1946) 中给出的 12 行矩阵产生的设计是非正规的. 注意到其任意两列的模 2 和在剩余列中是找不到的. 传统上, 正规部分一直是因析设计研究的核心. 它们有一个整齐的数学结构, 简化了推导, 并促进了对效应别名的理解. 此外, 它们也是实际中最常用的设计.

多年来, 非正规设计主要从数学角度受到了研究者的关注. 然而, 最近人们意识到利用它们也可以用于实施有效的试验, 而且具有灵活性、试验次数的经济性以及有估计交互作用的能力 (Hamada and Wu, 1992; Wu and Hamada, 2000, 第 7 章和第 8 章). 这引发了对非正规设计日益增长的兴趣. 最优设计的选择问题是一个自然的研究课题, 以期与正规设计的工作平行. 人们对非正规设计提出了最小低阶混杂准则的各种推广形式, 主要有最小 G_2-低阶混杂 (Deng and Tang,

1999; Tang and Deng, 1999)、广义最小低阶混杂 (Xu and Wu, 2001) 和最小矩低阶混杂 (Xu, 2003). 对正规设计, 虽然这些准则在数学上等价于 MA 准则, 但其中一些准则对解决结构相对复杂的正规设计问题, 如分区组设计 (Xu, 2006), 仍有着更大的优势. 通过使用示性函数, Ye (2003) 以及 Cheng 和 Ye (2004) 从不同的角度研究了非正规设计.

表 1.2　一个 12 行的 Plackett-Burman 设计矩阵

行	列										
	1	2	3	4	5	6	7	8	9	10	11
1	0	0	1	0	0	0	1	1	1	0	1
2	1	0	0	1	0	0	0	1	1	1	0
3	0	1	0	0	1	0	0	0	1	1	1
4	1	0	1	0	0	1	0	0	0	1	1
5	1	1	0	1	0	0	1	0	0	0	1
6	1	1	1	0	1	0	0	1	0	0	0
7	0	1	1	1	0	1	0	0	1	0	0
8	0	0	1	1	1	0	1	0	0	1	0
9	0	0	0	1	1	1	0	1	0	0	1
10	1	0	0	0	1	1	1	0	1	0	0
11	0	1	0	0	0	1	1	1	0	1	0
12	1	1	1	1	1	1	1	1	1	1	1

另一个有前景的研究领域涉及超饱和设计, 其中试验次数甚至不足以估计所有因子的主效应. 当试验成本高昂且问题复杂到需要研究许多因子时, 这可能是一个现实的情况. 本书讨论的设计均不是超饱和设计. 例如, 表 1.1 中的设计矩阵最多可研究有 16 个处理组合的 15 个二水平因子. 假设经济原因将处理组合数限制在 16 次, 调查人员坚持在试验中研究多达 19 个因子, 则需要一个形如 16×19 表格的超饱和设计. 很多文献已经提出了超饱和设计的各种构造方法. 例如, Lin (1993, 1995), Wu (1993), Nguyen (1996), Yamada 和 Lin (1999), 以及 Xu 和 Wu (2005). 另一方面, 从 MA 或相关角度对最优超饱和设计的研究相对少得多. 有趣的是, 上一段所述的大多数非正规设计的最优性准则都可能适用于超饱和设计.

进一步的研究主题的动机源自计算机试验. 从传统上讲, 绝大多数试验都是通过实体试验完成的, 这些试验设计采用的因子通常在二到四个水平. 随着计算机模拟和数值试验在技术及经济上变得可行, 计算机试验在工程和科学中逐渐发挥着重要作用. 由于计算机模型通常非常复杂, 通常必须考虑具有更多水平的因子. 传统设计的规模会变得不切实际的大, 因此使用空间填充设计来取代. 两类主要的空间填充设计是拉丁超立方体设计和均匀设计. 有关计算机试验的设计和建模策略的详细信息, 请参阅 Santner, Williams 和 Notz (2003) 以及 Fang, Li 和 Sudjianto (2005).

第 2 章　因析设计的基础

本章给出因析设计理论的基本定义和技术工具, 包括因子效应的各种数学定义, 以及伽罗瓦 (Galois) 域、有限射影几何和代数编码理论等工具. 这些思想和工具用于定义和讨论基本概念, 如正规部分、定义束、别名、分辨度、最小低阶混杂和正交表.

2.1　因 子 效 应

一个试验有 $n\ (\geqslant 2)$ 个因子 $F_1, \cdots, F_n$, 每个因子分别有 $s_1, \cdots, s_n\ (\geqslant 2)$ 个水平, 称该试验为 $s_1 \times \cdots \times s_n$ 因析试验. 特别地, 如果 $s_1 = \cdots = s_n = s$, 则称其为对称 s^n 因析试验; 否则称其为非对称因析试验. 对于 $1 \leqslant i \leqslant n$, 第 i 个因子 F_i 的 s_i 个水平用 s_i 个符号表示. 假设这些水平的代码为 $0, 1, \cdots, s_i - 1$, 则一个典型的处理组合, 即 n 个因子的一个水平组合, 将由有序的 n 元组 $j_1 \cdots j_n$ 表示, 其中 $j_i \in \{0, 1, \cdots, s_i - 1\}$, $1 \leqslant i \leqslant n$. 显然, 总共有 $\prod_{i=1}^{n} s_i$ 个处理组合.

例如, 若有三个因子, 水平数分别为 2, 3, 3, 则 $n = 3$, $s_1 = 2$, $s_2 = 3$, $s_3 = 3$, 有 18 种处理组合, 即

$$
\begin{aligned}
&000,\ 001,\ 002,\ 010,\ 011,\ 012,\ 020,\ 021,\ 022, \\
&100,\ 101,\ 102,\ 110,\ 111,\ 112,\ 120,\ 121,\ 122.
\end{aligned}
\tag{2.1.1}
$$

令 $\tau(j_1 \cdots j_n)$ 表示与处理组合 $j_1 \cdots j_n$ 对应的处理效应. 在因析试验中, 这些处理效应是未知的参数. 称线性参数函数

$$
\sum_{j_1=0}^{s_1-1} \cdots \sum_{j_n=0}^{s_n-1} l(j_1 \cdots j_n) \tau(j_1 \cdots j_n)
\tag{2.1.2}
$$

为处理对照, 其中诸 $l(j_1 \cdots j_n)$ 是不全为 0 的实数, 满足

$$
\sum_{j_1=0}^{s_1-1} \cdots \sum_{j_n=0}^{s_n-1} l(j_1 \cdots j_n) = 0.
\tag{2.1.3}
$$

在因析试验中, 我们关心的是特殊类型的处理对照, 即那些属于因子效应的处理对照.

为了说明这些想法, 考虑 2^2 因析试验的简单情况. 有两个因子 F_1 和 F_2, 其水平分别用 0 和 1 表示, 四个处理组合分别是 00, 01, 10 和 11. 固定因子 F_2 在 0 水平, F_1 从 0 水平改变到 1 水平的效应显然是

$$L(F_1 | F_2 = 0) = \tau(10) - \tau(00). \tag{2.1.4}$$

类似地, 固定因子 F_2 在 1 水平, F_1 从 0 水平改变到 1 水平的效应是

$$L(F_1 | F_2 = 1) = \tau(11) - \tau(01). \tag{2.1.5}$$

F_1 的主效应由 (2.1.4) 和 (2.1.5) 中两个量的算术平均数来度量, 即

$$L(F_1) = \frac{1}{2} [\{\tau(10) - \tau(00)\} + \{\tau(11) - \tau(01)\}]. \tag{2.1.6}$$

注意到 $L(F_1)$ 是式 (2.1.2) 中当

$$l(00) = l(01) = -\frac{1}{2}, \quad l(10) = l(11) = \frac{1}{2} \tag{2.1.7}$$

时的结果. 显然, $l(00), l(01), l(10)$ 和 $l(11)$ 相加为零, 即满足 (2.1.3). 因此, $L(F_1)$ 是度量 F_1 主效应的处理对照. 交换 F_1 和 F_2 的角色, 显然因子 F_2 的主效应的处理对照为

$$L(F_2) = \frac{1}{2} [\{\tau(01) - \tau(00)\} + \{\tau(11) - \tau(10)\}]. \tag{2.1.8}$$

对于 2^2 因析设计, 接下来考虑 F_1 和 F_2 之间的交互作用. 这是通过固定 F_2 的水平对 F_1 水平变化在效应上的影响来度量的. 因此, $L(F_1 | F_2 = 1)$ 和 $L(F_1 | F_2 = 0)$ 之间的差异度量了这种交互作用. 根据 (2.1.4) 和 (2.1.5), 交互作用 $F_1 F_2$ 由

$$\begin{aligned} L(F_1 F_2) &= \frac{1}{2} [\{\tau(11) - \tau(01)\} - \{\tau(10) - \tau(00)\}] \\ &= \frac{1}{2} \{\tau(11) - \tau(01) - \tau(10) + \tau(00)\} \end{aligned} \tag{2.1.9}$$

度量, 这也是一种处理对照. 交互作用 $F_1 F_2$ 也可以通过固定 F_1 的水平对 F_2 水平变化在效应上的影响来给出. 这由交换两个因子的角色而 (2.1.9) 保持不变这一事实反映出来.

对应于因子 F_1 和 F_2 的两个主效应以及交互作用 $F_1 F_2$ 是 2^2 因析试验中产生的因子效应. 因此, 在 2^2 因析试验中, 我们将关注处理对照 $L(F_1), L(F_2)$ 和 $L(F_1 F_2)$, 它们分别代表三个因子效应. 顺便说一句, 在大多数统计应用中, 可以适

当缩放处理对照, 也就是说, (2.1.6), (2.1.8) 或 (2.1.9) 式中的乘数 1/2 在后面的推导中没有特殊的重要性. 事实上, 即使乘数 1/2 被其他任意非零常数代替, 人们仍然可以分别获得与 $L(F_1)$, $L(F_2)$ 或 $L(F_1F_2)$ 成正比的处理对照.

现在, 我们转向 $s_1 \times \cdots \times s_n$ 因析设计的一般情况, 并介绍属于因子效应的处理对照的定义 (Bose, 1947).

定义 2.1.1 处理对照

$$\sum_{j_1=0}^{s_1-1} \cdots \sum_{j_n=0}^{s_n-1} l(j_1 \cdots j_n) \tau(j_1 \cdots j_n)$$

属于因子效应 $F_{i_1} \cdots F_{i_g}$ $(1 \leqslant i_1 < \cdots < i_g \leqslant n; 1 \leqslant g \leqslant n)$, 如果

(i) $l(j_1 \cdots j_n)$ 只依赖于 $j_{i_1}, \cdots, j_{i_g}$;

(ii) 基于 (i), 记 $l(j_1 \cdots j_n) = \bar{l}(j_{i_1} \cdots j_{i_g})$, $\bar{l}(j_{i_1} \cdots j_{i_g})$ 关于每个自变量 $j_{i_1}, \cdots, j_{i_g}$ 分别求和都为 0.

如上述定义, 如果因子效应 $F_{i_1} \cdots F_{i_g}$ 只包含一个因子 (即 $g = 1$), 则称为主效应; 如果它包含多个因子 (即 $g > 1$), 则称为交互作用. 显然, 有 n 个主效应和 $\binom{n}{g}$ 个 g 因子交互作用. 因此, $s_1 \times \cdots \times s_n$ 因析试验的因子效应总数是

$$\binom{n}{1} + \binom{n}{2} + \cdots + \binom{n}{n} = 2^n - 1.$$

这与我们之前在 2^2 因析试验中列举的三个因子效应, 即两个主效应和一个两因子交互作用 (two-factor interaction, 缩写为 2fi) 是一致的. 因子效应的阶数是它所包含的因子的数量. 例如, 主效应是一阶的, 两因子交互作用是二阶的, 以此类推.

现在说明前面 2^2 因析试验的想法如何在定义 2.1.1 中体现. 在这个定义中令 $g = 1$, $i_1 = 1$, 那么属于主效应 F_1 的处理对照形为

$$\sum_{j_1=0}^{s_1-1} \cdots \sum_{j_n=0}^{s_n-1} \bar{l}(j_1) \tau(j_1 \cdots j_n), \tag{2.1.10}$$

其中

$$\sum_{j_1=0}^{s_1-1} \bar{l}(j_1) = 0. \tag{2.1.11}$$

注意 (2.1.10) 和 (2.1.11) 分别对应于定义 2.1.1 的要求 (i) 和 (ii). 现在考虑 (2.1.6) 中给出的对照 $L(F_1)$, 它可以表示为

$$L(F_1) = -\frac{1}{2}\{\tau(00) + \tau(01)\} + \frac{1}{2}\{\tau(10) + \tau(11)\}.$$

因此, 与定义 2.1.1(i) 一致, $L(F_1)$ 中 $\tau(j_1 j_2)$ 的系数仅取决于 j_1. 换句话说, $L(F_1)$ 是 (2.1.10) 中 $\bar{l}(0) = -1/2$ 和 $\bar{l}(1) = 1/2$ 的形式. 显然, $\bar{l}(0) + \bar{l}(1) = 0$, 满足 (2.1.11). 类似地, 可以很容易地验证 (2.1.8) 中给出的 $L(F_2)$ 也与定义 2.1.1 一致.

对于两因子交互作用 $L(F_1 F_2)$ 的情况, 在定义 2.1.1 中令 $g = 2$, $i_1 = 1$ 和 $i_2 = 2$, 那么属于 $L(F_1 F_2)$ 的处理对照的形式是

$$\sum_{j_1=0}^{s_1-1} \cdots \sum_{j_n=0}^{s_n-1} \bar{l}(j_1 j_2)\tau(j_1 \cdots j_n), \tag{2.1.12}$$

其中, 对任意 $j_2\,(0 \leqslant j_2 \leqslant s_2 - 1)$,

$$\sum_{j_1=0}^{s_1-1} \bar{l}(j_1 j_2) = 0, \tag{2.1.13}$$

对任意 $j_1\,(0 \leqslant j_1 \leqslant s_1 - 1)$,

$$\sum_{j_2=0}^{s_2-1} \bar{l}(j_1 j_2) = 0. \tag{2.1.14}$$

和之前一样, (2.1.12) 由定义 2.1.1 的要求 (i) 决定, 而 (2.1.13) 和 (2.1.14) 由要求 (ii) 决定. (2.1.9) 中定义的处理对照 $L(F_1 F_2)$ 是 (2.1.12) 中使 $\bar{l}(00) = \bar{l}(11) = 1/2$, $\bar{l}(01) = \bar{l}(10) = -1/2$ 时的形式, 它们显然满足 (2.1.13) 和 (2.1.14). 因此, $L(F_1 F_2)$ 也与定义 2.1.1 中给出的属于交互作用 $F_1 F_2$ 的处理对照的概念相一致.

2.2　因子效应的 Kronecker 积表示

对于 $s_1 \times \cdots \times s_n$ 因析试验, 我们现在讨论属于因子效应处理对照的一些基本性质. 对于这种处理对照, 一种等价于定义 2.1.1 但涉及矩阵的 Kronecker 积的替代表示将有帮助. 这种表示是由 Kurkjian 和 Zelen (1962, 1963) 正式引入的, 其中的一些想法在 Zelen (1958) 和 Shah (1958) 中就存在了.

这里给出矩阵 Kronecker 积的定义和一些基本性质, 更多细节可见 Rao (1973, 第 1 章). 如果 $B_1 = \left(\left(b_{ij}^{(1)}\right)\right)$ 和 B_2 分别是 $p_1 \times q_1$ 和 $p_2 \times q_2$ 矩阵, 那么 B_1 和 B_2 的 Kronecker 积, 记为 $B_1 \otimes B_2$, 是一个 $(p_1 p_2) \times (q_1 q_2)$ 矩阵, 定义为如下分块矩阵的形式

$$B_1 \otimes B_2 = \left(\left(b_{ij}^{(1)}\right) B_2\right).$$

类似地, 三个矩阵 B_1, B_2 和 B_3 的 Kronecker 积定义为

$$B_1 \otimes B_2 \otimes B_3 = B_1 \otimes (B_2 \otimes B_3) = (B_1 \otimes B_2) \otimes B_3,$$

以此类推. Kronecker 积的以下性质将在后面有用:

(i) 对于任意 n 个矩阵 $B_1, \cdots, B_n$,

$$(B_1 \otimes \cdots \otimes B_n)' = B_1' \otimes \cdots \otimes B_n',$$

其中上标符号表示转置;

(ii) 对于任意 n 个矩阵 $B_1, \cdots, B_n$,

$$\operatorname{rank}(B_1 \otimes \cdots \otimes B_n) = \prod_{i=1}^{n} \operatorname{rank}(B_i);$$

(iii) 对于任意 $2n$ 个矩阵 $B_{11}, \cdots, B_{1n}, B_{21}, \cdots, B_{2n}$, 在乘积 $B_{1i}B_{2i}$ 对每个 i $(1 \leqslant i \leqslant n)$ 都有意义的条件下,

$$(B_{11} \otimes \cdots \otimes B_{1n})(B_{21} \otimes \cdots \otimes B_{2n}) = (B_{11}B_{21}) \otimes \cdots \otimes (B_{1n}B_{2n}).$$

现在对 $s_1 \times \cdots \times s_n$ 因析设计中属于因子效应的处理对照应用 Kronecker 积表示. 一些记号和预备知识会有所帮助. 首先, 令 $v = \prod_{i=1}^{n} s_i$ 表示处理组合总数. 不失一般性, 假设 v 个处理组合按字典序排列. 例如, 如果 $n = 2$, 它们的顺序为

$$00, 01, \cdots, 0\bar{s}_2, 10, 11, \cdots, 1\bar{s}_2, \cdots, \bar{s}_1 0, \bar{s}_1 1, \cdots, \bar{s}_1 \bar{s}_2,$$

其中 $\bar{s}_1 = s_1 - 1$, $\bar{s}_2 = s_2 - 1$. 另一个字典序排列的例子见 $n = 3$, $s_1 = 2, s_2 = s_3 = 3$ 时的 (2.1.1) 式. 设 τ 为一个 v 阶列向量, 其元素由处理效应 $\tau(j_1 \cdots j_n)$ $(0 \leqslant j_i \leqslant s_i - 1, 1 \leqslant i \leqslant n)$ 按字典序给出. 那么, 任意处理对照都可以表示为 $l'\tau$, 其中 l 是一个非零 $v \times 1$ 向量, 其元素之和为零.

对于 Kronecker 积表示, 使用因子效应的一个替代的符号体系会很方便. 注意到一个典型的因子效应 $F_{i_1} \cdots F_{i_g}$ 可以表示为 $F(y)$, 其中 $y = y_1 \cdots y_n$ 是一个二元 n 维数组, 满足

$$y_i = \begin{cases} 1, & i \in \{i_1, \cdots, i_g\}, \\ 0, & \text{其他.} \end{cases} \tag{2.2.1}$$

这样就建立了 $2^n - 1$ 个因子效应组成的集合与 $2^n - 1$ 个非零二元 n 维数组的集合 Ω 之间的一一对应关系. 例如, 在 $n = 3$ 的情况下, F_2 的主效应可以用 $F(010)$ 表示, 交互作用 $F_1 F_3$ 可以用 $F(101)$ 表示, 等等.

我们介绍更多的符号. 对于 $1 \leqslant i \leqslant n$, 令 1_i 是所有元素都是 1 的 $s_i \times 1$ 向量, I_i 是 s_i 阶的单位矩阵, M_i 是一个 $(s_i - 1) \times s_i$ 矩阵, 满足

$$\operatorname{rank}(M_i) = s_i - 1, \quad M_i 1_i = 0. \tag{2.2.2}$$

当然, 这些方程没有唯一地指定 M_i, 但目前的讨论并不依赖于 M_i 的具体选择, 只要它满足 (2.2.2) 中的条件就可以. 对于任意 $y = y_1 \cdots y_n \in \Omega$, Ω 是非零二元 n 维数组的集合, 定义

$$M(y) = M_1^{y_1} \otimes \cdots \otimes M_n^{y_n}, \tag{2.2.3}$$

其中, 对于 $1 \leqslant i \leqslant n$, 有

$$M_i^{y_i} = \begin{cases} 1_i', & y_i = 0, \\ M_i, & y_i = 1. \end{cases} \tag{2.2.4}$$

不难看出 $M(y)$ 有 $m(y)$ 行和 v 列, 其中

$$m(y) = \prod_{i=1}^{n} (s_i - 1)^{y_i}. \tag{2.2.5}$$

现在介绍本节的主要结果, 给出一个属于因子效应的处理对照的 Kronecker 积表示.

定理 2.2.1　对任意 $y = y_1 \cdots y_n \in \Omega$, 一个处理对照 $l'\tau$ 属于因子效应 $F(y)$ 当且仅当

$$l' \in \mathcal{R}[M(y)],$$

其中 $\mathcal{R}[M(y)]$ 表示 $M(y)$ 的行空间.

这个定理的证明有点冗长. 因此, 我们将证明放到了本节最后, 接下来讨论定理的应用. 注意, 由 (2.2.2) 和 (2.2.4) 可知, 对每个 i ($1 \leqslant i \leqslant n$), $M_i^{y_i}$ 都是行满秩的. 因此由 (2.2.3), 对每个 $y \in \Omega$, $M(y)$ 也是行满秩的. 因为 $M(y)$ 有 $m(y)$ 行, 从定理 2.2.1 可知以下结果显然成立.

定理 2.2.2　对于任意 $y = y_1 \cdots y_n \in \Omega$, 属于因子效应 $F(y)$ 的线性无关的处理对照的最大个数是 $m(y)$. 进而, $M(y)\tau$ 的 $m(y)$ 个元素代表属于因子效应 $F(y)$ 的线性无关处理对照的最大集.

处理对照的正交性概念在因析试验中起着至关重要的作用. 称两个处理对照 $l^{(1)'}\tau$ 和 $l^{(2)'}\tau$ 是正交的, 如果

$$l^{(1)'} l^{(2)} = 0. \tag{2.2.6}$$

例如, 在 (2.1.6), (2.1.8) 和 (2.1.9) 中, $L(F_1)$, $L(F_2)$ 和 $L(F_1F_2)$ 任意两个都是相互正交的. 因为这些对照属于不同的因子效应, 所以这实际上是下面更一般结果的推论.

定理 2.2.3 任意两个属于不同因子效应的处理对照是正交的.

证明 由 (2.2.6) 和定理 2.2.1, 只要证明

$$M(y)M(z)' = 0 \tag{2.2.7}$$

对 Ω 的任意不同元素 $y = y_1 \cdots y_n$ 和 $z = z_1 \cdots z_n$ 成立. 现在通过 (2.2.3) 得到

$$M(y)M(z)' = \left(M_1^{y_1}(M_1^{z_1})'\right) \otimes \cdots \otimes \left(M_n^{y_n}(M_n^{z_n})'\right). \tag{2.2.8}$$

如果 y 和 z 是 Ω 的不同元素, 那么存在某个 i, 使得 $y_i \neq z_i$. 不失一般性, 令 $y_1 \neq z_1$ 并假设 $y_1 = 1, z_1 = 0$. 则由 (2.2.2) 和 (2.2.4) 得到

$$M_1^{y_1}(M_1^{z_1})' = 0,$$

从而结合 (2.2.8) 可以得到 (2.2.7). □

定理 2.2.2 和定理 2.2.3 共同蕴含着一个有趣的结论. 由于典型的处理对照形如 $l'\tau$, 其中 l 是一个 $v \times 1$ 的非零向量, 其元素之和为零, 显然线性无关的处理对照的最大数量 (属于或不属于因子效应) 是 $v - 1$. 通过 (2.2.5) 得到

$$v - 1 = \prod_{i=1}^{n} s_i - 1 = \prod_{i=1}^{n}(s_i - 1 + 1) - 1 = \prod_{y \in \Omega} m(y).$$

因此, 基于定理 2.2.2 和定理 2.2.3, 我们得出了令人满意的结论, 属于因子效应的处理对照共同生成所有处理对照.

结合 (2.2.3) 和 (2.2.4) 式, 定理 2.2.2 也有助于明确描述任意给定背景下属于各种因子效应的处理对照. 这里有一个说明性例子.

例 2.2.1 考虑一个 $2 \times 3 \times 3$ 因析试验, 其处理组合已在 (2.1.1) 式给出. 这里 $n = 3$, 由 (2.1.1), 根据字典序排列向量 τ 的元素 $\tau(j_1j_2j_3)$, 可得 $\tau = (\tau(000), \tau(001), \cdots, \tau(121), \tau(122))'$. 因为 $s_1 = 2, s_2 = s_3 = 3$, 我们有 $1_1 = (1,1)'$, $1_2 = 1_3 = (1,1,1)'$. 此外, 根据 (2.2.2), 可以取

$$M_1 = (-1, \quad 1), \quad M_2 = M_3 = \begin{bmatrix} -1 & 0 & 1 \\ 1 & -2 & 1 \end{bmatrix}.$$

由 (2.2.3) 和 (2.2.4) 得到

$$M(100) = M_1 \otimes 1_2' \otimes 1_3', \qquad M(010) = 1_1' \otimes M_2 \otimes 1_3',$$

$$M(001) = 1_1' \otimes 1_2' \otimes M_3, \qquad M(110) = M_1 \otimes M_2 \otimes 1_3',$$

$$M(101) = M_1 \otimes 1_2' \otimes M_3, \qquad M(011) = 1_1' \otimes M_2 \otimes M_3,$$

$$M(111) = M_1 \otimes M_2 \otimes M_3,$$

其中矩阵 M_i 和向量 1_i 如前所述.

根据定理 2.2.2, $M(100)\tau$, $M(010)\tau$ 和 $M(001)\tau$ 的元素分别代表属于因子效应 $F(100)$, $F(010)$ 和 $F(001)$ 的线性无关的处理对照的最大集, 即 F_1, F_2 和 F_3 的主效应. 类似地, $M(110)\tau$, $M(101)\tau$, $M(011)\tau$ 和 $M(111)\tau$ 的元素分别代表属于交互作用 F_1F_2, F_1F_3, F_2F_3 和 $F_1F_2F_3$ 的线性无关的处理对照的最大集合. □

在本节结束之前, 我们给出定理 2.2.1 的证明. 首先给出如下引理.

引理 2.2.1　对于任意 g $(1 \leqslant g \leqslant n)$, 矩阵 $M_1 \otimes \cdots \otimes M_g$ 和

$$H_g = \begin{bmatrix} 1_1' \otimes I_2 \otimes \cdots \otimes I_g \\ \vdots \\ I_1 \otimes \cdots \otimes I_{g-1} \otimes 1_g' \end{bmatrix} \tag{2.2.9}$$

的行空间是彼此的正交补.

证明　为了在不使符号过于复杂的情况下给出证明的基本思想, 证明引理中 $g = 3$ 的情况. 在引入复杂符号下, 对任意 g, 引理可类似证明. 由 (2.2.9) 得

$$H_3 = \begin{bmatrix} 1_1' \otimes I_2 \otimes I_3 \\ I_1 \otimes 1_2' \otimes I_3 \\ I_1 \otimes I_2 \otimes 1_3' \end{bmatrix}.$$

对于 $1 \leqslant i \leqslant 3$, 令

$$\overline{M}_i = \begin{bmatrix} 1_i' \\ M_i \end{bmatrix}. \tag{2.2.10}$$

由 (2.2.2), $\overline{M}_i$ 对每个 i 都是非奇异的. 因此, H_3 左乘非奇异矩阵

$$\mathrm{diag}\left(\overline{M}_2 \otimes \overline{M}_3, \overline{M}_1 \otimes \overline{M}_3, \overline{M}_1 \otimes \overline{M}_2\right),$$

得到

$$\mathcal{R}(H_3) = \mathcal{R} \begin{bmatrix} 1_1' \otimes \overline{M}_2 \otimes \overline{M}_3 \\ \overline{M}_1 \otimes 1_2' \otimes \overline{M}_3 \\ \overline{M}_1 \otimes \overline{M}_2 \otimes 1_3' \end{bmatrix}, \tag{2.2.11}$$

其中, $\mathcal{R}(\cdot)$ 仍代表矩阵的行空间. 但由 (2.2.10) 得到

$$
1'_1 \otimes \overline{M}_2 \otimes \overline{M}_3 =
\begin{bmatrix}
1'_1 \otimes 1'_2 \otimes 1'_3 \\
1'_1 \otimes 1'_2 \otimes M_3 \\
1'_1 \otimes M_2 \otimes 1'_3 \\
1'_1 \otimes M_2 \otimes M_3
\end{bmatrix}.
$$

基于对 $\overline{M}_1 \otimes 1'_2 \otimes \overline{M}_3$ 和 $\overline{M}_1 \otimes \overline{M}_2 \otimes 1'_3$ 的类似考虑, 从 (2.2.11) 得到

$$
\mathcal{R}(H_3) = \mathcal{R}(\widetilde{M}), \tag{2.2.12}
$$

其中

$$
\widetilde{M} =
\begin{bmatrix}
1'_1 \otimes 1'_2 \otimes 1'_3 \\
1'_1 \otimes 1'_2 \otimes M_3 \\
1'_1 \otimes M_2 \otimes 1'_3 \\
1'_1 \otimes M_2 \otimes M_3 \\
M_1 \otimes 1'_2 \otimes 1'_3 \\
M_1 \otimes 1'_2 \otimes M_3 \\
M_1 \otimes M_2 \otimes 1'_3
\end{bmatrix}. \tag{2.2.13}
$$

现在, 由 (2.2.10) 得到

$$
\begin{bmatrix}
\widetilde{M} \\
M_1 \otimes M_2 \otimes M_3
\end{bmatrix} = \overline{M}_1 \otimes \overline{M}_2 \otimes \overline{M}_3
$$

是非奇异的, 而由 (2.2.2) 和 (2.2.13) 得 $\widetilde{M}(M_1 \otimes M_2 \otimes M_3)' = 0$. 因此, $\widetilde{M}$ 和 $M_1 \otimes M_2 \otimes M_3$ 的行空间是彼此的正交补. 从而, 由 (2.2.12), H_3 和 $M_1 \otimes M_2 \otimes M_3$ 的行空间也是彼此的正交补. $\qquad\qquad\square$

定理 2.2.1 的证明 为简化符号, 不失一般性考虑因子效应 $F(y)$, 其中 $y = y_1 \cdots y_n$ 对于某个 g 满足

$$
y_1 = \cdots = y_g = 1, \quad y_{g+1} = \cdots = y_n = 0. \tag{2.2.14}
$$

由 (2.2.1), 这相当于考虑因子效应 $F_1 \cdots F_g$. 注意到由 (2.2.3) 和 (2.2.4), 对于 (2.2.14) 中的 y 有

$$
M(y) = M_1 \otimes \cdots \otimes M_g \otimes 1'_{g+1} \otimes \cdots \otimes 1'_n. \tag{2.2.15}
$$

为了证明必要条件, 令处理对照 $l'\tau$ 属于因子效应 $F(y)$. 然后, 用矩阵符号解释定义 2.1.1 的条件, 由定义中的条件 (i) 和 (2.2.14) 可得

$$l = \bar{l} \otimes 1_{g+1} \otimes \cdots \otimes 1_n, \tag{2.2.16}$$

其中 $\bar{l}$ 是 $\prod_{i=1}^{g} s_i$ 维的列向量. 此外, 按定义的条件 (ii), $\bar{l}$ 满足 $H_g\bar{l} = 0$, 其中 H_g 由 (2.2.9) 定义. 因此由引理 2.2.1 知, $\bar{l}' \in \mathcal{R}(M_1 \otimes \cdots \otimes M_g)$. 从而, 由 (2.2.15) 和 (2.2.16) 可得, $l' \in \mathcal{R}[M(y)]$, 定理的必要条件得证. 充分条件可通过逆推上述步骤来证明. $\square$

2.3 对称因析设计的因子效应表示

现在探讨 s^n 对称因析试验, 即 $s_1 = \cdots = s_n = s$, 其中 s 是素数或素数幂. 这里要提出的理论尤其涵盖了 2^n 和 3^n 因析试验, 无论从理论还是实践考虑, 它们都是文献中特别感兴趣的. 本节将采用 Bose (1947) 中的结果. 可以看出, 对于 s^n 因析试验, 属于因子效应的处理对照存在一个数学上的精美表达式. 这种表达式特别为本章后面将介绍的部分因析设计潜在的问题提供了深刻的理解.

本节和后续部分将主要涉及有限域的使用. 域是元素的集合, 其中定义了两个二元运算, 即加法和乘法, 使得

(i) 集合的元素对加法构成交换群;

(ii) 集合的非零元对乘法构成交换群;

(iii) 分配律成立.

有限域是一个具有有限数量元素的域.

由于 $s \ (\geqslant 2)$ 是素数或素数幂, 存在一个有 s 个元素的有限域. 这样的域称为 s 阶的伽罗瓦域 (Galois field), 记作 $\mathrm{GF}(s)$. 令 $\alpha_0, \alpha_1, \cdots, \alpha_{s-1}$ 是 $\mathrm{GF}(s)$ 的元素, 其中 $\alpha_0(= 0)$ 和 $\alpha_1(= 1)$ 分别是加法和乘法运算的单位元. 对于伽罗瓦域, van der Waerden (1966) 是一本好的参考书. 特别是当 s 是素数时, $\mathrm{GF}(s)$ 上的加法和乘法只是整数集 $\{0, 1, \cdots, s-1\}$ 上对应的模 s 运算.

一个 s^n 因析试验的典型处理组合 $j_1 \cdots j_n \ (0 \leqslant j_i \leqslant s-1; 1 \leqslant i \leqslant n)$ 由向量 $(\alpha_{j_1}, \cdots, \alpha_{j_n})'$ 确定. 因此, s^n 个处理组合由形如

$$x = (x_1, \cdots, x_n)' \tag{2.3.1}$$

的 s^n 个向量表示, 其中对所有 i 都有 $x_i \in \mathrm{GF}(s)$. 从几何角度, 形如 (2.3.1) 的 s^n 个向量就是基于 $\mathrm{GF}(s)$ 的 n 维有限欧几里得几何 $\mathrm{EG}(n, s)$ 的点 (详见 Raghavarao, 1971, 第 357—359 页). 因此, 从几何角度, s^n 个处理组合可以由

$EG(n, s)$ 的 s^n 个点表示. x 表示的处理组合的效应将用 $\tau(x)$ 表示. 下面是一些预备知识.

引理 2.3.1 设 $b = (b_1, \cdots, b_n)'$ 是 $GF(s)$ 上的任一固定的非零向量. 那么每个集合

$$V_j(b) = \left\{ x = (x_1, \cdots, x_n)' : b'x = \alpha_j \right\}, \quad 0 \leqslant j \leqslant s - 1 \quad (2.3.2)$$

的基数都是 s^{n-1}.

证明 不失一般性, 令 $b_1 \neq 0$. 由 (2.3.2) 知, $x = (x_1, \cdots, x_n)' \in V_j(b)$ 当且仅当

$$x_1 = b_1^{-1} \left(\alpha_j - \sum_{i=2}^{n} b_i x_i \right). \quad (2.3.3)$$

根据 (2.3.3), 对于任意 $x = (x_1, \cdots, x_n)' \in V_j(b)$, x_1 由 $x_2, \cdots, x_n$ 唯一确定. 因为 $x_2, \cdots, x_n$ 有 s^{n-1} 个选择, 故而结论成立. □

显然, 集合 $V_j(b)$ ($0 \leqslant j \leqslant s - 1$) 提供了所有处理组合, 或等价地, 有限欧几里得几何 $EG(n, s)$ 的 s^n 个点的类的一个不相交的划分. 因此, 这些集合统称为 $EG(n, s)$ 的平面的平行束 (parallel pencil), 而 b 本身代表一个束 (pencil).

称处理对照 L 属于束 b, 如果 L 形如

$$L = \sum_{j=0}^{s-1} l_j \left\{ \sum_{x \in V_j(b)} \tau(x) \right\}, \quad (2.3.4)$$

其中 $l_0, l_1, \cdots, l_{s-1}$ 是不全为零的实数, 满足

$$\sum_{j=0}^{s-1} l_j = 0.$$

换句话说, 如果对所有属于同一 $V_j(b)$ 的 x, 在 L 中 $\tau(x)$ 的系数也相同, 那么处理对照 L 属于 b. 由 (2.3.4), 任意束 b 有 $s - 1$ 个线性无关的处理对照.

例 2.3.1 考虑一个 3^2 因析试验, 即 $s = 3$, $n = 2$. $GF(3)$ 的元素就是 0, 1 和 2, 如前所述, $GF(3)$ 上的加法和乘法运算对应于 $\{0, 1, 2\}$ 上的模 3 运算.

(i) 首先考虑束 $b = (1, 2)'$. 由 (2.3.2) 得

$$V_0(b) = \left\{ x = (x_1, x_2)' : x_1 + 2x_2 = 0 \right\} = \left\{ (0, 0)', (1, 1)', (2, 2)' \right\}. \quad (2.3.5)$$

类似地,

$$V_1(b) = \left\{ (0, 2)', (1, 0)', (2, 1)' \right\}, \quad V_2(b) = \left\{ (0, 1)', (1, 2)', (2, 0)' \right\}. \quad (2.3.6)$$

那么由 (2.3.4), 任意如下形式的处理对照

$$L = l_0 \left\{ \tau(0,0) + \tau(1,1) + \tau(2,2) \right\} + l_1 \left\{ \tau(0,2) + \tau(1,0) + \tau(2,1) \right\}$$

$$+ l_2 \left\{ \tau(0,1) + \tau(1,2) + \tau(2,0) \right\} \tag{2.3.7}$$

属于束 $b = (1,2)'$, 其中 $l_0 + l_1 + l_2 = 0$. 特别地, 选择 $l_0 = -1, l_1 = 0, l_2 = 1$ 和 $l_0 = 1, l_1 = -2, l_2 = 1$ 产生两个属于 b 的线性无关 (实际上正交) 的对照.

顺便说一句, 在本节中, 处理组合由 (2.3.1) 所示的列向量表示. 因此, 在 (2.3.7) 中, 理想的做法应该分别用 $\tau((0,0)')$, $\tau((1,1)')$ 等代替 $\tau(0,0)$, $\tau(1,1)$ 等. 为了简化表达, 在 (2.3.7) 中进行了微小的符号改变. 在不造成歧义的情况下, 之后将使用类似的简化符号.

(ii) 现在考虑束 $b = (2,1)'$. 同理可以得到

$$V_0(b) = \left\{ (0,0)', (1,1)', (2,2)' \right\},$$

$$V_1(b) = \left\{ (0,1)', (1,2)', (2,0)' \right\}, \quad V_2(b) = \left\{ (0,2)', (1,0)', (2,1)' \right\}.$$

这些集合与在 (2.3.5) 和 (2.3.6) 中将 $V_1(b)$ 和 $V_2(b)$ 互换后的结果相同. 因此, 很容易看出, 属于束 $(2,1)'$ 的处理对照也属于束 $(1,2)'$, 反之亦然.

(iii) 接下来考虑束 $b = (1,1)'$, 有

$$V_0(b) = \left\{ (0,0)', (1,2)', (2,1)' \right\},$$

$$V_1(b) = \left\{ (0,1)', (1,0)', (2,2)' \right\}, \quad V_2(b) = \left\{ (0,2)', (1,1)', (2,0)' \right\}.$$

由 (2.3.4) 式, 属于束 $b = (1,1)'$ 的典型处理对照形如

$$L^* = l_0^* \left\{ \tau(0,0) + \tau(1,2) + \tau(2,1) \right\} + l_1^* \left\{ \tau(0,1) + \tau(1,0) + \tau(2,2) \right\}$$

$$+ l_2^* \left\{ \tau(0,2) + \tau(1,1) + \tau(2,0) \right\}, \tag{2.3.8}$$

其中 $l_0^* + l_1^* + l_2^* = 0$. 很容易看出 (2.3.7) 和 (2.3.8) 中的相应系数的乘积的和等于

$$(l_0 + l_1 + l_2)(l_0^* + l_1^* + l_2^*) = 0.$$

因此, 属于束 $(1,1)'$ 的任意处理对照都与属于束 $(1,2)'$ 的任意处理对照正交.　□

现在正式给出上述示例中隐含的思想. 首先注意到, 例中 (i) 和 (ii) 考虑的束 $(1,2)'$ 和 $(2,1)'$ 是彼此成比例的, 即在 GF(3) 上, $(1,2)' = 2(2,1)'$. 一般地, 考虑任意两个束 b 和 b^*, 对于某个 $\lambda(\neq 0) \in \mathrm{GF}(s)$, 有 $b^* = \lambda b$. 那么由 (2.3.2) 可以得到

$$x \in V_j(b) \Leftrightarrow b'x = \alpha_j \Leftrightarrow b^{*'}x = \lambda \alpha_j. \tag{2.3.9}$$

由于 $\lambda \neq 0$, 随着 j 在 $\{0, 1, \cdots, s-1\}$ 范围内变化, $\lambda\alpha_j$ 取到 GF(s) 中所有可能的值. 因此, 由 (2.3.2) 和 (2.3.9), 束 b 和 b^* 将所有处理组合诱导出了完全相同的类别划分. 这正是在例 2.3.1 的 (i) 和 (ii) 部分中所发生的. 鉴于上述情况, 今后, 成比例的束将被视为相同的. 由于束也必须是非零的, 因此有 $(s^n - 1)/(s-1)$ 个不同的束, 其中任意两个都不成比例. 从而在一个 3^2 因析试验中, 有 $(3^2 - 1)/(3-1) = 4$ 个不同的束, 即

$$(1,0)', (0,1)', (1,1)', (1,2)'. \tag{2.3.10}$$

此后, 即使没有明确说明, 在特定的情况下也只考虑不同的束. 同样的考虑也适用于计算具有某种特性的束的数量. 例如, 我们将简单地记 "在 3^2 因析试验中, 有两个分量都不为零的束", 这意味着有两个这样的不同的束.

如例 2.3.1 第 (iii) 部分所述, 属于束 $(1,1)'$ 和 $(1,2)'$ 的处理对照是正交的. 定理 2.3.1 给出了这方面更一般的结果. 以下引理有助于证明该定理.

引理 2.3.2　如果 $b^{(1)}$ 和 $b^{(2)}$ 是不同的束, 那么对于每个 j, j' $(0 \leqslant j, j' \leqslant s-1)$, 集合 $V_j\left(b^{(1)}\right) \cap V_{j'}\left(b^{(2)}\right)$ 的基数为 s^{n-2}.

证明　与引理 2.3.1 的证明相似. 令 $b^{(1)} = (b_{11}, b_{12}, \cdots, b_{1n})'$, $b^{(2)} = (b_{21}, b_{22}, \cdots, b_{2n})'$. 由 (2.3.2) 得

$$x = (x_1, \cdots, x_n)' \in V_j(b^{(1)}) \cap V_{j'}(b^{(2)}) \tag{2.3.11}$$

当且仅当

$$\begin{bmatrix} b_{11} & b_{12} & \cdots & b_{1n} \\ b_{21} & b_{22} & \cdots & b_{2n} \end{bmatrix} x = \begin{bmatrix} \alpha_j \\ \alpha_{j'} \end{bmatrix}. \tag{2.3.12}$$

由于 $b^{(1)}$ 和 $b^{(2)}$ 是不同的束, 它们彼此不成比例. 因此, (2.3.12) 式左侧的 $2 \times n$ 矩阵秩为 2. 不失一般性, 令它的前两列是线性无关的, 那么 2×2 矩阵

$$\begin{bmatrix} b_{11} & b_{12} \\ b_{21} & b_{22} \end{bmatrix}$$

是非奇异的, 并且 (2.3.12) 可以表示为

$$\begin{bmatrix} x_1 \\ x_2 \end{bmatrix} = \begin{bmatrix} b_{11} & b_{12} \\ b_{21} & b_{22} \end{bmatrix}^{-1} \begin{bmatrix} \alpha_j - \displaystyle\sum_{i=3}^{n} b_{1i}x_i \\ \alpha_{j'} - \displaystyle\sum_{i=3}^{n} b_{2i}x_i \end{bmatrix}.$$

因此, 对于任意满足 (2.3.11) 的 $x = (x_1, \cdots, x_n)'$, x_1 和 x_2 由 $x_3, \cdots, x_n$ 唯一确定. 由于 $x_3, \cdots, x_n$ 有 s^{n-2} 个选择, 结论得证. □

定理 2.3.1　属于不同束的处理对照是相互正交的.

证明　由 (2.3.4), 考虑任意两个分别属于不同束 $b^{(1)}$ 和 $b^{(2)}$ 的处理对照

$$L_1 = \sum_{j=0}^{s-1} l_{1j} \left\{ \sum_{x \in V_j\left(b^{(1)}\right)} \tau(x) \right\} \tag{2.3.13}$$

和

$$L_2 = \sum_{j=0}^{s-1} l_{2j} \left\{ \sum_{x \in V_j\left(b^{(2)}\right)} \tau(x) \right\}, \tag{2.3.14}$$

其中

$$\sum_{j=0}^{s-1} l_{1j} = \sum_{j=0}^{s-1} l_{2j} = 0. \tag{2.3.15}$$

鉴于 (2.2.6), 考虑 (2.3.13) 和 (2.3.14) 中相应系数的乘积的和. 任意 $x \in V_j\left(b^{(1)}\right) \cap V_{j'}\left(b^{(2)}\right)$ 为这个总和贡献 $l_{1j} l_{2j'}$. 因此, 根据引理 2.3.2, 这个乘积的和等于

$$s^{n-2} \sum_{j=0}^{s-1} \sum_{j'=0}^{s-1} l_{1j} l_{2j'} = s^{n-2} \left(\sum_{j=0}^{s-1} l_{1j} \right) \left(\sum_{j'=0}^{s-1} l_{2j'} \right),$$

结合 (2.3.15) 可得结论成立. □

下面的结果将束与因子效应联系起来.

定理 2.3.2　设 $b = (b_1, \cdots, b_n)'$ 是一个束, 满足

$$b_i \neq 0, \text{ 如果 } i \in \{i_1, \cdots, i_g\}; \quad b_i = 0, \text{ 如果 } i \notin \{i_1, \cdots, i_g\}, \tag{2.3.16}$$

其中 $1 \leqslant i_1 < \cdots < i_g \leqslant n$, $1 \leqslant g \leqslant n$. 则任意属于 b 的处理对照也属于因子效应 $F_{i_1} \cdots F_{i_g}$.

证明　不失一般性, 令 $i_1 = 1, \cdots, i_g = g$. 那么 $b_1, \cdots, b_g$ 非零, 而 $b_{g+1} = \cdots = b_n = 0$, 所以由 (2.3.2) 可得

$$V_j(b) = \left\{ x = (x_1, \cdots, x_n)' : \sum_{i=1}^{g} b_i x_i = \alpha_j \right\}, \quad 0 \leqslant j \leqslant s-1. \tag{2.3.17}$$

从 (2.3.4), 任意属于 b 的处理对照 L 形如

$$L = \sum_{j=0}^{s-1} l_j \left\{ \sum_{x \in V_j(b)} \tau(x) \right\},$$

其中 $l_0 + \cdots + l_{s-1} = 0$. 显然, 通过 (2.3.17), 对于任意 $x = (x_1, \cdots, x_n)'$, L 中 $\tau(x)$ 的系数仅通过 $x_1, \cdots, x_g$ 依赖于 x. 事实上, 记 L 中 $\tau(x)$ 的系数为 $\bar{l}(x_1, \cdots, x_g)$, 由 (2.3.17) 得

$$\bar{l}(x_1, \cdots, x_g) = l_j, \ \text{如果} \ \sum_{i=1}^{g} b_i x_i = \alpha_j, \quad 0 \leqslant j \leqslant s-1. \tag{2.3.18}$$

现在, 因为 $b_1 \neq 0$, 对任意固定的 $x_2, \cdots, x_g$, 当 x_1 取遍 $\mathrm{GF}(s)$ 上的所有可能值时, 那么 $\sum_{i=1}^{g} b_i x_i$ 取值 $\alpha_0, \alpha_1, \cdots, \alpha_{s-1}$, 每个取值恰好一次. 因此由 (2.3.18), 对于任意固定的 $x_2, \cdots, x_g$ 有

$$\sum_{x_1 \in \mathrm{GF}(s)} \bar{l}(x_1, \cdots, x_g) = l_0 + \cdots + l_{s-1} = 0.$$

同样地, 对于每个 $i\,(1 \leqslant i \leqslant g)$ 及任意固定的 $x_1, \cdots, x_{i-1}, x_{i+1}, \cdots, x_g$ 可得

$$\sum_{x_i \in \mathrm{GF}(s)} \bar{l}(x_1, \cdots, x_g) = 0.$$

因此, 根据定义 2.1.1, 处理对照 L 属于因子效应 $F_1 \cdots F_g$. $\qquad\square$

考虑到定理 2.3.2, 称形如 (2.3.16) 的束 b 属于因子效应 $F_{i_1} \cdots F_{i_g}$. 在 (2.3.16) 中, 由于 $b_1, \cdots, b_n$ 中恰有 g 个是非零的, 并且成比例的束是相同的, 显然有 $(s-1)^{g-1}$ 个束属于 $F_{i_1} \cdots F_{i_g}$. 这些束中的每一个都有 $s-1$ 个线性无关的处理对照. 此外, 根据定理 2.3.1, 属于不同束的处理对照是相互正交的. 因此, 上面提到的 $(s-1)^{g-1}$ 个束提供了属于 $F_{i1}, \cdots, F_{ig}$ 的处理对照的一个用 $(s-1)^{g-1}$ 个相互正交的对照集表示的方法, 每个正交对照集都有 $s-1$ 个线性无关的对照. 这解释了属于因子效应 $F_{i_1} \cdots F_{i_g}$ 的 $(s-1)^g$ 个线性无关的处理对照的最大集合 (见定理 2.2.2, (2.2.5) 中 $s_1 = \cdots = s_n = s$).

回到 3^2 因析试验, 现在在 (2.3.10) 中列出的 4 个束可以分配给因子效应. 因此 $(1,0)'$ 和 $(0,1)'$ 分别代表 F_1 和 F_2 的主效应, 交互作用 $F_1 F_2$ 由 $(1,1)'$ 和 $(1,2)'$ 表示.

对于 2^n 因析试验的特殊情况, $(s-1)^{g-1} = 1$, 因此每个因子效应都可以用一个束表示. 从而, 在这种情况下, 因子效应和相关的束之间实际上没有区别.

注 2.3.1　上面考虑的束的向量符号便于数学推导, 另一个更简洁的符号系统在其他情况是很有用的, 特别是 2^n 和 3^n 因析设计. 束 $b = (b_1, \cdots, b_n)'$ 也可以表示为 $1^{b_1} 2^{b_2} \cdots n^{b_n}$, 约定对于任意满足 $b_i = 0$ 的 i, 省略 i^{b_i}. 例如, 在这个符号系统下, (2.3.10) 中列出的束分别用 $1, 2, 12$ 和 12^2 表示. 这种由 Box 和 Hunter (1961a) 推广的符号系统将称为紧记号 (compact notation).

在接下来的两节中, 我们将拓展 Dey 和 Mukerjee (1999, 第 8 章) 的结果, 介绍并讨论正规部分因析设计.

2.4　正 规 部 分

一个 s^n 对称因析设计的正规部分, 其中 $s\ (\geqslant 2)$ 是素数或素数幂, 由任意 k 个 $(1 \leqslant k < n)$ 线性无关的束 $b^{(1)}, \cdots, b^{(k)}$ 确定, 并由满足 $Bx = c$ 的处理组合 x 组成, 其中 B 是行为 $(b^{(i)})'$ 的 $k \times n$ 矩阵, $1 \leqslant i \leqslant k$, c 是 GF(s) 上一个固定的 $k \times 1$ 向量. 下文中 c 的具体选择是无关紧要的. 因此, 不失一般性, 假设 $c = 0$, 即 GF(s) 上的 $k \times 1$ 零向量. 那么一个正规部分由下式给出

$$d(B) = \{x : Bx = 0\}. \tag{2.4.1}$$

由于 $k \times n$ 矩阵 B 的行是由线性无关的束给出的, 因此由与引理 2.3.2 相同的证明可得, $d(B)$ 包含 s^{n-k} 个处理组合. 在这个意义上, 称 $d(B)$ 为 s^n 因析试验的 $1/s^k$ 部分, 或简称为 s^{n-k} 设计. 从 (2.4.1) 中很容易看出, $d(B)$ 中的 s^{n-k} 个处理组合, 也可以被视为有限欧几里得几何 EG(n, s) 的点, 构成 EG(n, s) 的一个子群, 该群的运算是分量加法. 在应用研究文献中, 称这些处理组合为运行, 称数字 s^{n-k} 为 $d(B)$ 的运行量.

译者注: 在工业试验中, 处理组合也称为运行 (run). 从而, 在应用研究文献中, 常称处理组合为运行, 而称处理组合数为运行量 (run size). 我们在翻译此书时, 为了上下文的连贯性, "run" 通常翻译为 "处理组合" "试验" 等, 对设计表或者矩阵, "run" 翻译为 "行". 对 "run size", 则翻译为 "处理组合数" "试验次数" "设计大小" 等.

例 2.4.1　两个线性无关的束 $b^{(1)} = (1, 1, 0, 1, 0)'$ 和 $b^{(2)} = (1, 0, 1, 0, 1)'$ 生成一个 2^{5-2} 的设计. 这里

$$B = \begin{bmatrix} 1 & 1 & 0 & 1 & 0 \\ 1 & 0 & 1 & 0 & 1 \end{bmatrix}$$

且由 (2.4.1), 一个处理组合 $x = (x_1, \cdots, x_5)'$ 包含在 $d(B)$ 中当且仅当

$$x_1 + x_2 + x_4 = 0,$$
$$x_1 + x_3 + x_5 = 0,$$

即当且仅当

$$x_4 = x_1 + x_2,$$
$$x_5 = x_1 + x_3. \tag{2.4.2}$$

考虑 x_1, x_2 和 x_3 的所有可能, 然后由 (2.4.2) 求 x_4 和 x_5 的值, 得到

$$d(B) = \{ (0,0,0,0,0)', (0,0,1,0,1)', (0,1,0,1,0)', (0,1,1,1,1)',$$
$$(1,0,0,1,1)', (1,0,1,1,0)', (1,1,0,0,1)', (1,1,1,0,0)'\}. \qquad \square$$

例 2.4.2 两个线性无关的束 $b^{(1)} = (1,0,2,2)'$ 和 $b^{(2)} = (0,1,1,2)'$ 生成一个 3^{4-2} 的设计. 这里

$$B = \begin{bmatrix} 1 & 0 & 2 & 2 \\ 0 & 1 & 1 & 2 \end{bmatrix}$$

且由 (2.4.1), 一个处理组合 $x = (x_1, \cdots, x_4)'$ 出现在 $d(B)$ 中当且仅当

$$x_1 + 2x_3 + 2x_4 = 0,$$
$$x_2 + x_3 + 2x_4 = 0,$$

即当且仅当

$$x_1 = x_3 + x_4,$$
$$x_2 = 2x_3 + x_4. \tag{2.4.3}$$

像之前一样, 考虑 x_3 和 x_4 的所有可能, 然后通过 (2.4.3) 求 x_1 和 x_2 的值, 得到

$$d(B) = \{ (0,0,0,0)', (1,1,0,1)', (2,2,0,2)', (1,2,1,0)', (2,0,1,1)', (0,1,1,2)',$$
$$(2,1,2,0)', (0,2,2,1)', (1,0,2,2)'\}. \qquad \square$$

按照 (2.4.1) 中所述 $d(B)$, 称一个束 b 为定义束, 如果

$$b' \in \mathcal{R}(B), \tag{2.4.4}$$

其中 $\mathcal{R}(\cdot)$ 表示矩阵的行空间. 因为 GF(s) 上的 $k \times n$ 矩阵 B 是行满秩的, 所以 $\mathcal{R}(B)$ 的基数为 s^k. 由于束是非零向量, 并且成比例的束是相同的, 因此有 $(s^k - 1)/(s - 1)$ 个定义束. $\mathcal{R}(B)$ 中的向量构成 $d(B)$ 的定义对照子群.

在例 2.4.1 中, 有三个定义束, 即

$$b^{(1)} = (1,1,0,1,0)', \quad b^{(2)} = (1,0,1,0,1)', \quad b^{(1)} + b^{(2)} = (0,1,1,1,1)'. \tag{2.4.5}$$

同样地, 在例 2.4.2 中, 有 $(3^2 - 1)/(3 - 1) = 4$ 个定义束, 即

$$
\begin{aligned}
b^{(1)} &= (1, 0, 2, 2)', & b^{(2)} &= (0, 1, 1, 2)', \\
b^{(1)} + b^{(2)} &= (1, 1, 0, 1)', & b^{(1)} + 2b^{(2)} &= (1, 2, 1, 0)'.
\end{aligned}
\tag{2.4.6}
$$

容易验证, 其他每一个满足 (2.4.4) 的束都与上面其中一个成比例, 故而等价于上面其中的某一个束. 使用注 2.3.1 中引入的紧记号, (2.4.5) 中的定义束也可以表示为

$$
I = 124 = 135 = 2345,
\tag{2.4.7}
$$

而 (2.4.6) 中的定义束可以表示为

$$
I = 13^2 4^2 = 234^2 = 124 = 12^2 3.
\tag{2.4.8}
$$

像 (2.4.7) 或 (2.4.8) 这样列出定义束的式子, 称为 s^{n-k} 设计的一个恒等关系或定义关系. 这里的符号 I 只表示列出了定义束, 不应与单位矩阵混淆.

由 (2.4.1) 和 (2.4.4), 如果 b 是一个定义束, 那么对于每个 $x \in d(B)$, 有 $b'x = 0$. 鉴于 (2.3.2), 这意味着 $d(B) \subset V_0(b)$, 即 $d(B)$ 中出现的所有处理组合仅属于 $V_0(b), V_1(b), \cdots, V_{s-1}(b)$ 中的一个集合. 因此, 回顾属于束的处理对照的定义, 以下结果显而易见.

定理 2.4.1   在 $d(B)$ 中, 属于任意定义束的处理对照都是不可估计的.

定理 2.4.1 意味着, 当选择一个 s^{n-k} 设计时, 感兴趣的因子效应的束都不能是定义束, 这一点非常重要.

接下来讨论 $d(B)$ 中定义束以外的束. 为此, 需要引入别名集这个重要概念. 令 $\mathcal{C} = \mathcal{C}(B)$ 为设计 $d(B)$ 中定义束以外的束构成的集合. 由于总共有 $(s^n - 1)/(s-1)$ 个束, 其中 $(s^k - 1)/(s-1)$ 个是定义束, 因此 $\mathcal{C}$ 中有

$$
\frac{s^n - 1}{s - 1} - \frac{s^k - 1}{s - 1} = \frac{s^k \left(s^{n-k} - 1 \right)}{s - 1}
$$

个束. 对于 $\mathcal{C}$ 的两个元素, 如 b 和 $\widetilde{b}$, 如果存在 $\lambda(\neq 0) \in \mathrm{GF}(s)$ 使 $(b - \lambda \widetilde{b})' \in \mathcal{R}(B)$, 那么称 b 和 $\widetilde{b}$ 互为别名. 然而, 因为成比例的束是相同的, 所以 $\lambda \widetilde{b}$ 本身是束 $\widetilde{b}$ 的另一种表示. 因此, 等价地, 称 $\mathcal{C}$ 中的两个束互为别名, 如果对这两个束的某些表示 b 和 b^*, 有

$$
(b - b^*)' \in \mathcal{R}(B).
\tag{2.4.9}
$$

由于其对称性, 此后通过 (2.4.9) 定义别名, 其中 b 和 b^* 解释为相关束的适当表示.

因为 $B = (b^{(1)}, \cdots, b^{(k)})'$ 行满秩, 不难看出, 对于任意 $b \in C$, 包括它本身都有 s^k 个别名, 即

$$b(\lambda_1, \cdots, \lambda_k) = b + \sum_{i=1}^{k} \lambda_i b^{(i)}, \quad \lambda_i \in \mathrm{GF}(s) \ (1 \leqslant i \leqslant k). \tag{2.4.10}$$

由 (2.4.9) 知, 别名关系是一种等价关系 (即对称、自反和传递的), 它将 C 划分为 $(s^{n-k} - 1)/(s - 1)$ 个等价类, 每个类的基数为 s^k. 任意这样的等价类称为别名集. 因此, (2.4.10) 中描述的束 $b(\lambda_1, \cdots, \lambda_k)$ 构成了包含束 b 的别名集. 在介绍别名集的理论结果之前, 我们回顾例 2.4.1 和例 2.4.2, 以说明如何以简单的方式找到别名集, 特别是对于 2^n 和 3^n 因析设计.

例 2.4.1(续) 考虑束 $b = (1, 0, 0, 0, 0)'$, 它不是定义束. 由于 $b^{(1)} = (1, 1, 0, 1, 0)'$ 和 $b^{(2)} = (1, 0, 1, 0, 1)'$, 由 (2.4.10), 包含 b 的别名集由束

$$(1, 0, 0, 0, 0)' + \lambda_1 (1, 1, 0, 1, 0)' + \lambda_2 (1, 0, 1, 0, 1)' \tag{2.4.11}$$

组成, 其中 $\lambda_1, \lambda_2 \in \{0, 1\}$. 考虑 λ_1 和 λ_2 的所有可能的取值, 这个别名集是

$$\{(1, 0, 0, 0, 0)', (0, 1, 0, 1, 0)', (0, 0, 1, 0, 1)', (1, 1, 1, 1, 1)'\}.$$

基于 (2.4.7) 的思路使用紧记号, 上述别名集也可以描述为

$$1 = 24 = 35 = 12345. \tag{2.4.12}$$

由于 GF(2) 上的加法使用二进制算法, 从 (2.4.11) 中很容易看出, (2.4.12) 可以通过定义关系 (2.4.7) 乘以 1 获得, 1 代表束 $(1, 0, 0, 0, 0)'$. 这种乘法必须遵循以下约定:

(i) 省略任意平方符号;

(ii) 任意符号串乘以 I 不变.

因此, $(1)I = 1$, $(1)(124) = 24$, 等等, 这样就由 (2.4.7) 得到 (2.4.12). 以类似的方式, 得到本例中的其他别名集如下

$$
\begin{array}{rcrcrcr}
2 & = & 14 & = & 1235 & = & 345, \\
3 & = & 1234 & = & 15 & = & 245, \\
4 & = & 12 & = & 1345 & = & 235, \\
5 & = & 1245 & = & 13 & = & 234, \\
23 & = & 134 & = & 125 & = & 45, \\
34 & = & 123 & = & 145 & = & 25. \quad \square
\end{array}
$$

例 2.4.2(续)   考虑束 $b = (1, 0, 0, 0)'$, 它不是定义束. 因为 $b^{(1)} = (1, 0, 2, 2)'$, $b^{(2)} = (0, 1, 1, 2)'$, 通过 (2.4.10) 可以得到包含 b 的别名集由束

$$(1, 0, 0, 0)' + \lambda_1 (1, 0, 2, 2)' + \lambda_2 (0, 1, 1, 2)' \tag{2.4.13}$$

组成, 其中 $\lambda_1, \lambda_2 \in \{0, 1, 2\}$. 考虑 λ_1 和 λ_2 的所有可能取值, 可以得到这个别名集是

$$\{(1, 0, 0, 0)', (2, 0, 2, 2)', (0, 0, 1, 1)', (1, 1, 1, 2)', (1, 2, 2, 1)', (2, 1, 0, 1)',$$

$$(0, 2, 0, 2)', (2, 2, 1, 0)', (0, 1, 2, 0)'\}.$$

由于成比例的束是相同的, 它可以重新记为

$$\{(1, 0, 0, 0)', (1, 0, 1, 1)', (0, 0, 1, 1)', (1, 1, 1, 2)', (1, 2, 2, 1)', (1, 2, 0, 2)',$$

$$(0, 1, 0, 1)', (1, 1, 2, 0)', (0, 1, 2, 0)'\},$$

这样, 每个列出的束的第一个非零元素都是 1. 如在 (2.4.8) 中, 这个别名集可以表示为

$$1 = 134 = 34 = 1234^2 = 12^2 3^2 4 = 12^2 4^2 = 24 = 123^2 = 23^2. \tag{2.4.14}$$

因为 GF(3) 上的加法恰好是模 3 的加法, 从 (2.4.13) 中不难看出, (2.4.14) 可以通过将定义关系 (2.4.8) 中的每个项及其平方乘以 1 来得到, 其中 1 代表束 $(1, 0, 0, 0)'$. 乘法必须遵循以下约定:

(i) 省略任意立方符号;

(ii) 任意符号串乘以 I 或 I^2 都是不变的, 并且只记一次.

因此, $(1)I = (1)I^2 = 1$, 且 1 在 (2.4.14) 中只列出一次; 同样地, $(1)(13^2 4^2) = 1^2 3^2 4^2 = 134$, $(1)(13^2 4^2)^2 = 34$, $(1)(234^2) = 1234^2$, $(1)(234^2)^2 = 12^2 3^2 4$ 等, 这样就从 (2.4.8) 得到 (2.4.14). 本例中的其他别名集可以作为常规练习而得到.   □

此后, 对于 2^n 或 3^n 因析设计, 定义关系和别名集通常使用紧记号表示. 然而, 对于一般的 s^n 因析设计, 束的向量符号将继续使用. 为了进一步理解别名, 本节的剩余部分介绍一些结果.

引理 2.4.1   令束 $b, b^* \in \mathcal{C}$ 互为别名, 并且令

$$L = \sum_{j=0}^{s-1} l_j \left\{ \sum_{x \in V_j(b)} \tau(x) \right\} \quad \text{和} \quad L^* = \sum_{j=0}^{s-1} l_j \left\{ \sum_{x \in V_j(b*)} \tau(x) \right\}$$

分别为属于 b 和 b^* 的处理对照. 那么 L 和 L^* 的只包含 $d(B)$ 中的处理组合的部分是相等的.

证明 对于 $0 \leqslant j \leqslant s-1$, 令

$$V_j(b, B) = V_j(b) \cap d(B), \quad V_j(b^*, B) = V_j(b^*) \cap d(B). \tag{2.4.15}$$

由 (2.3.2) 和 (2.4.1) 可得

$$\begin{aligned} V_j(b, B) &= \{x : b'x = \alpha_j, Bx = 0\}, \\ V_j(b^*, B) &= \{x : b^{*'}x = \alpha_j, Bx = 0\}. \end{aligned} \tag{2.4.16}$$

由于 b 和 b^* 互为别名, 由 (2.4.9) 有 $(b - b^*)' \in \mathcal{R}(B)$. 因此

$$V_j(b, B) = V_j(b^*, B). \tag{2.4.17}$$

现在由 (2.4.15), L 和 L^* 的只包含 $d(B)$ 中的处理组合的部分分别为

$$L(B) = \sum_{j=0}^{s-1} l_j \left\{ \sum_{x \in V_j(b,B)} \tau(x) \right\} \quad 和 \quad L^*(B) = \sum_{j=0}^{s-1} l_j \left\{ \sum_{x \in V_j(b^*,B)} \tau(x) \right\}. \tag{2.4.18}$$

因此, 从 (2.4.17) 来看, 结果是显然的. $\square$

注 2.4.1 含有如引理 2.4.1 中 L 和 L^* 这样的匹配系数的处理对照, 称为对应对照. 该引理表明, 属于互为别名的束的对应对照无法根据设计 $d(B)$ 进行区分. 从这个意义上说, 称这种束是相互混杂 (confounded) 的. 由于在引理 2.4.1 中考虑的 b 不属于 $\mathcal{R}(B)$, 并且 B 行满秩, 显然 $(k+1) \times n$ 矩阵 $[b, B']'$ 也是行满秩的. 因此, 用引理 2.3.2 中的证明方法可得, 对每个 j, 在 (2.4.16) 中考虑的集合 $V_j(b, B)$ 的基数都是 s^{n-k-1}. 从而, 由 (2.4.18), $L(B)$ (或等价地 $L^*(B)$) 本身就是一个包含 $d(B)$ 中的处理组合的对照.

现在考虑任意束 $b \in \mathcal{C}$, 并回顾 (2.4.10) 描述的包含 b 的别名集. 令 $\mathcal{A}$ 表示这个别名集. 对于任意束 $a \in \mathcal{A}$, 任意处理组合 x 和任意 j $(0 \leqslant j \leqslant s-1)$, 令 $\phi_j(a, x)$ 表示示性函数, 如果 $x \in V_j(a)$, 其取值为 1, 否则为 0. 因此由 (2.3.2) 得到

$$\phi_j(a, x) = \begin{cases} 1, & a'x = \alpha_j, \\ 0, & 其他. \end{cases} \tag{2.4.19}$$

此外, 令 $\sum_a$ 表示所有 $a \in \mathcal{A}$ 上的总和, 则有下面两个引理成立.

引理 2.4.2 对于每个处理组合 x 和每个 j $(0 \leqslant j \leqslant s-1)$, 都有

$$\sum_a \phi_j(a, x) = \begin{cases} s^k, & x \in V_j(b, B), \\ 0, & x \in d(B) - V_j(b, B), \\ s^{k-1}, & x \notin d(B). \end{cases}$$

证明　由 (2.4.10), $\mathcal{A}$ 中束的形式为 $a = b + B'\lambda$, 其中 $\lambda = (\lambda_1, \cdots, \lambda_k)'$, 对于每个 i 都有 $\lambda_i \in \mathrm{GF}(s)$. 因此, 对于每个固定的 x 和 j, 通过 (2.4.19) 可以得到

$$\sum_a \phi_j(a, x) = \# \left\{ \lambda = (\lambda_1, \cdots, \lambda_k)' : b'x + \lambda'Bx = \alpha_j, \text{ 对所有 } i, \lambda_i \in \mathrm{GF}(s) \right\},$$

$$(2.4.20)$$

这里 $\#$ 表示一个集合的基数.

(i) 如果 $x \in V_j(b, B)$, 那么由 (2.4.16), $b'x + \lambda'Bx = \alpha_j$ 对于 $\mathrm{GF}(s)$ 上的所有 $k \times 1$ 向量 λ 成立. 因此 (2.4.20) 的右边等于 s^k.

(ii) 如果 $x \in d(B) - V_j(b, B)$, 那么由 (2.4.1) 和 (2.4.16), 有 $Bx = 0$, $b'x \neq \alpha_j$. 因此, 对于 $\mathrm{GF}(s)$ 上的任意 $k \times 1$ 向量 λ, $b'x + \lambda'Bx$ 不等于 α_j. 从而, (2.4.20) 的右边等于 0.

(iii) 接下来考虑 $x \notin d(B)$. 由 (2.4.1), 有 $Bx \neq 0$. 一般地, $b'x + \lambda'Bx = \alpha_j$ 当且仅当 $(Bx)'\lambda = \alpha_j - b'x$. 由于 $Bx \neq 0$, 与引理 2.3.1 的证明一样, 可得到 (2.4.20) 的右边等于 s^{k-1}. □

引理 2.4.3　对于 $a \in \mathcal{A}$, 考虑对应的处理对照

$$\sum_{j=0}^{s-1} l_j \left\{ \sum_{x \in V_j(a)} \tau(x) \right\},$$

其中 $\sum_{j=0}^{s-1} l_j = 0$. 那么有

$$\sum_a \left[\sum_{j=0}^{s-1} l_j \left\{ \sum_{x \in V_j(a)} \tau(x) \right\} \right] = s^k \sum_{j=0}^{s-1} l_j \left\{ \sum_{x \in V_j(b, B)} \tau(x) \right\}. \qquad (2.4.21)$$

证明　令 $\mathcal{X}$ 表示 s^n 个处理组合的集合. 由引理 2.4.2 和 (2.4.19) 中引入的示性变量 $\phi_j(a, x)$, 再结合 $\sum_{j=0}^{s-1} l_j = 0$, 有

$$\sum_a \left[\sum_{j=0}^{s-1} l_j \left\{ \sum_{x \in V_j(a)} \tau(x) \right\} \right] = \sum_a \left[\sum_{j=0}^{s-1} l_j \left\{ \sum_{x \in \mathcal{X}} \phi_j(a, x) \tau(x) \right\} \right]$$

$$= \sum_{j=0}^{s-1} l_j \left[\sum_{x \in \mathcal{X}} \left\{ \sum_a \phi_j(a, x) \right\} \tau(x) \right]$$

$$= \sum_{j=0}^{s-1} l_j \left\{ s^k \sum_{x \in V_j(b, B)} \tau(x) + s^{k-1} \sum_{x \notin d(B)} \tau(x) \right\}$$

$$= s^k \sum_{j=0}^{s-1} l_j \left\{ \sum_{x \in V_j(b,B)} \tau(x) \right\}. \qquad \square$$

如注 2.4.1 所述, (2.4.21) 的右边是一个仅包含 $d(B)$ 中的处理组合的对照. 因此, 它在 $d(B)$ 中是可估的. 从而, (2.4.21) 的左侧也是如此. 因此, 由于属于同一别名集的束是相互混杂的, 属于该束的对应对照的总和在 $d(B)$ 中是可估的. 故而, 对于一个非定义束 b, 属于 b 的任意处理对照在 $d(B)$ 中可估当且仅当属于与 b 别名的其他所有束的对应对照是可忽略的.

称一个束在 $d(B)$ 中是可估的, 如果属于该束的每一个处理对照都是可估的. 同样, 如果属于一个束的每个处理对照都是可忽略的, 则称该束本身是可忽略的. 总结最后一段的内容, 以下结果显而易见.

定理 2.4.2 一个非定义束 b 在 $d(B)$ 中是可估计的, 当且仅当其他所有与 b 别名的束都是可忽略的.

如前面定理 2.4.1 所述, 在选择 s^{n-k} 设计时, 重要的是, 任意属于感兴趣的因子效应的束都不是定义束. 现在定理 2.4.2 又表明, 此类束不应与任何其他不可忽略的束别名. 例如, 如果感兴趣的是主效应, 并且有理由假设所有交互作用都不存在, 那么

(i) 任意主效应束都不应该是定义束;

(ii) 没有两个不同的主效应束是彼此别名的.

参考 (2.4.7) 式和别名集的描述, 例 2.4.1 完全满足这些条件. 同样, 在得到例 2.4.2 中的别名集后, 我们可以检验上述条件也满足.

有趣的是, 即使没有明确确定别名集, 上述关于例 2.4.1 和例 2.4.2 的结论也可以由各自的定义关系 (2.4.7) 和 (2.4.8) 直接得出. 如果从 (2.4.7) 和 (2.4.8) 中注意到, 两个例子中每个定义束至少有三个非零元, 则只要在下面的定理 2.4.3 中取 $f = t = 1$ 即可得知这个结论是显然的. 在下文中, 称一个因子效应是缺失的 (absent), 如果属于它的所有处理对照都是可忽略的.

定理 2.4.3 在一个 s^{n-k} 设计中, 在所有包含 $t+1$ 个或更多因子的因子效应都缺失的情况下, 属于包含 f 个或更少因子的因子效应的所有处理对照都是可估计的 ($1 \leqslant f \leqslant t \leqslant n-1$), 当且仅当每个定义束至少包含 $f+t+1$ 个非零元.

证明 为了证明充分性, 假设一个 s^{n-k} 设计 $d(B)$ 的每个定义束至少含有 $f+t+1$ 个非零元. 考虑属于一个包含 f 个或更少因子的因子效应的任意束 b, 只要证明 $d(B)$ 中所有属于 b 的处理对照是可估的. 显然, b 不是一个定义束. 现在假设 b 与另一个束 b^* 别名, 其中 b^* 属于包含 t 个或更少因子的因子效应. 那么 $b - b^*$ 非零, 并由 (2.4.9), 有 $(b - b^*)' \in \mathcal{R}(B)$. 因此, 由 (2.4.4) 知 $b - b^*$ 是一

个定义束. 然而, 这是不可能的, 因为 b 和 b^* 分别最多有 f 和 t 个非零元, 从而 $b - b^*$ 最多有 $f + t$ 个非零元. 因此 b 既不是定义束, 也不与另一个属于包含 t 个或更少因子的因子效应的束别名. 因此, 由定理 2.4.2, $d(B)$ 中所有属于 b 的处理对照可估. 充分性证毕.

为了证明必要性, 假设在所有包含 $t + 1$ 个或更多因子的因子效应缺失的情况下, $d(B)$ 中属于包含 f 个或更少因子的因子效应的所有处理对照可估. 则根据定理 2.4.1 和定理 2.4.2,

(i) 含有 f 个或更少非零元的束都不是定义束;

(ii) 不存在含有 f 个或更少的非零元的束与另一个含有 t 个或更少的非零元的束别名.

鉴于 (i), 不存在含有 f 个或更少非零元的定义束. 现在假设存在一个定义束, 记为 b_{def}, 恰好有 p 个非零元, 其中 $f + 1 \leqslant p \leqslant f + t$. 不失一般性, 令

$$b_{\mathrm{def}} = (b_1, \cdots, b_p, 0, \cdots, 0)', \tag{2.4.22}$$

其中 $b_i \neq 0$ $(1 \leqslant i \leqslant p)$. 通过 (2.4.4) 有

$$b'_{\mathrm{def}} \in \mathcal{R}(B). \tag{2.4.23}$$

现在考虑束

$$b = (b_1, \cdots, b_f, 0, \cdots, 0)', \tag{2.4.24}$$

$$b^* = (0, \cdots, 0, -b_{f+1}, \cdots, -b_p, 0, \cdots, 0)', \tag{2.4.25}$$

其中 0 出现在 b^* 的前 f 个和后 $n - p$ 个位置. 由 (2.4.22)—(2.4.25), $(b - b^*)' = b'_{\mathrm{def}} \in \mathcal{R}(B)$, 因此根据定义, 束 b 和 b^* 互为别名. 然而, 由 (2.4.24), b 有 f 个非零元, 而由 (2.4.25), b^* 中的非零元有 $p - f$ 个. 因为 $p \leqslant f + t$, 所以 b^* 中的非零元数最多是 t, 与上述 (ii) 矛盾. 因此, 每个定义束必须至少有 $f + t + 1$ 个非零元, 这证明了必要性成立. □

2.5　最优性准则: 分辨度和最小低阶混杂

回顾定理 2.4.3, s^{n-k} 设计的性能取决于定义束中非零元的数量, 特别是这些数量的最小值. 称这个最小值为设计的分辨度 (resolution) (Box and Hunter, 1961a, 1961b). 由 (2.4.7) 可见, 例 2.4.1 中的每个定义束都有三个或四个非零元. 因此, 本例考虑的设计的分辨度是 3. 同样, 由 (2.4.8) 式, 例 2.4.2 中的设计的分辨度也是 3. (在应用性试验设计的文献中, 分辨度的值通常用罗马数字表示, 如

III, IV 或 V.) 定理 2.4.3 意味着, 即使在没有交互作用的情况下, 分辨度为 I 或 II 的设计也无法确保所有属于主效应的处理对照可估. 由于主效应几乎总是因析试验中感兴趣的对象, 所以我们将主要关注分辨度为 III 或更高的设计. 下面的结果是定理 2.4.3 的直接结论.

定理 2.5.1 对一个分辨度为 $R\,(\geqslant \mathrm{III})$ 的 s^{n-k} 设计, 如果所有的包含 $R-f$ 个或更多因子的因子效应缺失, 那么所有包含 f 个或更少因子的因子效应的处理对照是可估的, 其中 f 满足 $1 \leqslant f \leqslant \dfrac{1}{2}(R-1)$.

上述结果表明, 给定 s, n 和 k, 应该选择一个具有最大分辨度的 s^{n-k} 设计. 这就是最大分辨度 (maximum resolution) 准则. 在例 2.4.1 和例 2.4.2 的设定中, 最大可能的分辨度为 III (这将在下一节从一个更一般的结果证明), 这两个例子中考虑的设计都达到了最大分辨度.

然而, 在许多情况下, 有多个设计都具有最大可能的分辨度. 在进一步研究它们的定义束和别名型的基础上, 可以区分这些具有最大分辨度的设计. 这种区分具有重要的现实意义, 特别是人们不能完全确定某些因子效应缺失的时候, 这在实践中经常发生. 以下例子用于启发这些想法.

例 2.5.1 考虑两个 3^{5-2} 设计 $d(B_1)$ 和 $d(B_2)$, 其中

$$B_1 = \begin{bmatrix} 1 & 1 & 0 & 2 & 0 \\ 1 & 2 & 1 & 0 & 2 \end{bmatrix}, \quad B_2 = \begin{bmatrix} 1 & 1 & 0 & 2 & 0 \\ 1 & 0 & 1 & 0 & 2 \end{bmatrix}.$$

由 (2.4.4) 知, $d(B_1)$ 和 $d(B_2)$ 中的定义束分别由

$$I = 124^2 = 12^2 35^2 = 13^2 45 = 2345^2 \tag{2.5.1}$$

和

$$I = 124^2 = 135^2 = 12^2 3^2 45 = 23^2 4^2 5 \tag{2.5.2}$$

给出. $d(B_1)$ 和 $d(B_2)$ 的分辨度都是 III, 下一节我们将发现, 这是当前设置中的最大分辨度.

现在, $d(B_1)$ 只有一个定义束, 即 124^2, 有三个非零元. 因此, 定理 2.4.3 的证明表明, 束 $12, 14^2$ 和 24^2 都属于 2fi, 分别与主效应束 $4, 2$ 和 1 别名. 在 $d(B_1)$ 中, 没有其他 2fi 束与任意主效应束别名. 另外, $d(B_2)$ 有两个定义束 124^2 和 135^2, 均有三个非零元. 如前, 有 6 个 2fi 束与 $d(B_2)$ 中的主效应束别名. 因此, 根据定理 2.4.2, 为了估计属于主效应的处理对照, 需要假设 $d(B_1)$ 中的 3 个 2fi 束和 $d(B_2)$ 中的 6 个 2fi 束不显著. 因此, 如果对所有 2fi 束的不显著性没有充分的把握, 那么 $d(B_1)$ 比 $d(B_2)$ 更可取, 因为前者需要的假设更宽松. □

更一般地, 如果 $A_3 (\geqslant 0)$ 是任意分辨度为 III 或更高的设计中带有三个非零元的定义束的数量, 那么在这种设计中, $3A_3$ 个 2fi 束与主效应束别名. 因此, 给定任意两个分辨度为 III 的设计, A_3 值较小的设计更好. 这些考虑引致了 Fries 和 Hunter (1980) 为 s^{n-k} 设计提出的最小低阶混杂准则. 这个准则的基本前提是以下原则.

效应分层原则 (effect hierarchy principle):

(i) 低阶因子效应比高阶因子效应更重要;

(ii) 同阶因子效应同等重要.

对 $1 \leqslant i \leqslant n$, 记 $A_i(B)$ 是 s^{n-k} 设计 $d(B)$ 中有 i 个非零元的不同定义束的数量. 在编码理论中, 定义束也被称为字 (word), 或码字 (code word) (见 2.8 节). 定义束中非零元的个数称为该字的长度 (length). 使用这个术语, 序列

$$W(B) = (A_1(B), A_2(B), A_3(B), \cdots, A_n(B)) \tag{2.5.3}$$

称为 $d(B)$ 的字长型 (wordlength pattern).

定义 2.5.1 设 $d(B_1)$ 和 $d(B_2)$ 是两个 s^{n-k} 设计. 令 r 为使得 $A_r(B_1) \neq A_r(B_2)$ 的最小整数. 如果 $A_r(B_1) < A_r(B_2)$, 则称 $d(B_1)$ 比 $d(B_2)$ 有更小的低阶混杂 (less aberration). 如果没有设计比其有更小的低阶混杂, 则称该设计为最小低阶混杂 (minimum aberration, MA) 设计.

显然, 设计 $d(B)$ 的分辨度等于使 $A_j(B) > 0$ 的最小整数 j. 因此, 在任何给定的背景下, 一个 MA 设计一定有最大可能的分辨度.

回顾例 2.5.1, 由 (2.5.1) 和 (2.5.2) 得, $d(B_1)$ 和 $d(B_2)$ 的字长型分别是 $(0, 0, 1, 3, 0)$ 和 $(0, 0, 2, 1, 1)$. 因此, $d(B_1)$ 比 $d(B_2)$ 有更小的低阶混杂. MA 设计将在随后的章节中广泛讨论. 后续研究表明, 例 2.4.1 和例 2.4.2 中考虑的设计以及例 2.5.1 中的设计 $d(B_1)$ 都是 MA 设计.

我们用一个后续非常有用的结果结束本节. 称因子 F_i 包含在束 $b = (b_1, \cdots, b_n)'$ 中, 如果 $b_i \neq 0$.

引理 2.5.1 一个 s^{n-k} 设计 $d(B)$ 是 MA 设计的必要条件是: 每个因子必须包含在 $d(B)$ 的某个定义束中.

证明 假设某个因子, 例如 F_1, 不包含在 $d(B)$ 的任意定义束中. 那么由 (2.4.4), B 的第一列是一个零向量. 令 B^* 为 GF(s) 上的一个 $k \times n$ 矩阵, 第一列为 $(1, 0, \cdots, 0)'$, B^* 的其他列与 B 的对应列相同, 则 B^* 与 B 一样是行满秩的, 且 $d(B^*)$ 也是一个 s^{n-k} 设计. 对 GF(s) 上的任意 $k \times 1$ 向量 $\lambda = (\lambda_1, \cdots, \lambda_k)'$, 显然: 如果 $\lambda_1 = 0$, 那么 $\lambda' B^*$ 具有与 $\lambda' B$ 一样多的非零元; 如果 $\lambda_1 \neq 0$, 那么 $\lambda' B^*$ 比 $\lambda' B$ 多一个非零元. 从 (2.4.4) 和定义 2.5.1 可知, $d(B^*)$ 有比 $d(B)$ 更小的低阶混杂, 即 $d(B)$ 不是一个 MA 设计. $\qquad\square$

2.6   和正交表的联系

现在介绍正交表的概念 (Rao, 1947), 这有助于部分因析设计的研究.

定义 2.6.1   具有 N 行、n 列、s 个符号、强度为 g 的正交表 OA(N, n, s, g) 是一个 $N \times n$ 表格, 其元素来自 s 个符号的集合, 对每个 $N \times g$ 子表, 所有可能的符号组合作为行出现的次数相同.

因为 s 个符号可以以 s^g 种可能的组合方式在 $N \times g$ 子表的行中出现, 很明显, 一个 OA(N, n, s, g) 正交表中的 N 是 s^g 的倍数. 整数 N/s^g 称为正交表的强度指数 (index). 不失一般性, s 个符号可以编码为 $0, 1, \cdots, s-1$ 或 GF(s) 中的元素, 具体取决于上下文.

例 2.6.1   在下面的 (a), (b), (c) 中, 我们展示了一个 OA$(8, 5, 2, 2)$、一个 OA$(9, 4, 3, 2)$ 和一个 OA$(8, 4, 2, 3)$:

(a) OA $(8, 5, 2, 2)$ $\quad$ (b) OA $(9, 4, 3, 2)$ $\quad$ (c) OA $(8, 4, 2, 3)$

$$
\begin{bmatrix}
0 & 0 & 0 & 0 & 0 \\
0 & 0 & 1 & 0 & 1 \\
0 & 1 & 0 & 1 & 0 \\
0 & 1 & 1 & 1 & 1 \\
1 & 0 & 0 & 1 & 1 \\
1 & 0 & 1 & 1 & 0 \\
1 & 1 & 0 & 0 & 1 \\
1 & 1 & 1 & 0 & 0
\end{bmatrix},
\quad
\begin{bmatrix}
0 & 0 & 0 & 0 \\
1 & 1 & 0 & 1 \\
2 & 2 & 0 & 2 \\
1 & 2 & 1 & 0 \\
2 & 0 & 1 & 1 \\
0 & 1 & 1 & 2 \\
2 & 1 & 2 & 0 \\
0 & 2 & 2 & 1 \\
1 & 0 & 2 & 2
\end{bmatrix},
\quad
\begin{bmatrix}
0 & 0 & 0 & 0 \\
0 & 0 & 1 & 1 \\
0 & 1 & 0 & 1 \\
0 & 1 & 1 & 0 \\
1 & 0 & 0 & 1 \\
1 & 0 & 1 & 0 \\
1 & 1 & 0 & 0 \\
1 & 1 & 1 & 1
\end{bmatrix}.
$$

$\square$

以下结果 (Rao, 1947) 为正交表的存在提供了有用的必要条件. 此结果中 N 的下界称为 Rao 边界. 证明可见 Hedayat, Sloane 和 Stufken (1999, 第 2 章) 或 Dey 和 Mukerjee (1999, 第 2 章), 这里省略.

定理 2.6.1   在正交表 OA(N, n, s, g) 中,

(a) $N \geqslant \sum_{i=0}^{p} \binom{n}{i}(s-1)^i$, 如果 $g\,(= 2p, p \geqslant 1)$ 是偶数;

(b) $N \geqslant \sum_{i=0}^{p} \binom{n}{i}(s-1)^i + \binom{n-1}{p}(s-1)^{p+1}$, 如果 $g\,(= 2p+1, p \geqslant 1)$ 是奇数.

使得上述 (a) 或 (b) 中等式成立的正交表称为饱和的 (saturated) 或紧的. 特别地, 在定理 2.6.1 中取 $g = 2$ 或 3, 得到以下推论.

推论 2.6.1   (a) 在 OA$(N, n, s, 2)$ 中, $N \geqslant 1 + n(s-1)$;

(b) 在 OA$(N, n, s, 3)$ 中, $N \geqslant 1 + n(s-1) + (n-1)(s-1)^2$.

以下引理在联系 s^{n-k} 设计和正交表方面发挥着关键作用. 之后也将发现它在其他方面的重要应用.

引理 2.6.1   一个 s^{n-k} 设计 $d(B)$ 存在等价于存在定义于 GF(s) 上的行满秩的 $(n-k) \times n$ 矩阵 G, 使得

(a) $d(B)$ 中的 s^{n-k} 个处理组合是 $\mathcal{R}(G)$ 中 s^{n-k} 个向量的转置;

(b) 任意束 b 是 $d(B)$ 的定义束当且仅当 $Gb = 0$;

(c) $d(B)$ 的任意两个束互为别名, 当且仅当对于这些束的某些表示 b 和 b^*, 有 $G(b - b^*) = 0$.

证明   回顾前文知, 对于任意 s^{n-k} 设计 $d(B)$, 矩阵 B 是 $k \times n$ 阶的, 并且行满秩. 因此, 给定 $d(B)$ 或等价地给定 B, 人们可以找到一个 $(n-k) \times n$ 矩阵 G, 其定义在 GF(s) 上, 并且也是行满秩, 使得

$$BG' = 0. \tag{2.6.1}$$

B 和 G 的行空间互为正交补集. 分别从 (2.4.1), (2.4.4) 和 (2.4.9) 式可得 (a), (b) 和 (c) 成立.

反之, 给定一个定义在 GF(s) 上且行满秩的 $(n-k) \times n$ 矩阵 G, 存在一个也定义在 GF(s) 上并具有行满秩的 $k \times n$ 矩阵 B, 使得 (2.6.1) 成立. 和上述一样, (a), (b) 和 (c) 对于 (2.4.1) 中定义的设计 $d(B)$ 仍然成立. $\square$

定理 2.6.2   令 $d(B)$ 是一个分辨度为 R 的 s^{n-k} 设计. 如果 $R \geqslant g+1$, 则当 $d(B)$ 中的处理组合以行的形式给出时, 会形成一个正交表 OA $\left(s^{n-k}, n, s, g\right)$.

证明   因为 $R \geqslant g+1$, $d(B)$ 中的每个定义束至少有 $g+1$ 个非零元. 所以, 根据引理 2.6.1, 存在一个 $(n-k) \times n$ 矩阵 G, G 定义在 GF(s) 上且行满秩, 使得

(i) $d(B)$ 中的处理组合是 $\mathcal{R}(G)$ 中向量的转置;

(ii) G 的任意 g 列都是线性无关的.

注意 (ii) 可由引理 2.6.1(b) 得到, 因为如果 G 的某 g 列是线性相关的, 那么在 $d(B)$ 中会得到一个最多有 g 个非零元的定义束.

设 Q 为 $\mathcal{R}(G)$ 中的 s^{n-k} 个向量构成的 $s^{n-k} \times n$ 表格. 基于 (i), 只要证明 Q 是强度为 g 的正交表. 考虑 Q 的任意 $s^{n-k} \times g$ 子表, 不妨记为 Q_1. 令 G_1 是 G 对应的 $(n-k) \times g$ 子矩阵. 则 Q_1 的行由 s^{n-k} 个向量 $\lambda' G_1$ 给出, 对应于 GF(s) 上的 $(n-k) \times 1$ 向量 λ 的 s^{n-k} 种可能的选择. 现在由 (ii), G_1 列满秩, 因此包含一个非奇异 $g \times g$ 子矩阵. 因此, 与引理 2.3.2 的证明一样, λ 有 s^{n-k-g} 种选择使得 $\lambda' G_1$ 等于 GF(s) 上的任意固定的 g 维行向量. 因此, 在 Q_1 中, 每个可能的 g 维行向量都以相同的频率 s^{n-k-g} 出现. 因此, Q 是强度为 g 的正交表. $\square$

回顾例 2.4.1 和例 2.4.2, 其中的设计具有分辨度 III. 因此, 根据上述定理, 这些设计中的处理组合写成行的形式, 形成强度为 2 的正交表, 正是例 2.6.1 中显示的正交表 OA(8,5,2,2) 和 OA(9,4,3,2).

结合定理 2.6.1 或推论 2.6.1, 定理 2.6.2 为特定分辨度的设计的存在性提供了必要条件. 下面定理中给出了两个这样的必要条件.

定理 2.6.3 设 $d(B)$ 是一个分辨度为 R 的 s^{n-k} 设计.

(a) 对 $R \geqslant$ III, 有

$$n \leqslant \frac{s^{n-k} - 1}{s - 1}; \tag{2.6.2}$$

(b) 对 $R \geqslant$ IV, 有

$$n \leqslant \frac{s^{n-k-1} - 1}{s - 1} + 1. \tag{2.6.3}$$

证明 (a) 对 $R \geqslant$ III, 由定理 2.6.2, $d(B)$ 的处理组合构成一个正交表 OA$(s^{n-k}, n, s, 2)$. 因此, 根据推论 2.6.1 的 (a) 部分, 结论成立.

(b) 对 $R \geqslant$ IV, 由定理 2.6.2 和推论 2.6.1(b), 有

$$s^{n-k} \geqslant 1 + n(s-1) + (n-1)(s-1)^2,$$

经过简化可得所需不等式. □

下一节我们将看到, 条件 (2.6.2) 也是分辨度为 III 或更高的设计存在的充分条件. 对 $s = 2$ 的情况, 一个类似 (2.6.3) 成立的充分性也将在那里给出. 然而, 对于更一般的 s ($\geqslant 3$) 的情况, (2.6.3) 不是分辨度为 IV 或更高的设计存在的充分条件. 这将在下一段再讨论例 2.5.1 时证明. 顺便说一句, 定理 2.6.3 (b) 表明, 在例 2.4.1 或例 2.4.2 的设定中不存在分辨度为 IV 或更高的设计. 因此, 如前所述, 这些例子考虑的设计都有最大可能的分辨度.

关于正交表存在的必要条件的文献非常丰富. 在 Hedayat, Sloane 和 Stufken (1999, 第 2, 4 章) 以及 Dey 和 Mukerjee (1999, 第 2, 5 章) 中可以找到对现有结果的充分讨论. 由定理 2.6.2, 任何此类必要条件都可能有助于研究给定背景下设计的最大可能分辨度. 为了说明这点, 再回顾例 2.5.1. 这里 $s = 3$, $n = 5$, $k = 2$, 并且满足 (2.6.3). 现在, 如果在此设定下存在分辨度为 IV 或更高的设计, 那么根据定理 2.6.2, 我们会得到一个 OA(27,5,3,3). 然而, 根据在 Hedayat, Sloane 和 Stufken (1999, 第 24 页) 或 Dey 和 Mukerjee (1999, 第 38 页) 中展示的 Bush (1952) 的一个结果, 在一个 OA(s^3, n, s, g) 中, 如果 $s \leqslant g$, 那么 $n \leqslant g + 1$. 这排除了 OA(27,5,3,3) 的存在性, 并表明对于 $s = 3$, $n = 5$ 和 $k = 2$, 一个设计的最大分辨度是 III. 本例前面介绍的 $d(B_1)$ 和 $d(B_2)$ 的分辨度都是 III, 这是最大可能的分辨度. 也很显然, 对于 $s \geqslant 3$, 条件 (2.6.3) 对于分辨度是 IV 或更高设计的存在性是必要但不充分的.

从传统最优性考虑, 定理 2.6.2 有另一个重要含义. 为了启发这些想法, 考虑一个分辨度为 III 的 s^{n-k} 设计 $d(B)$. 根据定理 2.5.1, 在所有交互作用均缺失的情况下, $d(B)$ 的所有主效应对照均可估. 然而, 人们可以考虑选择任意其他 s^{n-k} 个处理组合作为竞争的部分因析设计, 并想知道 $d(B)$ 对主效应对照的估计的表现情况. 特别地, 人们可能有兴趣将 $d(B)$ 产生的估计量的协方差矩阵与任意竞争的部分因析设计的估计量的协方差矩阵进行比较. 尤其是, 如果 $d(B)$ 在相同大小, 即具有相同处理组合数的所有部分因析设计中, 最小化协方差矩阵的行列式、迹或最大特征值, 则分别称为 D-, A- 或 E-最优的.

Cheng (1980) 讨论了最优性问题, 考虑了一个更一般的准则, 称为泛最优性 (universal optimality) (Kiefer, 1975), 作为特殊情况, 该准则包含了 D-, A- 和 E-准则. 他证明了, 如果部分因析设计中的处理组合构成一个强度为 2 的正交表 (当写成行时), 那么在所有交互作用缺失的情况下对于估计主效应对照来说, 该部分因析设计在所有相同大小的部分因子设计中是泛最优的. 回到分辨度为 III 的设计 $d(B)$, 定理 2.6.2 表明, 其处理组合形成了强度为 2 的正交表. 因此, 引用 Cheng 的结果, 我们得出令人满意的结论, 即对于上一段中考虑的估计问题, 在所有大小相同的部分因析设计中, $d(B)$ 确实是泛最优的.

Mukerjee (1982) 将 Cheng (1980) 的结果推广到一般强度的正交表. 结合定理 2.6.2, 这有助于证明一般分辨度的 s^{n-k} 设计的泛最优性. 特别地, 作为定理 2.5.1 的补充可以证明, 为了估计包含 f 个或更少因子的因子效应, 在所有包含 $R-f$ 个或更多因子的因子效应缺失的条件下, 只要 $1 \leqslant f \leqslant \frac{1}{2}(R-1)$, 分辨度为 $R\ (\geqslant 3)$ 的 s^{n-k} 设计在所有大小相同的部分因析设计中是泛最优的.

本书不会进一步考虑泛最优性或特别的 D-, A- 或 E-最优性问题. 第一, Dey 和 Mukerjee (1999, 第 2, 6, 7 章) 已经详细讨论了这些准则下部分因析设计的最优性结果. 第二个也是更令人信服的原因是, 这些最优性结果明确假设某些因子效应是缺失的, 但本书主要目的是在此类假设的有效性不是理所当然的情况下回顾和综合好的试验策略. 从这个角度来看, 本书对像 MA 一样的准则更感兴趣. 例 2.5.1 中已经暗示了这种效果, 其中对设计 $d(B_1)$ 和 $d(B_2)$, 根据假设的严格性进行了区分, 尽管两者的分辨度都是 III, 从而在所有交互作用均缺失的情况下对于估计主效应是泛最优的.

2.7　和有限射影几何的联系

研究 s^{n-k} 设计的另一个重要工具是有限射影几何. GF(s) 上 $r-1$ 维有限射影几何, 记作 PG$(r-1,s)$, 由形如 $(x_1, \cdots, x_r)'$ 的点组成, 其中 $x_i \in$ GF(s)

$(1 \leqslant i \leqslant r)$, 且 $x_1, \cdots, x_r$ 不全为零, 任意两个成比例的点认为是相同的. 显然, s^n 因析设计中的束是 $\mathrm{PG}(n-1, s)$ 的点. 与束一样, $\mathrm{PG}(r-1, s)$ 中有 $(s^r-1)/(s-1)$ 个不同的点. 今后, 在任意给定的上下文中, 只考虑有限射影几何中的不同点, 即使这一点没有明确说明. 例如, 当我们说点的集合时, 隐含着这些点是不同的. 沿用注 2.3.1 的符号, 在随后的章节中, 使用紧记号 $1^{x_1} \cdots r^{x_r}$ 来表示 $\mathrm{PG}(r-1, s)$ 上的点 $(x_1, \cdots, x_r)'$ 是方便的, 其中, 如果 $x_i = 0$, 则省略 i^{x_i}. 有关有限射影几何的更多细节, 请参阅 Raghavarao (1971, 第 357—359 页).

s^{n-k} 设计和有限射影几何之间的联系比仅仅将 s^n 因析设计中的束解释为 $\mathrm{PG}(n-1, s)$ 中的点要深刻得多. 下面的定理 2.7.1 强调了这一点, 该定理表明了分辨度为 III 或更高的 s^{n-k} 设计与有限射影几何的点集之间的对偶关系. 这个定理看起来与引理 2.6.1 非常相似, 实际上是后者的推论. 引理 2.6.1 和定理 2.7.1—定理 2.7.4 沿用了 Bose (1947) 的思想. 在下文中, 对于 $\mathrm{PG}(r-1, s)$ 上 p 个点的任意非空集合 T, 记 $V(T)$ 是一个 $r \times p$ 矩阵, 其列由 T 的点给出.

定理 2.7.1 给定任意一个分辨度为 III 或更高的 s^{n-k} 设计 $d(B)$, 存在 $\mathrm{PG}(n-k-1, s)$ 的 n 个点的集合 T, 使得 $V(T)$ 行满秩, 并且

(a) $d(B)$ 中的 s^{n-k} 个处理组合是 $\mathcal{R}[V(T)]$ 中 s^{n-k} 个向量的转置;

(b) 任意束 b 是 $d(B)$ 的一个定义束, 当且仅当 $V(T)b = 0$;

(c) $d(B)$ 中的任意两个束互为别名, 当且仅当对于这些束的某些表示 b 和 b^*, 有 $V(T)(b - b^*) = 0$.

反之, 给定 $\mathrm{PG}(n-k-1, s)$ 的任意一个 n 个点的集合 T, 使得 $V(T)$ 行满秩, 存在分辨度为 III 或更高的 s^{n-k} 设计 $d(B)$, 使得 (a)—(c) 成立.

证明 考虑一个分辨度为 III 或更高的 s^{n-k} 设计 $d(B)$. 由引理 2.6.1, 存在一个 $(n-k) \times n$ 矩阵 G, 它定义在 $\mathrm{GF}(s)$ 上并且行满秩, 满足该引理的条件 (a)—(c). 因为 $d(B)$ 的分辨度为 III 或更高, 根据引理 2.6.1(b), G 的任意两列都是线性无关的. 因此, $(n-k) \times n$ 矩阵 G 的列是非零的, 并且其中任意两列都不成比例. 因此, 这些列可以解释为 $\mathrm{PG}(n-k-1, s)$ 的 n 个点. 设 T 表示这 n 个点的集合, 其顺序与 G 的列相同. 那么 $G = V(T)$ 且 $V(T)$ 像 G 一样是行满秩的. 由引理 2.6.1 的 (a)—(c), 定理中 (a)—(c) 显然成立.

为了证明逆命题, 考虑 $\mathrm{PG}(n-k-1, s)$ 的任意 n 个点的集合 T, 使得 $(n-k) \times n$ 矩阵 $V(T)$ 行满秩. 存在一个定义在 $\mathrm{GF}(s)$ 上的行满秩的 $k \times n$ 矩阵 B, 使得 $B[V(T)]' = 0$. 与引理 2.6.1 一样, 对设计 $d(B)$, 该定理的 (a)—(c) 成立. 此外, 根据 T 的定义, $V(T)$ 的任意两列都是线性无关的. 因此, 由 (b) 知设计 $d(B)$ 的分辨度为 III 或更高. $\qquad \square$

以下推论很容易从定理 2.7.1(b) 中获得.

推论 2.7.1 令 $g \geqslant 2$. 分辨度为 $g+1$ 或更高的 s^{n-k} 设计存在, 当且仅当存

在一个 $PG(n-k-1,s)$ 的 n 个点的集合 T, 使得 T 的任意 g 个点线性无关, 并且 $V(T)$ 行满秩.

现在回顾例 2.4.1 和例 2.4.2, 以说明定理 2.7.1. 在例 2.4.1 中, $s=2$, $n=5$, $k=2$, 那里的矩阵 B 生成了一个分辨度为 III 的设计 $d(B)$, 而且矩阵 B 和

$$G = \begin{bmatrix} 1 & 0 & 0 & 1 & 1 \\ 0 & 1 & 0 & 1 & 0 \\ 0 & 0 & 1 & 0 & 1 \end{bmatrix}$$

的行空间互为正交补. 将 G 的列解释为 $PG(2,2)$ 的点, 设计 $d(B)$ 对应于 $PG(2,2)$ 的一个五个点的集合

$$T = \left\{ (1,0,0)', (0,1,0)', (0,0,1)', (1,1,0)', (1,0,1)' \right\},$$

并使得 $V(T) = G$ 行满秩. 使用本节开头描述的紧记号, 集合 T 也可以表示为 $T = \{1,2,3,12,13\}$. 类似地, 例 2.4.2 中考虑的分辨度为 III 的设计 $d(B)$ 对应于 $PG(1,3)$ 的一个四个点的集合

$$T = \left\{ (1,1)', (1,2)', (0,1)', (1,0)' \right\},$$

并使得 $V(T)$ 行满秩. 在其他例子中, 基于基本原理验证定理 2.7.1 的 (a)—(c) 都是简单练习.

以下引理有助于在本节将要考虑的定理 2.7.1 的应用. 验证定理 2.7.1 或推论 2.7.1 中关于 $V(T)$ 行满秩的条件需要这个引理.

引理 2.7.1 假设有 $PG(n-k-1,s)$ 的 n 个点, 这些点中任意 g $(\geqslant 2)$ 个都是线性无关的. 那么存在 $PG(n-k-1,s)$ 的一个 n 个点的集合 T, 使得 T 中任意 g 个点都是线性无关的, 并且 $V(T)$ 行满秩.

证明 令 $h_1, \cdots, h_n$ 为 $PG(n-k-1,s)$ 的 n 个点, 其中任意 g $(\geqslant 2)$ 个都是线性无关的. 如果由点 $h_1, \cdots, h_n$ 作为列给出的 $(n-k) \times n$ 矩阵 H 是行满秩的, 那么取 $T = \{h_1, \cdots, h_n\}$ 就足够了. 现在假设 $\mathrm{rank}(H) = p < n-k$, 则存在一个 $GF(s)$ 上的 $(n-k) \times n$ 行满秩矩阵

$$Z = \begin{bmatrix} Z_1 \\ Z_2 \end{bmatrix}, \tag{2.7.1}$$

使得 Z_1 是 $p \times n$ 矩阵, Z_2 是 $(n-k-p) \times n$ 矩阵, 并且

$$\mathcal{R}(Z_1) = \mathcal{R}(H). \tag{2.7.2}$$

由 (2.7.1) 和 (2.7.2), Z 的任意 g 列都是线性无关的, 否则 H 对应的 g 列是线性相关的, 根据 H 的定义, 这是不可能的. 因为 $g \geqslant 2$, Z 的 n 列表示 $\mathrm{PG}(n-k-1, s)$ 的 n 个点. 定义 T 为这 n 个点的集合, 那么 $V(T) = Z$ 是行满秩的, 且 T 的任意 g 点都是线性无关的. □

例 2.7.1 为了说明上述证明中的思想, 令 $s = 3, n = 4, k = 1, g = 2$, 并考虑 $\mathrm{PG}(2,3)$ 的点

$$h_1 = (1,0,0)', \quad h_2 = (0,1,0)', \quad h_3 = (1,1,0)', \quad h_4 = (1,2,0)'.$$

显然, 这些点中任意两个都是线性无关的. 然而, 由这些点作为列给出的矩阵

$$H = \begin{bmatrix} 1 & 0 & 1 & 1 \\ 0 & 1 & 1 & 2 \\ 0 & 0 & 0 & 0 \end{bmatrix}$$

不是行满秩的. 现在考虑 $\mathrm{GF}(3)$ 上的矩阵

$$Z = \begin{bmatrix} 1 & 0 & 1 & 1 \\ 0 & 1 & 1 & 2 \\ 0 & 0 & 1 & 0 \end{bmatrix} = \begin{bmatrix} Z_1 \\ Z_2 \end{bmatrix},$$

其中

$$Z_1 = \begin{bmatrix} 1 & 0 & 1 & 1 \\ 0 & 1 & 1 & 2 \end{bmatrix}, \quad Z_2 = \begin{bmatrix} 0 & 0 & 1 & 0 \end{bmatrix}.$$

则 Z 行满秩, $\mathcal{R}(Z_1) = \mathcal{R}(H)$, 像 H 中的列一样, Z 的任意两列都是线性无关的. 将 Z 的列作为点, 得到 $\mathrm{PG}(2,3)$ 上的四个点的集合

$$T = \left\{ (1,0,0)', (0,1,0)', (1,1,1)', (1,2,0)' \right\},$$

使得 T 的任意 g $(= 2)$ 个点都是线性无关的并且 $V(T) = Z$ 行满秩. □

以下定理 2.7.2 很容易从推论 2.7.1 和引理 2.7.1 得到.

定理 2.7.2 令 $g \geqslant 2$. 分辨度为 $g+1$ 或更高的 s^{n-k} 设计存在, 当且仅当存在 $\mathrm{PG}(n-k-1, s)$ 上 n 点, 使得其中任意 g 个都是线性无关的.

定理 2.7.2 有助于探索条件 (2.6.2) 和 (2.6.3) 的充分性, 在早些时候认为这些条件分别是分辨度至少为 III 和 IV 的设计存在的必要条件. 根据定理 2.7.2, 分辨度为 III 或更高的 s^{n-k} 设计存在, 当且仅当存在 $\mathrm{PG}(n-k-1, s)$ 的 n 个点, 其中任意两个点都是线性无关的. 因为 $\mathrm{PG}(n-k-1, s)$ 总共有 $\left(s^{n-k} - 1\right)/(s-1)$

个点, 其中任意两个都是线性无关的, 则 (2.6.2) 的充分性可以立刻得出. 因此, 得到以下结果.

定理 2.7.3   分辨度为 III 或更高的 s^{n-k} 设计存在, 当且仅当

$$n \leqslant \frac{s^{n-k} - 1}{s - 1}.$$

这个定理非常重要, 因为正如 2.5 节所讨论的, 感兴趣的只有分辨度为 III 或更高的设计. 回到 (2.6.3), 上一节指出, 这个条件对于一般的分辨度是 IV 或更高的设计的存在性不是充分的. 然而, 下面的定理 2.7.4 表明, 在 $s = 2$ 的特殊情况下这个条件是充分的. 注意, 对于 $s = 2$, (2.6.3) 简化为 $n \leqslant 2^{n-k-1}$.

定理 2.7.4   分辨度为 IV 或更高的 2^{n-k} 设计存在, 当且仅当

$$n \leqslant 2^{n-k-1}. \tag{2.7.3}$$

证明   必要性已经在定理 2.6.3(b) 中得到了证明. 为了证明充分性, 令 (2.7.3) 成立. $\mathrm{PG}(n - k - 1, 2)$ 中的点是 $(n - k) \times 1$ 阶的非零二元向量. 考虑那些 1 的个数为奇数的点, 共有

$$\binom{n-k}{1} + \binom{n-k}{3} + \cdots = 2^{n-k-1}$$

个. 因为这些点中的每一个都有奇数个 1, 所以其中任意三个加起来都不是零向量, 也就是说, 其中任意三个都不是线性相关的. 因此, 存在一个 $\mathrm{PG}(n - k - 1, 2)$ 的 2^{n-k-1} 个点的集合, 这些点中任意三个都是线性无关的. 由 (2.7.3) 和定理 2.7.2 可以得到必要性.   □

例 2.7.2   令 $s = 2, n = 8, k = 4$, 那么 $n - k - 1 = 3$ 且 (2.7.3) 成立. $\mathrm{PG}(3, 2)$ 中有奇数个 1 的点是

$$(1,0,0,0)',\quad (0,1,0,0)',\quad (0,0,1,0)',\quad (0,0,0,1)',$$
$$(1,1,1,0)',\quad (1,1,0,1)',\quad (1,0,1,1)',\quad (0,1,1,1)'.$$

令 T 是这 8 个点的集合, 其中任意三个都是线性无关的. 矩阵

$$V(T) = \begin{bmatrix} 1 & 0 & 0 & 0 & 1 & 1 & 1 & 0 \\ 0 & 1 & 0 & 0 & 1 & 1 & 0 & 1 \\ 0 & 0 & 1 & 0 & 1 & 0 & 1 & 1 \\ 0 & 0 & 0 & 1 & 0 & 1 & 1 & 1 \end{bmatrix}$$

行满秩, 并且根据定理 2.7.1, $\mathcal{R}[V(T)]$ 中的向量生成了一个分辨度至少为 IV 的 2^{8-4} 设计. 事实上, 由于 $V(T)$ 的第三列到第六列加起来是零向量, 这个设计的分辨度正好是 IV.   □

我们以两个结果结束本节, 这两个结果将在后续章节中有用.

引理 2.7.2 设 V_r 是一个 r 行、$(s^r - 1)/(s - 1)$ 列的矩阵, 其中 V_r 的列由 $\mathrm{PG}(r-1, s)$ 的点给出, 则有

(a) $\mathrm{rank}\,(V_r) = r$;

(b) $\mathcal{R}\,(V_r)$ 中的每个非零向量都恰好有 s^{r-1} 个非零元素.

证明 因为 $\mathrm{PG}(r-1, s)$ 的点由非零向量表示, 并且认为成比例的点是相同的, 不失一般性, 假设 V_r 每列中第一个非零元素为 1, 即在乘法运算下 $\mathrm{GF}(s)$ 的单位元. 那么 $V_1 = (1)$, 对于 $r = 1, 2, \cdots,$

$$V_{r+1} = \begin{bmatrix} 0' & 1'_{(r)} \\ V_r & M_r \end{bmatrix}, \tag{2.7.4}$$

其中 $0'$ 是元素全为 0 的 $(s^r - 1)/(s - 1)$ 维行向量, $1'_{(r)}$ 是元素全为 1 的 s^r 维行向量. 此外, M_r 是一个 $r \times s^r$ 矩阵, 其列由 $\mathrm{GF}(s)$ 上所有可能的 $r \times 1$ 向量给出. 由 (2.7.4), V_r 在 $\mathrm{GF}(s)$ 上有 r 个单位向量作为列, (a) 得证.

(b) 的证明将通过对 r 的归纳得到. 因为 $V_1 = (1)$, 显然 (b) 对 $r = 1$ 成立. 假设它对 $r = t$ 成立, 并考虑 $\mathcal{R}\,(V_{t+1})$ 中的任意非零向量. 由 (2.7.4), 任意此类向量一定形如

$$\xi' = \left(\lambda' V_t, \lambda_0 1'_{(t)} + \lambda' M_t \right), \tag{2.7.5}$$

其中 $\lambda_0 \in \mathrm{GF}\,(s)$ 并且 λ 是 $\mathrm{GF}(s)$ 上的 $t \times 1$ 向量, 满足 (λ_0, λ') 非零. 根据 M_t 的定义, $\lambda_0 1'_{(t)} + \lambda' M_t$ 中零元的个数等于 $\mathrm{GF}(s)$ 上满足 $\lambda_0 + \lambda' x = 0$ 的 $t \times 1$ 向量 x 的个数. 如果 $\lambda \neq 0$, 那么和引理 2.3.1 一样证明可得, 这个数等于 s^{t-1}, 从而 $\lambda_0 1'_{(t)} + \lambda' M_t$ 有 $s^t - s^{t-1}$ 个非零元. 此外, 由 (a), $\lambda' V_t$ 对于 $\lambda \neq 0$ 是非零的, 并且通过归纳假设有 s^{t-1} 个非零元. 因此, 由 (2.7.5), 如果 $\lambda \neq 0$, 则 ξ 有 s^t 个非零元. 另外, 如果 $\lambda = 0$, 则 $\lambda_0 \neq 0$, 再通过 (2.7.5), 关于 ξ 同样的结论成立. 因此 (b) 通过归纳得证.   □

将行向量 W 的 m-lag 定义为 $\mathrm{lag}(W, m) = (0, \cdots, 0, W)$, 其中 W 前面有 m 个零. 此外, 给定 s, n 和 k, 用 $R_s(n, k)$ 表示一个 s^{n-k} 设计的最大可能分辨度, 则由 Chen 和 Wu (1991), 以下结果成立.

引理 2.7.3 (a) 给定任意 s^{n-k} 设计 $d(B)$, 字长型为 $W(B)$, 存在一个 $s^{\left(n + \frac{s^k - 1}{s-1}\right) - k}$ 设计 $d(B_k)$, 字长型为 $W(B_k) = \left(\mathrm{lag}\,\left(W(B), s^{k-1} \right), 0' \right)$, 其中 $0'$ 是

一个元素全为零的行向量, 使得 $W(B_k)$ 共有 $n + \dfrac{s^k - 1}{s - 1}$ 个元素.

(b) $R_s\left(n + \dfrac{s^k - 1}{s - 1}, k\right) \geqslant R_s(n, k) + s^{k-1}$.

证明　(b) 是 (a) 的结果. 如果 $d(B)$ 的分辨度为 $R_s(n, k)$, 这实际上是可能的, 那么 $d(B_k)$ 的分辨度为 $R_s(n, k) + s^{k-1}$. 因此, 一个 $s^{\left(n + \frac{s^k - 1}{s - 1}\right) - k}$ 设计的最大分辨度至少为 $R_s(n, k) + s^{k-1}$.

为了证明 (a), 定义 $k \times \left(n + \dfrac{s^k - 1}{s - 1}\right)$ 矩阵 $B_k = \begin{bmatrix} B & V_k \end{bmatrix}$, 其中 V_k 如引理 2.7.2 所述. 因为 B 和 B_k 都是行满秩的, 所以 $\mathcal{R}(B)$ 和 $\mathcal{R}(B_k)$ 中的非零向量分别具有形式 $\lambda' B$ 和 $\lambda' B_k = (\lambda' B, \lambda' V_k)$, 其中 λ 是 GF(s) 上的任意 $k \times 1$ 非零向量. 然而, 根据引理 2.7.2(a), V_k 行满秩. 因此, 对于任何这样的 λ, 向量 $\lambda' V_k$ 是非零的, 故而由引理 2.7.2(b), 它有 s^{k-1} 个非零元. 由 (2.4.4), $d(B)$ 的每个定义束都对应于 $d(B_k)$ 的一个定义束, 使得后者比前者多 s^{k-1} 个非零元. 因此, 从字长型的定义知 (a) 显然成立.　　　　　　　　　　　　　　　□

2.8　代数编码理论

本章以代数编码理论结束, 这是研究 s^{n-k} 设计的另一个重要工具. 本节给出了一些基本概念、符号和结果. 细节和证明可参见 MacWilliams 和 Sloane (1977)、Pless (1989) 与 van Lint (1999).

设 B 是 GF(s) 上的一个秩为 k 的 $k \times n$ 矩阵, 则 B 的行空间

$$C = \mathcal{R}(B) \tag{2.8.1}$$

是一个长度为 n、维数为 k 的 $[n, k; s]$ 线性码 (linear code). 它是有限欧几里得几何 EG(n, s) 的一个 k 维线性子空间, 其中 EG(n, s) 的点被视为行向量. 称矩阵 B 为 C 的一个生成元 (generator), C 的元素称为码字 (code word). 不失一般性, 设 $B = \begin{bmatrix} I_k & H \end{bmatrix}$, 并记 $G = \begin{bmatrix} -H' & I_{n-k} \end{bmatrix}$, 则 B 和 G 的行空间互为正交互补集, 显然码 C 是 G 的零空间. 称矩阵 G 为奇偶校验矩阵 (parity check matrix).

与 2.4 节比较, 很容易看出 $[n, k; s]$ 线性码 C 与 s^{n-k} 设计 $d(B)$ 的定义对照子群等价. 特别地, 通过 (2.4.4) 和 (2.8.1), C 中的非零码字等价于 $d(B)$ 的定义束. s^{n-k} 设计与代数码之间的数学联系是由 Bose (1961) 建立的.

对于一个码字 (或向量) $u = (u_1, \cdots, u_n)$, 汉明权重 (Hamming weight) wt(u) 是其非零元的个数. 对于两个码字 $u = (u_1, \cdots, u_n)$ 和 $w = (w_1, \cdots, w_n)$, 汉明距离 (Hamming distance)

$$\text{dist}\,(u,w) = \text{wt}\,(u-w)$$

是满足 $w_j \neq u_j$ 的 j 的数量. 码 C 的最小距离 (minimum distance) 是 C 的任意两个不同码字的最小汉明距离. 令 $K_i(C)$ 是 C 中权重为 i 的码字的数量, 称 $(K_1(C), K_2(C), \cdots)$ 为 C 的权重分布 (weight distribution). 很容易证明线性码 C 的最小距离是 C 中非零码字的最小权重, 即满足 $K_i(C) > 0$ 的最小的 $i > 0$. 为了方便起见, 一个最小距离为 d 的线性码记作 $[n,k,d;s]$.

继续前面的解释, 线性码 C 的最小距离在数学上等价于对应 s^{n-k} 设计的分辨度. 2.5 节讨论了分辨度概念的重要性. 最小距离的概念在编码理论中同样发挥着重要作用, 因为它决定了码的误差纠正能力.

C 的权重分布和 (2.5.3) 中给出的相应设计的字长型在数学上也是等价的. 特别地, 因为成比例的束是相同的, 在 (2.8.1) 中定义的线性代码 C 的权重分布和相应设计 $d(B)$ 的字长型有如下关系:

$$K_i(C) = (s-1)\,A_i(B), \quad 1 \leqslant i \leqslant n. \tag{2.8.2}$$

回顾 MA 准则是根据字长型定义的, 其重要性由效应分层原则来证明. 类似地, 可以为权重分布定义 MA 准则, 但这种定义在编码理论中缺乏有意义的解释. 因此, 与最小距离和分辨度之间的对应关系不同, MA 设计在编码理论中没有与之对应的概念.

现在回顾例 2.4.2, 以说明 s^{n-k} 设计和线性码之间的联系. 这里, B 的行空间, 即

$$C = \{\,(0,0,0,0)\,, (1,0,2,2)\,, (0,1,1,2)\,, (1,1,0,1)\,, (1,2,1,0)\,,$$
$$(2,0,1,1)\,, (0,2,2,1)\,, (2,2,0,2)\,, (2,1,2,0)\}\,,$$

是一个 $[4,2;3]$ 线性码, 权重分布是

$$K_1(C) = K_2(C) = 0, \quad K_3(C) = 8,\ K_4(C) = 0,$$

并且最小距离是 3. 另外, 如 (2.4.8) 所述, 相应的 3^{4-2} 设计 $d(B)$ 有定义关系 $I = 13^2 4^2 = 234^2 = 124 = 12^2 3$. 因此, $d(B)$ 的分辨度是 III, 其字长型为

$$A_1(B) = A_2(B) = 0, \quad A_3(B) = 4, \quad A_4(B) = 0.$$

因此, (2.8.2) 成立, 线性码 C 和设计 $d(B)$ 之间的等价性得证.

编码理论中的一个重要问题是给定 n, k, s, d 的线性码的存在性. 令 $D_s(n,k)$ 是使得 $[n,k,d;s]$ 线性码存在的 d 的最大可能值. 对 $1 \leqslant n \leqslant 127$, Brouwer 和 Verhoeff (1993) 给出了二进制 (即 $s=2$) 码的 $D_s(n,k)$ 的上下界的详细列表.

现在介绍一些对本书后面内容有用的编码理论的概念和结果. 如果 C 是 $[n, k; s]$ 线性码, 那么它的对偶码 (dual code) $C^\perp$ 是与 C 的所有码字正交的向量集, 即

$$C^\perp = \{u : uw' = 0, w \in C\}. \tag{2.8.3}$$

如果 C 有生成矩阵 B 和奇偶校验矩阵 G, 那么 $C^\perp$ 有生成矩阵 G 和奇偶校验矩阵 B. 因此, $C^\perp$ 是一个 $[n, n - k; s]$ 线性码. 从定义中很容易看出 $C^\perp$ 等价于 s^{n-k} 设计 $d(B)$; $C^\perp$ 中的码字是 $d(B)$ 中处理组合的转置.

下面给出一个重要等式以建立线性码 C 及其对偶码 $C^\perp$ 的权重分布的联系.

定理 2.8.1 一个 $[n, k; s]$ 线性码 C 及其对偶码 $C^\perp$ 的权重分布满足以下等式:

$$K_i\left(C^\perp\right) = s^{-k} \sum_{j=0}^{n} K_j\left(C\right) P_i\left(j; n, s\right), \tag{2.8.4}$$

$$K_i\left(C\right) = s^{-(n-k)} \sum_{j=0}^{n} K_j\left(C^\perp\right) P_i\left(j; n, s\right), \tag{2.8.5}$$

$i = 0, \cdots, n$, 其中

$$P_i\left(x; n, s\right) = \sum_{t=0}^{i} (-1)^t (s-1)^{i-t} \binom{x}{t} \binom{n-x}{i-t} \tag{2.8.6}$$

是 Krawtchouk 多项式.

方程 (2.8.4) 和 (2.8.5) 称为 MacWilliams 等式 (MacWilliams, 1963).

以下等式来自 Pless (1963), 称为 Pless 幂矩等式 (Pless power moment identities), 它将 C 和 $C^\perp$ 的权重的矩分布联系起来.

定理 2.8.2 对于一个 $[n, k; s]$ 线性码 C 和 $r = 1, 2, \cdots$, 有

$$\sum_{i=0}^{n} i^r K_i(C) = \sum_{i=0}^{n} (-1)^i K_i(C^\perp) \left[\sum_{j=0}^{r} j! S\left(r, j\right) s^{k-j} (s-1)^{j-i} \binom{n-i}{j-i} \right],$$

其中

$$S\left(r, j\right) = (1/j!) \sum_{i=0}^{j} (-1)^{j-i} \binom{j}{i} i^r$$

是第二类斯特林数 (Stirling number of the second kind), $r \geqslant j \geqslant 0$.

练　习

2.1 证明 (2.2.3) 中矩阵 $M(y)$ 的行空间不依赖于 $M_1, \cdots, M_n$ 的具体选择, 只要后者满足 (2.2.2).

2.2 证明 $g = 4$ 时引理 2.2.1 成立.

2.3 证明定理 2.2.1 的充分性.

2.4 列出 4^2 因析设计不同的束. 选择其中任意两个, 用基本原理验证属于这两个束的处理对照是相互正交的.

2.5 写出例 2.4.2 中的别名集.

2.6 证明 (2.4.10) 考虑的 s^k 个束是不同的.

2.7 用定理 2.6.1 和定理 2.6.2 证明: 当 $n \geqslant 2^{n-k-2} + 2$ 时, 分辨度为 V 或更高的 2^{n-k} 设计不存在.

2.8 用基本原理验证: 在例 2.4.1 和例 2.4.2 中定理 2.7.1 的 (a)—(c) 成立.

2.9 证明推论 2.7.1.

2.10 用定理 2.7.1 得到在例 2.7.2 中考虑的 2^{8-4} 设计的处理组合. 此外, 找到这个设计的定义束和字长型.

2.11 对 $r = 2$, 用基本原理验证引理 2.7.2, 写出矩阵 V_2 并列举 V_2 行空间中的所有非零向量.

2.12 在一个 s^{n-k} 设计中, 令 A_{ij} 表示包含第 i 个因子且有 j 个非零元的定义束的个数. 按照 Draper 和 Mitchell (1970) 的定义, 设计的**字母型矩阵** (letter pattern matrix) 定义为元素是 A_{ij} 的 $n \times n$ 矩阵, 其中每个因子都被解释为一个字母. 按照惯例, 令 $(A_1, \cdots, A_n)$ 表示设计的字长型. 证明对每个 j 有 $A_j = j^{-1} \sum_{i=1}^{n} A_{ij}$.

2.13 参照 1.1 节中的表 1.1, 考虑由第 2, 3, 5 和第 9 行给出的 4×15 子表. 证明: 此子表的列代表 PG$(3,2)$ 的 15 个点, 这 4 行张成表 1.1 的所有 16 个行. 因此, 在 1.1 节最后一段讨论的内容与定理 2.7.1 之间建立联系.

2.14 证明线性码 C 的最小距离等于 C 中非零码字的最小权重.

第 3 章　二水平部分因析设计

在实践中, 最常用的是二水平部分因析设计. 对于相同数量的因子, 它们比二水平以上的设计有更少的试验次数. 这种试验次数的经济性使它们在研究大量因子的试验中更具有吸引力. 在这种情况下, 一个基本的问题是设计的选择. 最小低阶混杂准则常用于选择最优设计. 本章给出最小低阶混杂设计的理论结果, 还考虑了最大分辨度和最大纯净效应的数量等相关准则的结果, 给出了具有 16, 32, 64 和 128 个处理组合的二水平部分因析设计表.

3.1　基本定义重述

二水平因析设计具有某些简化特征, 即使没有广泛使用抽象代数, 也方便它们的研究. 从 (2.2.5) 和定理 2.2.2 可以看出, 第一个特征是成比例意义下每个因子效应由唯一的处理对照表示. 首先说明, 2^n 因析设计中的任意处理对照都可以有自然的解释. 这推广了 2.1 节中对 $n = 2$ 特殊情况的想法.

考虑一个主效应, 比如第一个因子 F_1 的主效应. 在 (2.1.10) 和 (2.1.11) 中令 $s = 2$, 这个主效应可以表示为

$$L(F_1) = \sum_{j_1=0}^{1} \cdots \sum_{j_n=0}^{1} \bar{l}(j_1) \tau(j_1 \cdots j_n), \tag{3.1.1}$$

其中 $\bar{l}(0) + \bar{l}(1) = 0$. 有 2^{n-1} 个处理对照对应于 $j_1 = 0$ 或 1. 因此, 对于 $\bar{l}(1) = -\bar{l}(0) = 1/2^{n-1}$, 可以将 (3.1.1) 解释为 F_1 在 1 和 0 水平上处理效应的平均值之间的差异. 注意, 在应用性设计的文章中, 通常把水平 1 分配到高水平, 把 0 分配到因子的低水平. 虽然 $\bar{l}(1) \left(= -\bar{l}(0)\right)$ 的任何其他选择不会影响设计理论的推导, 但上述特定选择有利于自然的解释.

接下来考虑两因子交互作用 (简记为 2fi) $F_1 F_2$. 由 (2.1.12)—(2.1.14), 这个效应可表示为

$$L(F_1 F_2) = \sum_{j_1=0}^{1} \cdots \sum_{j_n=0}^{1} \bar{l}(j_1 j_2) \tau(j_1 \cdots j_n), \tag{3.1.2}$$

其中

$$\bar{l}(00) = -\bar{l}(01) = -\bar{l}(10) = \bar{l}(11) = l, \tag{3.1.3}$$

并且 l 是任意非零常数. 选择 $l = 1/2^{n-1}$ 将使得 (3.1.2) 有类似于主效应的自然解释. 在此选择下, (3.1.2) 可以表示为

$$L(F_1 F_2) = \frac{1}{2}\{L(F_1|F_2 = 1) - L(F_1|F_2 = 0)\}, \tag{3.1.4}$$

其中, 对于 $j_2 = 0, 1$,

$$L(F_1|F_2 = j_2) = \frac{1}{2^{n-2}}\sum_{j_3=0}^{1}\cdots\sum_{j_n=0}^{1}\tau(1j_2j_3\cdots j_n) - \frac{1}{2^{n-2}}\sum_{j_3=0}^{1}\cdots\sum_{j_n=0}^{1}\tau(0j_2j_3\cdots j_n).$$

沿用上一段的思想, $L(F_1|F_2 = j_2)$ 代表 F_2 在 j_2 水平下 F_1 的条件主效应. 因此, (3.1.4) 用这些条件主效应之间的差展示了 $L(F_1 F_2)$. 这强化了 (2.1.9) 相关的解释, 即 2fi 衡量了一个因子的固定水平对另一个因子水平变化的效应的影响. 不难看出, 就像 (2.1.9) 一样, 当互换 F_1 和 F_2 时, (3.1.4) 保持不变.

类似地考虑也适用于任何其他 2fi 或更高阶的交互作用. 例如, 对于 $1 \leqslant i < j < r \leqslant n$, 表示三因子交互作用 (3fi)$F_iF_jF_r$ 的处理对照可表示为

$$L(F_iF_jF_r) = \frac{1}{2}\{L(F_iF_j|F_r = 1) - L(F_iF_j|F_r = 0)\},$$

其中 $L(F_iF_j|F_r = 1)$ 是 F_r 在水平 1 的条件下 F_i 和 F_j 的条件 2fi, 其他以此类推. 有关定义因子效应的这种方法的详细讨论, 请参阅 Wu 和 Hamada (2000) 第 3 章.

现在转向 2^{n-k} 设计. 一些有助于理解此类二水平因析设计的其他特征如下:

(a) 所有束都是不同的;

(b) 每个因子效应由一个束表示, 因此, 一个因子效应和其相关的束之间实际上没有区别.

由 2.3 节可知 (a) 和 (b) 显然成立, (b) 在该节接近结束时提及. 由 (b), 束等价于因子效应. 因此, 考虑 2^{n-k} 设计时, 不再明确需要束的概念. 特别地, 束的别名相当于因子效应的别名.

由 (2.4.4), 一个 2^{n-k} 设计有 $2^k - 1$ 个定义束或定义字. 使用注 2.3.1 中引入的紧记号, 任意对应于因子效应 $F_{i_1}\cdots F_{i_g}$ 的字都可以方便地用 $i_1\cdots i_g$ 表示. 在约定省略平方符号的乘法运算下, (2.4.4) 式后面介绍的定义对照子群包括 $2^k - 1$ 个字以及单位元 I, 并在乘法运算下封闭. 为了说明上述想法, 从不同角度回顾例 2.4.1.

例 3.1.1 考虑例 2.4.1 中的 2^{5-2} 设计 $d(= d(B))$. 它的 8 个处理组合可以

用以下矩阵 M 的 8 行表示

$$M = \begin{array}{ccc} & & \mathbf{12} \quad \mathbf{13} \\ & & \| \quad\ \| \\ \mathbf{1}\ \ \mathbf{2}\ \ \mathbf{3} & \mathbf{4} & \mathbf{5} \end{array} \begin{bmatrix} 0 & 0 & 0 & 0 & 0 \\ 0 & 0 & 1 & 0 & 1 \\ 0 & 1 & 0 & 1 & 0 \\ 0 & 1 & 1 & 1 & 1 \\ 1 & 0 & 0 & 1 & 1 \\ 1 & 0 & 1 & 1 & 0 \\ 1 & 1 & 0 & 0 & 1 \\ 1 & 1 & 1 & 0 & 0 \end{bmatrix}.$$

这个设计可如下考虑. 从 F_1, F_2, F_3 的完全因析设计开始 (基于 M 的前三列), 然后在模 2 运算下添加第 1 列和第 2 列的和作为第 4 列, 第 1 列和第 3 列的和作为第 5 列. 如果第 4 列安排 F_4, 就可以按照 (3.1.1) 估计主效应对照 $L(F_4)$. 由于第 4 列的 0 对应于第 1 列和第 2 列的 00 和 11, 第 4 列的 1 对应于第 1 列和第 2 列的 01 和 10, 因此第 4 列也可用于估计交互作用对照 $L(F_1F_2)$. 因此, 设计 d 无法分清 $L(F_4)$ 和 $L(F_1F_2)$. 换句话说, 因子效应 F_4 和 F_1F_2 在 d 中别名, 用 $4 = 12$ 表示. 类似地可以得到别名关系 $5 = 13$. 与 2.4 节一样, 这两个关系可以重新记为 $I = 124 = 135$. 把 124 和 135 相乘得到第三个关系 $I = 2345$. 因此, 2^{5-2} 设计 d 完全由定义关系

$$I = 124 = 135 = 2345 \tag{3.1.5}$$

确定, 这个关系描述了其定义对照子群, 与 (2.4.7) 相同. 如 (2.4.12) 下面所讨论和呈现的, 其别名集现在很容易通过简单的乘法获得. □

一般来说, 一个 2^{n-k} 设计由其定义对照子群确定, 其中每个字的长度, 或字长, 是该字包含的符号或字母 (即因子) 的数量. 最短的字长是设计的分辨度. 令 A_i 表示定义对照子群中长度为 i 的字的个数. 字长型 $W = (A_1, A_2, A_3, \cdots, A_n)$ 和最小低阶混杂 (MA) 准则在 (2.5.3) 和定义 2.5.1 中定义. 因此, 例 3.1.1 中的 2^{5-2} 设计的分辨度为 III, 字长型为 $(0, 0, 2, 1, 0)$, 因为其定义对照子群包含字 124, 135 和 2345 (除 I 外), 其长度分别为 3, 3 和 4. 如之后的定理 3.2.1 所示, 该设计具有 MA.

由于 2^{n-k} 设计的性质是由其定义对照子群决定的, 称两个 2^{n-k} 设计为同构的 (或等价), 如果其中一个设计的定义对照子群可以通过因子符号的置换从另一

个设计的定义对照子群获得. 在对设计进行排序和选择时, 将把同构设计视为相同的.

最大分辨度准则的一个理论问题是, 对给定的 n 和 k (即固定因子数和设计大小), 找到 2^{n-k} 设计的最大分辨度. 定理 2.7.3 和定理 2.7.4 在一定程度上解决了这个问题. Draper 和 Lin (1990) 很好地总结了统计文献中关于最大分辨度的现有结果. 出于两个原因, 这里不叙述这些结果. 首先, 最大分辨度准则是 MA 准则的特例. 本章主要关注后者的结果, 暗含了关于前者的结果. 其次, 在编码理论文献中可以找到更全面的结果 (例如, Brouwer and Verhoeff, 1993; Brouwer, 1998). 回顾 2.8 节, 一个 2^{n-k} 设计的分辨度等于 $[n, k; 2]$ 线性码的最小距离, 最小距离的概念在纠错码中起着核心作用. 一个区别是, 对于设计试验, 因子的个数 n 通常不会太大, 而对于码来说, n 可能相当大. 这强调了在更广泛的参数范围内找到好码 (例如, 最大化最小距离) 的必要性.

3.2 $k \leqslant 4$ 的最小低阶混杂 2^{n-k} 设计

当 k 较小时, 2^{n-k} 设计的定义对照子群的元素较少, 这使得搜索 MA 设计比较容易. 对 $k \leqslant 5$, 可以得到一般性的明确结果. 这里给出 $1 \leqslant k \leqslant 4$ 的结果. 本节只考虑那些每个字母 $1, \cdots, n$ 都出现在定义对照子群的某个字中的 2^{n-k} 设计. 根据引理 2.5.1, MA 设计必须满足这一要求.

$k = 1$ 的情况是显而易见的. 它是 2^n 因析设计的 $1/2$ 部分. MA 2^{n-1} 设计也是最大分辨度设计, 其定义关系为 $I = 12 \cdots n$.

以下引理来自 Brownlee, Kelly 和 Loraine (1948), 在探索 $k = 2, 3, 4$ 的 MA 设计时很有用. 它给出了 A_i 和字长的一些基本关系. 在下述引理中, 称 $\sum_i i A_i$ 为 2^{n-k} 设计的一阶矩, 它等于定义对照子群中 $2^k - 1$ 个字的长度之和.

引理 3.2.1 对于任意 2^{n-k} 设计,

(a)

$$\sum_{i=1}^{n} A_i = 2^k - 1; \tag{3.2.1}$$

(b)

$$\sum_{i=1}^{n} i A_i = n 2^{k-1}; \tag{3.2.2}$$

(c) 要么定义对照子群中的所有字都具有偶数长, 要么有 2^{k-1} 个字具有奇数长.

证明 (a) 等式显然成立, 因为设计的定义对照子群 $\mathcal{G}$ 有 $2^k - 1$ 个字.

(b) 显然, $\sum_{i=1}^{n} iA_i = \sum_{i=1}^{n} \beta_i$, 其中 β_i 是 $\mathcal{G}$ 中包含字母 i 的字的个数. 只要证明对每个 i 都有 $\beta_i = 2^{k-1}$ 即可. 对任意固定的 i, 设 $\mathcal{G}_i\ (\subset \mathcal{G})$ 为由上述 β_i 个字组成的集合. 如本节开头所示, $\mathcal{G}_i$ 是非空的. 令 B 是 $\mathcal{G}_i$ 中的任意固定的字, $\overline{\mathcal{G}}_i$ 是 $\mathcal{G}_i$ 在 $\mathcal{G}$ 中的补集. 由于 $\mathcal{G}$ 是乘法下的子群,

$$\mathcal{G}_i = \{BG : G \in \overline{\mathcal{G}}_i\}. \tag{3.2.3}$$

现在, $\mathcal{G}$ 的基数为 2^k, 其中包括单位元. 因此, 由 (3.2.3) 得 $\beta_i = 2^k - \beta_i$, 即 $\beta_i = 2^{k-1}$.

(c) 令 $\mathcal{G}_0\ (\subset \mathcal{G})$ 是由奇数长的字组成的集合. 如果 $\mathcal{G}_0$ 为空集, 则 (c) 显然成立. 否则, 与 (b) 相同的方法可以证明 $\mathcal{G}_0$ 的基数为 2^{k-1}. □

对于 $k = 2$, Robillard (1968) 给出了以下方法构造 MA 2^{n-2} 设计. 令 $n - 2 = 3m + r$, 其中 $0 \leqslant r < 3$. 定义

(i) 若 $r = 0$, $B_1 = 12 \cdots (2m)(n-1)$, $B_2 = (m+1)(m+2) \cdots (3m)n$;

(ii) 若 $r = 1$, $B_1 = 12 \cdots (2m+1)(n-1)$, $B_2 = (m+1)(m+2) \cdots (3m+1)n$;

(iii) 若 $r = 2$, $B_1 = 12 \cdots (2m+1)(n-1)$, $B_2 = (m+1)(m+2) \cdots (3m+2)n$.

$$\tag{3.2.4}$$

定理 3.2.1 具有定义关系 $I = B_1 = B_2 = B_1B_2$ 的 2^{n-2} 设计 d_0, 其中 B_1 和 B_2 在 (3.2.4) 中给出, 具有最大分辨度 $\left[\dfrac{2n}{3}\right]$ 和最小低阶混杂. 这里 $[x]$ 表示 x 的整数部分.

证明 三个字 B_1, B_2 和 B_1B_2 的长度, 当 $r = 0$ 时为 $\{2m+1, 2m+1, 2m+2\}$, 当 $r = 1$ 时为 $\{2m+2, 2m+2, 2m+2\}$, 当 $r = 2$ 时为 $\{2m+2, 2m+3, 2m+3\}$. 因此, d_0 的分辨度为 $\left[\dfrac{2n}{3}\right]$. 由 (3.2.2), 对任意 2^{n-2} 设计, 三个字的字长之和等于 $2n$. 因此, 最短的字长 (即分辨度) 以 $\left[\dfrac{2n}{3}\right]$ 为上界, 这证明了 d_0 有最大分辨度. 对于 $r = 1$, d_0 具有 MA 是显而易见的, 因为这三个字的长度相同. 对于 $r = 0$ 也很明显, 因为由 (3.2.2), 任何设计都不能只有一个长度为 $2m+1$ 的字和两个更大长度的字. 对于 $r = 2$, d_0 只有一个最短长度 $2m+2$ 的字和两个长度为 $2m+3$ 的字. 再由 (3.2.2) 排除了具有更小低阶混杂的设计的存在. □

例 3.2.1 对于 $n = 5$, 按 (3.2.4) 的规则有 $B_1 = 124$, $B_2 = 235$, 这导出了定义关系为 $I = 124 = 235 = 1345$ 的 MA 2^{5-2} 设计. 通过映射 $1 \rightarrow 2, 2 \rightarrow 1$, $3 \rightarrow 3, 4 \rightarrow 4, 5 \rightarrow 5$, 很显然该设计的定义对照子群变为 (3.1.5), 从而表明例 3.1.1 或例 2.4.1 中的 2^{5-2} 设计是 MA 设计. □

引理 2.7.3 中隐含的周期性思想有助于对 $k = 3$ 和 4 情况的研究. 为了便于参考, 下面对二水平因析设计重述该引理.

引理 3.2.2 (a) 给定具有字长型 W_1 的任意 2^{n-k} 设计 d_1, 存在一个具有字长型 $W_2 = \left(\mathrm{lag}\left(W_1, 2^{k-1}\right), 0' \right)$ 的 $2^{(n+2^k-1)-k}$ 设计 d_2, 其中 $0'$ 是一个全零的行向量, 使得 W_2 总共有 $n + 2^k - 1$ 个元素.

(b) $R_2 \left(n + 2^k - 1, k \right) \geqslant R_2(n, k) + 2^{n-k}$.

接下来两个关于 MA 2^{n-3} 和 2^{n-4} 设计的定理归于 Chen 和 Wu (1991). 首先考虑 2^{n-3} 设计, 令 $n = 7m + r$, $0 \leqslant r < 7$. 对于 $i = 1, \cdots, 7$, 定义

$$B_i = \begin{cases} (im - m + 1)(im - m + 2) \cdots (im)(7m + i), & i \leqslant r, \\ (im - m + 1)(im - m + 2) \cdots (im), & \text{否则}. \end{cases} \tag{3.2.5}$$

这些 B_i 将 n 个字母分成 7 个大致相等的组.

定理 3.2.2 具有如下定义关系的 2^{n-3} 设计 d_0,

$$I = B_7 B_6 B_4 B_3 = B_7 B_5 B_4 B_2 = B_6 B_5 B_4 B_1$$

$$= B_6 B_5 B_3 B_2 = B_7 B_5 B_3 B_1 = B_7 B_6 B_2 B_1 = B_4 B_3 B_2 B_1$$

具有最小低阶混杂和最大分辨度, 其中 B_i 在 (3.2.5) 中给出. 当 $r = 2$ 时, 它的分辨度为 $\left[\dfrac{4n}{7} \right] - 1$; 当 $r \neq 2$ 时, 分辨度为 $\left[\dfrac{4n}{7} \right]$.

证明 对 $n = 4$, d_0 的字长型为 $W = (0, 6, 0, 1)$. 因此, 我们只考虑那些 $A_1 = 0$ 的 2^{4-3} 设计. 通过 (3.2.1) 和 (3.2.2), 对于任意这样的设计有

$$A_2 + A_3 + A_4 = 7,$$

$$2A_2 + 3A_3 + 4A_4 = 16, \tag{3.2.6}$$

结合引理 3.2.1(c) 得到唯一解 $A_2 = 6$, $A_3 = 0$, $A_4 = 1$, 从而证明了 d_0 是 MA 设计.

对 $n = 5$, d_0 的字长型为 $W = (0, 2, 4, 1, 0)$. 因此, 我们只考虑那些 $A_1 = 0$ 且 $A_2 \leqslant 2$ 的 2^{5-3} 设计. 和以前一样,

$$A_2 + A_3 + A_4 + A_5 = 7,$$

$$2A_2 + 3A_3 + 4A_4 + 5A_5 = 20, \tag{3.2.7}$$

由引理 3.2.1(c), $A_3 + A_5 = 0$ 或 4. 因此满足 $A_2 \leqslant 2$ 的 (3.2.7) 的唯一解是 $A_2 = 2$, $A_3 = 4$, $A_4 = 1$, $A_5 = 0$, 从而 d_0 是 MA 设计.

对 $6 \leqslant n \leqslant 10$, 证明是相似的. 对于 $n \geqslant 11$, 其证明本质上与 $4 \leqslant n \leqslant 10$ 的证明相同, 因为由引理 3.2.2(a), 它们包含周期为 $4 \ (= 2^{3-1})$ 的相同类型的方程. 例如, 如果 $n = 4 + 7m$, 那么 d_0 的定义对照子群中有一个字的长度为 $4 + 4m$, 其余每个字的长度为 $2 + 4m$. 因此, 只考虑那些对 $i \leqslant 1 + 4m$ 满足 $A_i = 0$ 的设计, (3.2.1) 和 (3.2.2) 变成

$$A_{2+4m} + A_{3+4m} + A_{4+4m} + \cdots = 7,$$

$$(2 + 4m) A_{2+4m} + (3 + 4m) A_{3+4m} + (4 + 4m) A_{4+4m} + \cdots = 4 (4 + 7m).$$
$$(3.2.8)$$

从第二个方程中减去第一个方程的 $2 + 4m$ 倍得到

$$A_{3+4m} + 2A_{4+4m} + 3A_{5+4m} + \cdots = 2,$$

这使得 $A_{5+4m} = A_{6+4m} = \cdots = 0$ 并将 (3.2.8) 中的方程简化为 (3.2.6) 中的方程. 因此, 对 $n = 4 + 7m$ 的证明可以简化为对 $n = 4$ 的证明.

设计 d_0 是 MA 的意味着它具有最大分辨度. 容易验证 d_0 的分辨度如定理所述. □

为了构造 2^{n-4} MA 设计, 我们使用与 $k = 3$ 相同的思想. 令 $n = 15m + r$, $0 \leqslant r < 15$. 将 n 个字母分成 15 个大致相等的组, 记为 $B_1, \cdots, B_{15}$, 其中

$$B_i = \begin{cases} (im - m + 1) (im - m + 2) \cdots (im) (15m + i), & i \leqslant r, \\ (im - m + 1) (im - m + 2) \cdots (im), & \text{否则}. \end{cases}$$

当 $r \neq 5$ 时, 令

$$\mathcal{B} = \{ B_{15} B_{14} B_{12} B_9 B_8 B_7 B_6 B_1, \ B_{15} B_{13} B_{11} B_9 B_8 B_7 B_5 B_2,$$
$$B_{15} B_{14} B_{11} B_{10} B_8 B_6 B_5 B_3, \ B_{15} B_{13} B_{12} B_{10} B_7 B_6 B_5 B_4 \}. \tag{3.2.9}$$

当 $r = 5$ 时, 在 (3.2.9) 中交换 B_{15} 和 B_5.

定理 3.2.3　2^{n-4} 设计 d_0, 其定义对照子群由 (3.2.9) 中 4 个字生成, 具有最小低阶混杂和最大分辨度. 当 $r \neq 2, 3, 4, 6, 10$ 时, 分辨度为 $\left[\dfrac{8n}{15} \right]$, 否则为 $\left[\dfrac{8n}{15} \right] - 1$.

证明　对 $n = 5$, d_0 的字长型为 $(0, 10, 0, 5, 0)$. 由引理 3.2.1, 对于具有更小低阶混杂的任意设计, 字长型只有两种可能: $(0, 6, 8, 1, 0)$ 和 $(0, 7, 7, 0, 1)$. 考虑第一个, 令 l 是一个由最短字和最长字共有的字母. 根据引理 3.2.1(b) 的证明, 有

8 $(= 2^{4-1})$ 个字包含 l. 如果删除这些字, 那么由 (3.2.1) 和引理 3.2.1(c), 产生的 $2^{n'-3}$ 设计 $(n' \leqslant 4)$ 的字长型一定是 $(0, 3, 4, 0)$, 这与 (3.2.2) 矛盾. 以同样的方式把第二种可能性也排除. 因此, d_0 是 MA 设计.

同样, 对 $n = 6$, 比 d_0 具有更小低阶混杂的设计的字长型只有两种可能:

(a) $W = (0, 2, 8, 5, 0, 0)$;

(b) $W = (0, 3, 7, 4, 1, 0)$.

对 (a), 假设字母 l 出现在最短字中, 删除所有包含 l 的字, 剩余的字将定义一个 $2^{n'-3}$ 设计, 其中 $n' \leqslant 5$. 根据 (3.2.2), 它的一阶矩最多是 $5 \times 4 = 20$. 另外, 有 $A_2 \leqslant 1$, $A_4 \leqslant 5$ 和 $A_i = 0$ $(i \neq 2, 3, 4)$. 因此由 (3.2.1) 和引理 3.2.1(c) 得到, $A_3 = 4$. 再次使用 (3.2.1) 得 $(A_2, A_4) = (1, 2)$ 或 $(0, 3)$. 因此 $2A_2 + 3A_3 + 4A_4 = 22$ 或 24, 其中每个都大于 20, 因此不满足 (3.2.2). 对 (b), 注意到有一个字母在三个最短字的至少两个中出现. 这是因为 (b) 中的 $A_6 = 0$ 使得这三个字的乘积最长为 5. 删除包含此字母的字将导致与 (a) 相同的矛盾. 因此, 没有其他设计比 d_0 具有更小的低阶混杂.

根据引理 3.2.1, 对于 $n = 7$, 比 d_0 有更小低阶混杂的设计的字长型只有两种可能:

$$W = (0, 0, 6, 7, 2, 0, 0) \quad \text{或} \quad W = (0, 0, 7, 6, 1, 1, 0).$$

为了证明没有设计具有这些字长型, 我们用反证法. 假设 d_1 是一个字长型为 $W = (0, 0, 6, 7, 2, 0, 0)$ 的 2^{7-4} 设计, 其定义对照子群包含奇数长度的字, 因此不能完全由偶数长度的字生成. 通过向所有奇数长度的生成字添加一个新字母, 我们得到一个 2^{8-4} 设计 d_2, 其定义对照子群中的每个字都有偶数长度, 因为它的所有生成字都是偶数长. 因为 d_2 中的相应字至少与 d_1 中的字一样长, 由 (3.2.1) 和 (3.2.2), d_2 的字长型必须是

(c) $W = (0, 0, 0, 13, 0, 2, 0, 0)$.

现在我们证明 (c) 是不可能的. 显然, 存在一个字母 l 在两个最长字中的一个出现, 而不出现在另一个字中. 通过删除所有包含 l 的字, 其他字定义了一个 $n' \leqslant 7$ 的 $2^{n'-3}$ 设计. 由 (3.2.1), 该设计的字长型一定为 $(0, 0, 0, 6, 0, 1, 0)$, 一阶矩为 30, 这不满足 (3.2.2). 因此, 这样的设计不存在. 类似地, 可以证明 $W = (0, 0, 7, 6, 1, 1, 0)$ 也是不可能的. 这证明了 $n = 7$ 时 d_0 是 MA 设计.

对于 $8 \leqslant n \leqslant 19$ 的证明是相似的. 使用与 $k = 3$ 情况相同的周期性讨论 (见 (3.2.8)) 可以说明, $n \geqslant 20$ 情况的证明与 $5 \leqslant n \leqslant 19$ 情况的证明相同.

设计 d_0 是 MA 设计意味着它具有最大分辨度. 容易验证 d_0 的分辨度如定理所述. □

Chen 和 Wu (1991) 列出了 $5 \leqslant n \leqslant 19$ 时定理 3.2.3 中 MA 设计 d_0 的字

长型.

在探索 MA 2^{n-5} 设计时, 用于 $k = 3$ 和 4 的证明方法并不完全充分. 它们在减少候选设计数方面非常有效, 但其余工作必须通过计算机搜索完成. Chen (1992) 将这两种方法结合起来, 找到了闭合形式的 MA 2^{n-5} 设计.

定义对照子群中长度为 2 的字将导致主效应的混杂, 我们不考虑分辨度为 II 的设计. 在本章的剩余部分, 只考虑分辨度为 III 或更高的设计.

3.3　通过补设计构造最小低阶混杂设计

上一节中采用的方法对于找到 $k \leqslant 4$ 的 MA 2^{n-k} 设计有用. 随着 k 的增加, 候选设计的数量呈指数级增长, 因此需要不同的方法. 为了激发新方法, 考虑搜索有 16 个处理组合的 MA 2^{n-k} 设计. 因为 $n - k = 4$, 我们可以将它们重记为 $2^{n-(n-4)}$ 设计. 基于 $k \leqslant 4$ 的 2^{n-k} 设计的结果, $5 \leqslant n \leqslant 8$ 的情况已解决. 回顾定理 2.7.1, 每个 $2^{n-(n-4)}$ 设计相当于从有限射影几何 PG$(3,2)$ 的 15 个点中选择 n 个, 对于 $n \geqslant 9$ 情况的 MA 设计的搜索将大大简化. 由于剩余点的个数 $15 - n$ 比 n ($n \geqslant 9$) 小得多, 因此对剩余点进行搜索构造设计更容易. 显然, 这些剩余点构成了 2^{n-k} 设计的 n 个点的集合的补集. 这个补集 (complementary set) 通常称为原设计的补设计 (complementary design). 在下文中, 补集和补设计这两个术语可以互换使用.

令 $m = n - k$. 使用 2.7 节中引入的紧记号, PG$(m - 1, 2)$ 可以表示为

$$H_m = \{u_1 \cdots u_r : 1 \leqslant u_1 < \cdots < u_r \leqslant m, 1 \leqslant r \leqslant m\}, \qquad (3.3.1)$$

其中元素 $u_1 \cdots u_r$ 对应于 PG$(m - 1, 2)$ 上的点, 在 $u_1 \cdots u_r$ 的位置是 1, 其他位置为 0. 例如

$$H_3 = \{1, 2, 12, 3, 13, 23, 123\} .$$

(在编码理论中, 可以把 H_m 视为汉明码.) PG$(m - 1, 2)$ 中任意两个点的加法等价于 H_m 中相应元素的乘法, 约定省略平方符号. 事实上, $\{I\} \cup H_m$ 在这种乘法下形成一个群, 其中 I 是单位元. 对 H_m 的任意 g 个元素, 如果其中每一个都不等于其他部分或全部元素的乘积, 则称这 g 个元素是独立的. 因此, H_3 中的元素 $13, 23$ 和 123 是独立的, 而 $12, 13$ 和 23 不是独立的, 因为 $23 = (12)(13)$.

由于只考虑分辨度为 III 或更高的设计, 以下结果可以从定理 2.7.1 直接得到.

定理 3.3.1　(a) 设 $m = n - k$, 那么一个 2^{n-k} 设计等价于一个基数为 n 的集合 $T (\subset H_m)$, 使得 T 中有 m 个独立元素.

(b) 进而, 取 $T = \{c_1, \cdots, c_n\}$, 该设计的定义对照子群包含字 $i_1 \cdots i_g$ 当且仅当 $c_{i_1} \cdots c_{i_g} = I$.

在本节中, 一个 2^{n-k} 设计由如上所述对应的集合 T 表示, 其字长型也表示为 $W(T) = (A_1(T), \cdots, A_n(T))$. 补集 $\overline{T} = H_m - T$ 表示 T 的补设计, 其基数为 $f = 2^m - 1 - n$. 如果 $f = 0$, 那么称 T 为一个饱和设计. 显然, 在这种情况下 T 只有一个选择, 即 $T = H_m$. 因此, 为了避免平凡性, 令 $f \geqslant 1$. 那么 $\overline{T}$ 是非空的, 在定理 3.3.1(b) 中用 $\overline{T}$ 代替 T, 得到 $\overline{T}$ 的定义对照子群和字长型. $\overline{T}$ 的字长型表示为 $W(\overline{T}) = (A_1(\overline{T}), \cdots, A_f(\overline{T}))$. 显然, 对于 $i = 1, 2$, 有 $A_i(T) = A_i(\overline{T}) = 0$.

注意, 严格意义上 $\overline{T}$ 可能并不总是代表一个设计. 例如, 可能会发生 $f \leqslant m$ 或 $\overline{T}$ 不包含 m 个独立元素的情况 (参见定理 3.3.1(a)). 尽管有这些可能性, 但 $\overline{T}$ 的 "补设计" 术语是一种常见的用法. 无论如何, $\overline{T}$ 的字长型总是可以通过定理 3.3.1(b) 明确地定义. 例如, 如果 $f \leqslant m$ 且 $\overline{T}$ 的元素是独立的, 那么对每个 i 有 $A_i(\overline{T}) = 0$.

例 3.3.1 设 $n = 4$, $k = 1$, $m = n - k = 3$. 考虑两个由 H_3 的子集 $T_1 = \{1, 2, 3, 12\}$ 和 $T_2 = \{1, 2, 3, 123\}$ 表示的 2^{4-1} 设计. T_1 中唯一等于 I 的元素的乘积是 $(1)(2)(12)$. 因此, 根据定理 3.3.1(b), T_1 的定义对照子群中唯一一个字的字长为 3, 由此得到 $W(T_1) = (0, 0, 1, 0)$. 同样, $W(T_2) = (0, 0, 0, 1)$, 因此 T_2 比 T_1 有更大的分辨度以及更小的低阶混杂. 现在考虑补集 $\overline{T}_1 = H_3 - T_1 = \{13, 23, 123\}$ 和 $\overline{T}_2 = H_3 - T_2 = \{12, 13, 23\}$. $\overline{T}_1$ 的三个元素是独立的, 而 $\overline{T}_2$ 的三个元素满足关系 $(12)(13)(23) = I$. 因此, 再次使用定理 3.3.1(b), 有 $W(\overline{T}_1) = (0, 0, 0)$ 和 $W(\overline{T}_2) = (0, 0, 1)$. 直觉上, 这个例子表明, 当补集 $\overline{T}$ 的元素越 "相关", T 的元素应该越 "独立", 从而 T 可能有更小的低阶混杂. 本节稍后将探索这种直觉观察的严格形式. □

采用 Tang 和 Wu (1996) 的方法, 我们现在描述补设计的使用如何简化 MA 设计的研究, 特别是当补集不太大时. 该方法首先采用同构来减少设计搜索. 一个同构映射 (isomorphism) ϕ 是一个从 H_m 到 H_m 的一一映射, 使得对于每个 $x \neq y$, 有 $\phi(xy) = \phi(x)\phi(y)$. 称 H_m 中的两个集合 T_1 和 T_2 是同构的 (isomorphic), 如果存在一个同构映射 ϕ 将 T_1 映射到 T_2. 如果对应的集合是同构的, 则称两个 2^{n-k} 设计同构. 注意到设计同构的这个定义等价于 3.1 节中给出的定义. 把同构设计视为是相同的设计. 例如, 根据 MA 准则, 它们是等价的. 从同构的定义可以看出, 下面的重要结果是显然的. 它表明, 在寻找 MA 设计时, 可以通过同构减少补设计的类别, 然后将搜索限制在缩减后的类别.

引理 3.3.1 令 $\overline{T}_i$ 是 H_m 中 T_i 的补集 ($i = 1, 2$). 如果 $\overline{T}_1$ 和 $\overline{T}_2$ 是同构的, 那么 T_1 和 T_2 也是同构的.

定理 3.3.2 对于 $n = 2^{n-k} - 2$, 任意两个 2^{n-k} 设计都是同构的. 此结论对 $n = 2^{n-k} - 3$ 同样成立.

证明 对 $n = 2^m - 2$, 任意 2^{n-k} 设计由 H_m 的 $2^m - 2$ 个元素的一个集合 T

给出, 其中 $m = n - k$, 其补集 $\overline{T}$ 仅包含 H_m 的一个元素. 由于任意两个单点集都是同构的, 根据引理 3.3.1, 这样的集合 T 一定彼此同构. 同样, 对于 $n = 2^m - 3$, 补集 $\overline{T}$ 包含两个元素. 由于所有由两个元素组成的集合都是同构的, 故而所有 $n = 2^m - 3$ 的设计也是同构的. □

下一个最简单的情况是 $n = 2^{n-k} - 4$, 即补集 $\overline{T}$ 有三个元素. $\overline{T}$ 有两个非同构选择: (i) $\{a, b, c\}$, 其中 a, b, c 是三个独立元素, 以及 (ii) $\{a, b, ab\}$, 其中 ab 是 a 和 b 的乘积. 由例 3.3.1, 期望其补设计具有形式 (ii) 的设计更优. 以下等式使我们能够验证这样的直观猜测是否正确, 它们将一个 2^{n-k} 设计 T 的 A_3, A_4, A_5 值与其补设计 $\overline{T}$ 的相应值联系起来:

$$A_3(T) = C_1 - A_3\left(\overline{T}\right),$$
$$A_4(T) = C_2 + A_3\left(\overline{T}\right) + A_4\left(\overline{T}\right), \tag{3.3.2}$$
$$A_5(T) = C_3 - \left(2^{n-k-1} - n\right) A_3\left(\overline{T}\right) - A_4\left(\overline{T}\right) - A_5\left(\overline{T}\right),$$

其中 C_1, C_2, C_3 为常数, 可能依赖于 n 和 k, 但不取决于 T 的特定选择. 这些等式是第 4 章给出的更一般结果的特殊情况 (见推论 4.3.2). 因此, 此处证明省略.

以下识别 MA 设计的规则来自 (3.3.2), 其中 $f = 2^{n-k} - 1 - n$ 是 $\overline{T}$ 的基数.

规则 1　一个设计 T^* 具有最小低阶混杂, 如果

(i) 在基数为 f 的所有 $\overline{T}$ 中, $A_3(\overline{T}^*) = \max A_3(\overline{T})$, 并且

(ii) $\overline{T}^*$ 是满足 (i) 的唯一集合 (在同构意义下).

规则 2　一个设计 T^* 具有最小低阶混杂, 如果

(i) 在基数为 f 的所有 $\overline{T}$ 中, $A_3(\overline{T}^*) = \max A_3(\overline{T})$,

(ii) $A_4(\overline{T}^*) = \min\{A_4(\overline{T}) : A_3(\overline{T}) = A_3(\overline{T}^*)\}$, 并且

(iii) $\overline{T}^*$ 是满足 (ii) 的唯一集合 (在同构意义下).

规则 3　一个设计 T^* 具有最小低阶混杂, 如果

(i) 在基数为 f 的所有 $\overline{T}$ 中, $A_3(\overline{T}^*) = \max A_3(\overline{T})$,

(ii) $A_4(\overline{T}^*) = \min\{A_4(\overline{T}) : A_3(\overline{T}) = A_3(\overline{T}^*)\}$,

(iii) $A_5(\overline{T}^*) = \max\{A_5(\overline{T}) : A_3(\overline{T}) = A_3(\overline{T}^*), A_4(\overline{T}) = A_4(\overline{T}^*)\}$, 并且

(iv) $\overline{T}^*$ 是满足 (iii) 的唯一集合 (在同构意义下).

以下例子用于说明规则 1 的使用.

例 3.3.2　设 $f = 2^w - 1$. 显然, 当且仅当 $\{I\} \cup \overline{T}$ 是 $\{I\} \cup H_m$ 的子群时, $A_3(\overline{T})$ 最大化. 由于这个子群是唯一的 (在同构意义下), 可以得到一系列 $n = 2^m - 2^w$ 的 MA 2^{n-k} 设计, 其中 $w = 1, \cdots, m-1, m = n - k$. 特别地, 如果 $w = 2$, 则形如 $\{a, b, ab\}$ 的 $\overline{T}$ 生成 MA 设计. 由于 $w = 2$ 相当于 $f = 3$, 即 $n = 2^{n-k} - 4$, 这表明 (3.3.2) 式前文对这样的 n 的直觉猜测是正确的. □

利用规则 1 和设计同构, 对一般的满足 $f = 2^{n-k} - 1 - n = 1, 2, \cdots, 9$ 的 n 和 k, 生成 MA 2^{n-k} 设计. 表 3.1 概括了相应的补集 $\overline{T}$. 对于 $f = 10$ 和 11 的结果可以通过规则 2 和设计同构获得. 下面的解释性说明 (i)—(ix) 给出了大部分情况的证明, 所有情况的细节可以参考 Tang 和 Wu (1996). 在表 3.1 以及解释性说明中, a, b, c, d 是 H_m 中的独立元素.

表 3.1　MA 设计的补集 $\overline{T}$

f	1	2	3	4	5	6	7	8	9
$\overline{T}$	a	b	ab	c	ac	bc	abc	d	ad

注: 对于每个 f, 最优 $\overline{T}$ 由第二行的前 f 个元素组成.

(i) $f = 1, 2$ 包含在定理 3.3.2 中; $f = 3$ 包含在例 3.3.2 中.

(ii) $f = 4$. $\overline{T}$ 有三种非同构选择:

$$\overline{T}_1 = \{a, b, c, ab\}, \quad \overline{T}_2 = \{a, b, c, abc\}, \quad \overline{T}_3 = \{a, b, c, d\}.$$

由于只有 $\overline{T}_1$ 使得 $A_3 > 0$, 因此它生成了 MA 设计.

(iii) $f = 5$. 首先考虑 $\overline{T}_1 = \{a, b, c, ab, ac\}$. 因为 $\overline{T}_1$ 可以看作一个 2^{5-2} 设计, 并且由定理 3.3.2, 所有 2^{5-2} 设计都是同构的, $\overline{T}$ 的其他选择一定有 4 个或 5 个独立元素, 例如 a, b, c, d, e, 其中, 以下四个是非同构的:

$$\overline{T}_2 = \{a, b, c, d, ab\}, \qquad \overline{T}_3 = \{a, b, c, d, abc\},$$
$$\overline{T}_4 = \{a, b, c, d, abcd\}, \qquad \overline{T}_5 = \{a, b, c, d, e\}.$$

因为 $A_3(\overline{T}_1) = 2 > A_3(\overline{T}_2) = 1 > A_3(\overline{T}_i) = 0, i = 3, 4, 5$, 所以 $\overline{T}_1$ 给出了 MA 设计.

(iv) $f = 6$ 的证明与 $f = 5$ 的证明相似.

(v) $f = 7$. 最 "相关" 的 $\overline{T}$ 有如下形式

$$\overline{T}_1 = \{a, b, c, ab, ac, bc, abc\}.$$

由例 3.3.2, $\overline{T}_1$ 给出了 MA 设计, 且 $A_3(\overline{T}_1) = 7$. 为了便于下面 (vi) 的证明, 我们给出其他非同构的 $\overline{T}$ 的 A_3 值. 这些 $\overline{T}$ 必须至少有 4 个独立元素, 形式如下:

$$\overline{T}_2 = \{a, b, c, d, x_1, x_2, x_3\}, \quad \overline{T}_3 = \{a, b, c, d, e, x_1, x_2\},$$
$$\overline{T}_4 = \{a, b, c, d, e, g, x\}, \qquad \overline{T}_5 = \{a, b, c, d, e, g, h\},$$

其中 a, b, c, d, e, g, h 表示独立元素, x_1, x_2, x_3, x 表示相应集合中独立元素的乘积. 对 $\overline{T}_2$, 容易证明 A_3 最大值是 4, 这可通过选择 $x_1 = ab, x_2 = ac, x_3 = bc$ 唯一达到 (在同构意义下). 还容易看出, $\max A_3(\overline{T}_3) = 2$, $\max A_3(\overline{T}_4) = 1$, $A_3(\overline{T}_5) = 0$.

(vi) $f = 8$. 接下来证明, 集合

$$\overline{T}^* = \{a, b, c, d, ab, ac, bc, abc\}$$

唯一达到 A_3 的最大值 7, 从而给出了 MA 设计. 为此, 记任意 8 个元素组成的集合为 $\overline{T} = Q \cup \{x_8\}$, 其中 $Q = \{x_1, \cdots, x_7\}$. 如上文 (v) 所述, $A_3(Q) \leqslant 7$, 等式成立当且仅当 Q 具有形式 $\{a, b, c, ab, ac, bc, abc\}$, 在这种情况下, $\overline{T}$ 与 $\overline{T}^*$ 相同.

再从 (v) 得, $A_3(Q)$ 的下一个最大值是 4, 由集合 $Q_0 = \{a, b, c, d, ab, ac, bc\}$ 唯一达到. 包含 $\overline{T}$ 中三个元素并因此对 $A_3(\overline{T})$ 有贡献的其他关系一定包含 x_8, 且形如

$$x_i x_j = x_8, \quad 1 \leqslant i \neq j \leqslant 7. \tag{3.3.3}$$

取 $Q = Q_0 (x_8 \neq abc$ 以避免与 $\overline{T}^*$ 重合), 最多有一对 x_i 和 x_j 满足 (3.3.3). 因此 $\max A_3(Q_0 \cup \{x_8\}) = 5$. 对于 Q 的任何其他选择, 如 (v) 所示, $A_3(Q) \leqslant 3$. 注意到 (3.3.3) 最多有三个解, 对满足 $A_3(Q) \leqslant 3$ 的 $Q \cup \{x_8\}$, 其最大的 A_3 为 6, 从而完成证明.

(vii) $f = 9$ 的证明与 $f = 8$ 的情况相似但更复杂.

(viii) $f = 11$. 下证规则 2 生成 MA 设计. 注意到 $m = n - k \geqslant 5$, 否则 $n = 2^{n-k} - 1 - f \leqslant 4$, 由于 $k \geqslant 1$, 这是不可能的. 因此, H_4 嵌入在 H_m 中. 通过枚举可以证明, 在同构意义下 $\overline{T}$ 一定是 H_4 的子集; 否则, $A_3(\overline{T})$ 不会最大化. 因为 $\overline{T}$ 的大小大于 $\overline{\overline{T}} = H_4 - \overline{T}$ 的大小, 所以使用更小的集合 $\overline{\overline{T}}$ 更容易处理. 由于 $\overline{\overline{T}}$ 只有四个元素, 根据 $f = 4$ 的情况, 它只有三个非同构选择, 即

$$\overline{\overline{T}}_1 = \{x, y, z, u\}, \quad \overline{\overline{T}}_2 = \{x, y, z, xyz\}, \quad \overline{\overline{T}}_3 = \{x, y, z, xy\},$$

其中 x, y, z, u 是相互独立的元素. 令 $\overline{T}_i = H_4 - \overline{\overline{T}}_i (i = 1, 2, 3)$. 因为 $A_3(\overline{\overline{T}}_1) = A_4(\overline{\overline{T}}_1) = 0$, $A_3(\overline{\overline{T}}_2) = 0$, $A_4(\overline{\overline{T}}_2) = 1$, $A_3(\overline{\overline{T}}_3) = 1$, $A_4(\overline{\overline{T}}_3) = 0$, 将 (3.3.2) 应用于 H_4 的互补对 $(\overline{T}_i, \overline{\overline{T}}_i)$, 得到

$$A_3(\overline{T}_1) = A_3(\overline{T}_2) = A_3(\overline{T}_3) + 1, \quad A_4(\overline{T}_1) = A_4(\overline{T}_2) - 1.$$

因此, 根据规则 2, $\overline{T}_1$ 生成 MA 设计. 注意到 $\overline{T}_1$ 与

$$\{a, b, ab, c, ac, bc, abc, d, ad, bd, cd\} \tag{3.3.4}$$

是同构的.

(ix) $f = 10$. 与 $f = 11$ 类似可以证明

$$\overline{T}^* = \{a, b, ab, c, ac, bc, d, ad, bd, cd\} \tag{3.3.5}$$

满足规则 2 并生成 MA 设计.

令人满意的是, 对于上述考虑的 $1 \leqslant f \leqslant 11$ 的每种情况, 代表 MA 设计的集合 T 包含 m 个独立元素, 符合定理 3.3.1 (a). 为了说明这一点, 考虑 $f = 10$, 并假设 $a, b, c, d, e_5, \cdots, e_m$ 是 H_m 的 m 个独立元素. 由 (3.3.5), 代表 MA 设计的集合包括 m 个元素 $abc, abd, acd, bcd, e_5, \cdots, e_m$, 它们是独立的.

上述结果可用于完成本节开头讨论的 16 个处理组合的 MA $2^{n-(n-4)}$ 设计的搜索. 对其他情况, 即 $9 \leqslant n \leqslant 15$, $n = 15$ 的情况是平凡的, 因为只有一个设计, 即 $T = H_4$. $n = 14$ 和 13 的情况分别对应于 $f = 1$ 和 2. 根据定理 3.3.2 或上述 (i), 在这两种情况下, 所有设计都是同构的. 最后, $n = 12, 11, 10$ 和 9 对应于 $f = 3, 4, 5$ 和 6, 并分别由上文 (i)—(iv) 解决. 例如, 当 $n = 10$ 时, 可以在 (iii) 中取 $a = 123, b = 24, c = 34$, 得到 $\overline{T}_1 = \{123, 24, 34, 134, 124\}$, 这表明 2^{10-6} 设计 $T_1 = \{1, 2, 12, 3, 13, 23, 4, 14, 234, 1234\}$ 是 MA 设计. 由于对 $1 \leqslant f \leqslant 11$ 范围内每个 f, 结果都不依赖于 n 的值, 因此可以使用相同的规则来找到 $20 \leqslant n \leqslant 30$ 的 32 个处理组合的 MA $2^{n-(n-5)}$ 设计和 $52 \leqslant n \leqslant 62$ 的 64 个处理组合的 MA $2^{n-(n-6)}$ 设计, 等等.

Chen 和 Hedayat (1996) 定义弱 MA 设计, 其最小化 $A_3(T)$, 或根据 (3.3.2) 等价于最大化 $A_3(\overline{T})$. 显然, MA 设计也是弱 MA 设计. 他们给出了一个最大化 $A_3(\overline{T})$ 的充分必要条件. 这个结果将在第 5 章 (见引理 5.3.1) 中使用射影几何语言给出. 上述情况讨论的关于 $A_3(\overline{T})$ 最大化的发现与这一结果一致, 因此从基本原理说明了其对于较小 f 的正确性.

3.4 纯净效应和 MaxC2 准则

从应用的角度来看, 设计中关于因子效应可估计的性质, 特别是低阶效应, 是让试验者直接感兴趣的. 如 2.4 节所述, 这些性质受别名型的影响. 实际上, 设计的分辨度可以解释别名型. 因此, 在分辨度为 4 的设计中, 没有主效应与其他主效应或任何 2fi 别名, 但存在某些 2fi 与其他 2fi 别名. 同样, 在分辨度为 5 的设计中, 没有主效应与其他主效应或任何 2fi 或 3fi 别名, 也没有 2fi 与任何主效应或任何其他 2fi 别名. 然而, 注意到设计的分辨度仅提供了有关别名状态的部分信息. 例如, 仅仅设计的分辨度为 4 的事实并不能确定与其他 2fi 别名的 2fi 的确切数量.

这些考虑使得 Wu 和 Chen (1992) 提出了以下效应分类. 称一个主效应或 2fi 是纯净的, 如果它不与任何其他主效应或 2fi 别名. 根据定理 2.4.2, 在假设包含 3 个或更多因子的交互作用缺失的情况下, 纯净的主效应或 2fi 是可估的. 称一个主效应或 2fi 是强纯净的, 如果它不与任何其他主效应或 2fi 或任何 3fi 别名. 和之前一样, 在假设包含 4 个或更多因子的交互作用不存在的条件下, 强纯净的主效应或 2fi 是可估的. 注意到后一种假设比前者更宽松.

对于任意 2^{n-k} 设计, 令 C1 为纯净主效应的数量, C2 为纯净 2fi 的数量. 从本节开头所指出的事实中可以明显看出以下重要而有用的规则.

分辨度为 IV 或 V 的 2^{n-k} 设计的规则:

(i) 在任意分辨度为 IV 的设计中, 主效应是纯净的, 但 2fi 并不都是纯净的.

(ii) 在任意分辨度为 V 的设计中, 主效应是强纯净的, 2fi 是纯净的.

(iii) 在给定 n 和 k 的分辨度为 IV 的设计中, 那些具有最大 C2 的设计是最好的.

规则 (iii) 在 Wu 和 Hamada (2000, 4.2 节) 中提出, 将其调整如下. 在一个分辨度为 IV 的设计中, 所有主效应都是纯净的, 但某些 2fi 与其他 2fi 别名. 因此, 可以使用 C2, 即纯净 2fi 的个数, 对分辨度为 IV 的设计进行比较和排序, 称为 MaxC2 准则. 达到最大 C2 值的分辨度为 IV 的设计称为 MaxC2 设计. 一个自然的问题是 MaxC2 准则是否与 MA 准则一致. 在许多情况下它们是一致的, 但以下例子表明, 这两个准则可能存在矛盾.

例 3.4.1 根据 (3.2.9) 和定理 3.2.3, 考虑 MA 2^{9-4} 设计 d_0, 其定义对照子群由 4 个独立字 16789, 25789, 3568 和 4567 生成. 该设计的分辨度为 IV 且 $A_4 = 6$. 在其定义对照子群中, 长度为 4 的 6 个字是 1238, 1247, 1256, 3478, 3568 和 4567. 由字母 $1, \cdots, 8$ 组成的所有对都在这 6 个字中的一个或多个中出现, 而字母 9 没有在任何一个中出现. 因此, 纯净的 2fi 只有那些包含字母 9 的 2fi, 所以 d_0 有 C2 = 8.

现在考虑另一个 2^{9-4} 设计 d_1, 其定义对照子群由 4 个独立字 1236, 1247, 1345 和 23489 生成. 该设计的分辨度也是 IV, 但其定义对照子群包含 7 个长度为 4 的字, 即 1236, 1247, 1345, 1567, 2357, 2456 和 3467. 由字母 $1, \cdots, 7$ 组成的对都在这 7 个字中的一个或多个中出现, 而字母 8 和 9 不出现在任何一个字中. 因此 d_1 有 $A_4 = 7$, C2 = 15. 因此, d_0 比 d_1 有更小的低阶混杂, 而 d_1 的 C2 值比 d_0 大得多. 故而 MA 设计 d_0 不是 MaxC2 设计. 使用计算机穷举搜索或 H. Wu 和 C. F. Jeff Wu (2002) 中的证明, 可知 d_1 是一个 MaxC2 设计, 并且它在 MA 准则下是第二好的. □

从本章末尾的列表中可见, 有许多设计比 MA 设计具有更高的 C2 值. 在讨论这一点之前, 我们需要说明关于纯净效应的一些基本性质. 对于固定处理组合数的 2^{n-k} 设计, 记 $m = n - k$, 并以 2^m 表示处理组合数. 根据定理 2.7.4, 一个 2^{n-k} 设计的分辨至少是 IV 当且仅当 $n \leqslant 2^{m-1}$, 即因子数不超过处理组合数的一半. 因此, 当 $n > 2^{m-1}$ 时, 任意 2^{n-k} 设计的最大分辨度是 III. 此外, 正如以下定理所示, 此类设计没有任何纯净的 2fi.

定理 3.4.1 当 $n > 2^{m-1}$ 时, 任意 2^{n-k} 设计不包含纯净 2fi, 其中 $m = n - k$.

证明 考虑一个 2^{n-k} 设计, 根据定理 3.3.1(a), 它等价于 H_m 的一个集合 $T = \{c_1, \cdots, c_n\}$. 假设存在一个纯净的 2fi, 不妨设包含前两个因子. 那么没有长度为 3 或 4 的字同时包含字母 1 和 2. 因此, 由定理 3.3.1(b), $c_1 c_2 \in \overline{T}$ 且 $c_1 c_2 c_i \in \overline{T}$ $(3 \leqslant i \leqslant n)$, 其中 $\overline{T} = H_m - T$. 由于元素 $c_1 c_2$ 和 $c_1 c_2 c_i$ $(3 \leqslant i \leqslant n)$ 是不同的, $\overline{T}$ 的基数至少为 $n - 1$. 另外, 根据定义, $\overline{T}$ 的基数为 $2^m - 1 - n$. 因此, $2^m - 1 - n \geqslant n - 1$, 即 $n \leqslant 2^{m-1}$, 与条件 $n > 2^{m-1}$ 矛盾. □

根据定理 2.7.4, 当 $n \leqslant 2^{m-1}$ 时, 存在分辨度为 IV 或更高的设计. 下面的结果表明当因子数 n 介于处理组合数的一半和四分之一加 2 之间时, 任意分辨度为 IV 的设计不包含纯净的 2fi.

定理 3.4.2 如果 $2^{m-2} + 2 \leqslant n \leqslant 2^{m-1}$, 那么任意分辨度为 IV 的 2^{n-k} 设计不包含纯净的 2fi, 其中 $m = n - k$.

证明 使用与定理 3.4.1 证明相同的记号, 考虑由 T 表示的设计. 令 T 的分辨度为 IV, 并假设它有一个包含前两个因子的纯净的 2fi. 那么像之前一样, $c_1 c_2 c_i \in \overline{T}$ $(3 \leqslant i \leqslant n)$. 同样, 因为分辨度为 IV 排除了长度为 3 的字, 有 $c_1 c_i \in \overline{T}$ $(2 \leqslant i \leqslant n)$, $c_2 c_i \in \overline{T}$ $(3 \leqslant i \leqslant n)$. 容易看出, 刚刚提到的 $3n - 5$ 个元素是不同的. 因此, T 的基数至少为 $3n - 5$, 即 $2^m - 1 - n \geqslant 3n - 5$, 等价于 $n \leqslant 2^{m-2} + 1$, 与假设矛盾. □

上述两个定理来自 Chen 和 Hedayat (1998).

由于分辨度为 V 的设计所有 2fi 都是纯净的, 我们关注分辨度为 IV 的设计. 对 $n \leqslant 2^{m-2} + 1$, 是否存在分辨度为 IV 的设计包含纯净的 2fi? 对于固定处理组合数 2^m, $m = n - k$, 令 $n_{\max}(m)$ 表示分辨度为 V 或更高的 2^{n-k} 设计存在的 n 的最大可能值. 对 $n_{\max}(m) < n \leqslant 2^{m-2} + 1$, 存在分辨度为 IV 的设计. Chen 和 Hedayat (1998) 通过一个简单的构造表明, 对于这个范围内的每个 n, 都存在一个分辨度为 IV 的设计包含纯净 2fi. 因此, 上述规则 (iii) 在这种情况特别有意义. 刚刚陈述的结果以及定理 2.7.4、定理 3.4.1 和定理 3.4.2 中的结果可以通过本章附录中给出的设计进行验证. 以表 3A.3 中列出的 32 个处理组合的设计为例. 对 $n > 16$, 所有设计的分辨度都是 III, 并且没有纯净的 2fi; 对 $10 \leqslant n \leqslant 16$, 任意分辨度为 IV 的设计不包含纯净的 2fi (但分辨度为 III 的设计可能有纯净的 2fi). 对 $6 < n \leqslant 9$, 存在分辨度为 IV 的设计包含纯净 2fi. 例 3.4.1 中的 2^{9-4} 设计属于这个范围. 这里 $n_{\max}(5) = 6$, 存在一个分辨度为 VI 的 2^{6-1} 设计.

对 $m = 5$ 和 6, 即 32 和 64 个处理组合, 文献中已获得 $n_{\max}(m) < n \leqslant 2^{m-2} + 1$ 范围内的 MA 设计. 对 $12 \leqslant n \leqslant 14$, 128 个处理组合的 MA 设计也是已知的 (Chen, 1992, 1998). 请参阅本章末尾的列表或 Wu 和 Hamada (2000, 第 4 章) 的表格. H. Wu 和 C. F. Jeff Wu (2002) 证明, 除 2^{9-4}, 2^{13-7}, 2^{14-8}, 2^{15-9}, 2^{16-10} 和 2^{17-11} 设计外, 这些 MA 设计的分辨度都是 IV, 也都是 MaxC2 设计. 他

们还证明, 表 3A.3—表 3A.5 中的设计 9-4.2, 13-7.2, 16-10.6, 17-11.6 和 15-8.3 是 MaxC2 设计, 尽管它们不是 MA 设计. H. Wu 和 C. F. Jeff Wu (2002) 的证明不在这里给出, 它们相当复杂, 且因情况而异. 虽然一般使用一些技术可以证明 MA 设计, 但没有统一的方法来获得 MaxC2 设计. 这种差异可以用如下事实解释: C2 是设计的定义对照子群的一个复杂函数, 而 MA 准则基于定义对照子群中字的长度.

具有某些纯净 2fi 的分辨度为 III 的设计可能优于没有纯净 2fi 的分辨度为 IV 的设计. 本章最后的设计列表中有许多这样的例子. 这也是定理 3.4.2 的预期结果. 举例说明, 定义关系为 $I = 1235 = 2346 = 1456$ 的 MA 2^{6-2} 设计 d_0 的分辨度为 IV, 它的所有 6 个主效应都是纯净的, 但没有纯净的 2fi. 现在考虑分辨度为 III 的 2^{6-2} 设计 d_1, 其定义关系为 $I = 125 = 1346 = 23456$. 它有 3 个纯净的主效应 3, 4, 6 和 6 个纯净的 2fi, 即 $23, 24, 26, 35, 45, 56$. 哪一个更好? 如果只关心主效应, 那么 d_0 是首选. 另一方面, d_1 共有 9 个纯净效应, 而 d_0 只有 6 个. 如果先验信息认为, 6 个因子中只有 3 个因子和某些包含它们的 2fi 是重要的, 那么 d_1 可能是首选. 此例及其他例子表明, 仅使用分辨度准则可能非常粗略地测度设计的估计性能, 而 C1 和 C2 的值提供了这些性能的更定量的测度.

由于 MA 准则和 MaxC2 准则可能存在矛盾, 我们建议将 MA 作为主要准则, 并使用 C1 和 C2 值作为补充. 如果一个 MaxC2 设计不是 MA 设计, 那么当 C2 值的差异很大时, 它可能是首选. 5.3 节末将进一步讨论这些准则, 那里也考虑了称为估计容量的另一个准则.

3.5 二水平设计表的说明和使用

本章附录给出了 16, 32, 64 和 128 个处理组合的 2^{n-k} 设计列表. 16, 32 和 64 个处理组合的设计来自 Chen, Sun 和 Wu (1993) 并且基于这些作者开发的算法和搜索程序. 8 个处理组合的设计不包括在内, 因为该情况非常简单. 表 3A.2 中 16 个处理组合的设计是完全的, 即它包含所有非同构设计. 对于 32 或 64 个处理组合的设计, 完整的列表太长而无法全部包含. 为了节省空间, 对 $n - k$ 和 n 的每个组合, 表 3A.3 和表 3A.4 中最多给出了 10 个设计. 这两个表格中设计的选择主要基于 MA 准则, 并辅以 MaxC2 准则. 表 3A.5 中 $12 \leqslant n \leqslant 40$ 时的 128 个处理组合的设计主要来自 Block 和 Mee (2005), 该文献作者还给出了 $n > 40$ 的设计. 表中的一些设计来自其他文献. 由于在这种情况下非同构设计数量之巨大和验证 MA 设计的困难, 仿效这些作者, 表 3A.5 对每个 n 只列出了一个或几个设计. 这些是分辨度为 IV 的设计, 除了编号为 15-8.3 的设计外, Block 和 Mee (2005) 声称这些设计有最小的 A_4 值. 在 MA, MaxC2 或本书中未讨论的其他准则下, 这些设计往往也表现良好.

此设计列表可用于 MA 以外的准则进行设计搜索. 例如, 在研究更复杂的设计时, 如具有区组或裂区结构或有控制因子和噪声因子区分 (分别在第 7, 8, 9 章中考虑) 的部分因析设计, 最优性准则比 MA 准则更复杂, 但可以将其作为主要组成部分. 对这些情况, 此列表可以作为搜索最优设计的基础.

回顾定理 3.3.1, 一个 2^{n-k} 设计等价于 H_m 的一个含 n 个元素的集合, 该集合包含 m 个独立元素, 其中 $m = n - k$, H_m 如 (3.3.1) 中所定义. 在同构的意义下, 总可以把独立的元素取为 $1, 2, \cdots, m$. 因此, 一个 2^{n-k} 设计可以由元素 $1, 2, \cdots, m$ 以及 H_m 中的另外 k 个附加元素来表示. 在列表中遵循此表示法列出设计. 此外, 对于 H_m 中的元素, 为了节省空间, 用相应的序号 $1, 2, 3, 4, 5, 6, \cdots$ 表示, 而不使用符号 $1, 2, 12, 3, 13, 23, \cdots$. 此编号方案如表 3A.1 所示. 例如, 根据这个方案, 把 H_4 的独立元素 $1, 2, 3, 4$ 编号为 $1, 2, 4, 8$. 因此, 在列表中列出任何 16 个处理组合的设计 (即 $m = n - k = 4$) 时, 都包括编号为 $1, 2, 4, 8$ 的元素, 但只有 k 个附加元素的序号列在 "附加元素" 下. 类似地考虑也适用于 32, 64 和 128 个处理组合的设计. 为了节省空间, 使用像 19-22 这样的符号来表示编号为 19 到 22 的元素.

为清楚起见, 列表中第 i 个 2^{n-k} 设计用 n-k.i 表示. 字长型 W 和纯净的 2fi 数 C2, 列于设计表的最后两列. 同样为了节省空间, 对于 32, 64 和 128 个处理组合的设计, 最多列出 W 的 5 个成分. 对于任何给定的 $n - k$ 和 n, 表 3A.2 至表 3A.4 中的第一个设计 n-k.1 是 MA 设计, 这与表格中的字长型一致. 已知表 3A.5 中的设计 12-5.1, 13-6.1 和 14-7.1 也是 MA 设计 (Chen, 1992, 1998). 表 3A.3 和表 3A.4 中其余设计的排序并不严格按照 MA 准则. 混杂较重但 C2 值高得多的设计可能会排在其他混杂较轻的设计前面. 例如, 设计 14-8.4 和 14-8.5 比设计 14-8.6 到 14-8.10 有较重的混杂. 以下例子说明了设计表的使用.

例 3.5.1　考虑表 3A.3 中的 32 个处理组合的 MA 设计 9-4.1. 它由 H_5 的元素给出, 这些元素编号为 1, 2, 4, 8, 16, 7, 11, 19 和 29. 表 3A.1 确定了这些元素, 并显示设计由 H_5 的集合 $\{1, 2, 3, 4, 5, 123, 124, 125, 1345\}$ 表示. 九个因子可以与该集合的元素按所述顺序相关联, 则直接得到以下别名关系: $6 = 123, 7 = 124, 8 = 125, 9 = 1345$. 可以验证此设计与例 3.4.1 中的 MA 设计 d_0 同构. 如例 3.4.1 所示, 后一个设计有 $A_4 = 6$, C2 $= 8$, 这与表中设计 9-4.1 的 W 和 C2 的项一致. □

练　习

3.1　推导定理 3.2.2 中 $6 \leqslant n \leqslant 10$ 时 MA 设计的字长型.

3.2　根据 $n = 4$ 和 5 时的证明对 $6 \leqslant n \leqslant 10$ 的情况证明定理 3.2.2.

3.3　推导定理 3.2.3 中 $6 \leqslant n \leqslant 19$ 时 MA 设计的字长型.

3.4 (a) 证明 3.1 节中设计同构的定义等价于 3.3 节中设计同构的定义.

(b) 证明: 如果两个 2^{n-k} 设计同构, 那么它们的字母型矩阵 (定义见练习 2.12) 在行置换下一定相同.

3.5 证明引理 3.3.1.

3.6 (a) 用定义和简单的组合理论证明 (3.3.2) 中的第一个等式 $A_3(T) = C_1 - A_3(\overline{T})$, C_1 为常数.

(b) 用更复杂的组合理论证明 (3.3.2) 中的第二个等式 $A_4(T) = C_2 + A_3(\overline{T}) + A_4(\overline{T})$, C_2 为常数.

3.7 举例说明 3.3 节规则 1(ii) 部分是必不可少的.

3.8 按照 $f = 5$ 的证明思路完成 $f = 6$ 时 MA 设计的推导.

3.9 按照 $f = 8$ 的证明思路完成 $f = 9$ 时 MA 设计的推导.

3.10 按照 $f = 11$ 的证明思路完成 $f = 10$ 时 MA 设计的推导.

3.11 考虑两个 2^{8-3} 设计 d_1 和 d_2, 其定义对照子群分别由独立字 126, 137, 23458 和 126, 347, 1358 生成.

(a) 说明两个设计有相同的字长型 $W = (0, 0, 2, 1, 2, 2, 0, 0)$.

(b) 找到 d_1 和 d_2 的字母型矩阵. 验证它们在行置换下是不同的. 得出 d_1 和 d_2 不同构的结论, 即使它们具有相同的字长型. 因此推断, 字母型矩阵比字长型更详尽地描述设计.

附录 3A 16, 32, 64 和 128 个水平组合的 2^{n-k} 设计列表

表 3A.1 16, 32, 64 和 128 个水平组合设计的 H_m 的元素的编号

编号	**1**	**2**	3	4	5	6	7	**8**	9
元素	1	2	12	3	13	23	123	4	14
编号	10	11	12	13	14	15	**16**	17	18
元素	24	124	34	134	234	1234	5	15	25
编号	19	20	21	22	23	24	25	26	27
元素	125	35	135	235	1235	45	145	245	1245
编号	28	29	30	31	**32**	33	34	35	36
元素	345	1345	2345	12345	6	16	26	126	36
编号	37	38	39	40	41	42	43	44	45
元素	136	236	1236	46	146	246	1246	346	1346
编号	46	47	48	49	50	51	52	53	54
元素	2346	12346	56	156	256	1256	356	1356	2356
编号	55	56	57	58	59	60	61	62	63
元素	12356	456	1456	2456	12456	3456	13456	23456	123456
编号	**64**	65	66	67	68	69	70	71	72
元素	7	17	27	127	37	137	237	1237	47
编号	73	74	75	76	77	78	79	80	81
元素	147	247	1247	347	1347	2347	12347	57	157
编号	82	83	84	85	86	87	88	89	90
元素	257	1257	357	1357	2357	12357	457	1457	2457
编号	91	92	93	94	95	96	97	98	99
元素	12457	3457	13457	23457	123457	67	167	267	1267
编号	100	101	102	103	104	105	106	107	108
元素	367	1367	2367	12367	467	1467	2467	12467	3467
编号	109	110	111	112	113	114	115	116	117
元素	13467	23467	123467	567	1567	2567	12567	3567	13567
编号	118	119	120	121	122	123	124	125	126
元素	23567	123567	4567	14567	24567	124567	34567	134567	234567
编号	127								
元素	1234567								

注: 本表给出了 H_7 的元素的编号; 前 63 个是 H_6 的元素的编号, 前 31 个是 H_5 的元素的编号, 前 15 个是 H_4 的元素的编号. 独立元素的编号是黑体数字 1, 2, 4, 8, 16, 32, 64.

表 3A.2   16 个水平组合设计的完全列表

设计	附加元素	W	C2
5-1.1	15	0 0 1	10
5-1.2	7	0 1 0	4
5-1.3	3	1 0 0	7
6-2.1	7 11	0 3 0 0	0
6-2.2	3 13	1 1 1 0	6
6-2.3	3 12	2 0 0 1	9
6-2.4	3 5	2 1 0 0	5
7-3.1	7 11 13	0 7 0 0 0	0
7-3.2	3 5 14	2 3 2 0 0	2
7-3.3	3 5 10	3 2 1 1 0	4
7-3.4	3 5 9	3 3 0 0 1	0
7-3.5	3 5 6	4 3 0 0 0	6
8-4.1	7 11 13 14	0 14 0 0 0 1	0
8-4.2	3 5 9 14	3 7 4 0 1 0	1
8-4.3	3 5 10 12	4 5 4 2 0 0	0
8-4.4	3 5 6 15	4 6 4 0 0 1	0
8-4.5	3 5 6 9	5 5 2 2 1 0	2
8-4.6	3 5 6 7	7 7 0 0 1 0	7
9-5.1	3 5 9 14 15	4 14 8 0 4 1 0	0
9-5.2	3 5 10 12 15	6 9 9 6 0 0 1	0
9-5.3	3 5 6 9 14	6 10 8 4 2 1 0	0
9-5.4	3 5 6 9 10	7 9 6 6 3 0 0	0
9-5.5	3 5 6 7 9	8 10 4 4 4 1 0	0
10-6.1	3 5 6 9 14 15	8 18 16 8 8 5 0 0	0
10-6.2	3 5 6 9 10 13	9 16 15 12 7 3 1 0	0
10-6.3	3 5 6 9 10 12	10 15 12 15 10 0 0 1	0
10-6.4	3 5 6 7 9 10	10 16 12 12 10 3 0 0	0
11-7.1	3 5 6 9 10 13 14	12 26 28 24 20 13 4 0 0	0
11-7.2	3 5 6 7 9 10 12	13 25 25 27 23 10 3 1 0	0
11-7.3	3 5 6 7 9 10 11	13 26 24 24 26 13 0 0 1	0
12-8.1	3 5 6 9 10 13 14 15	16 39 48 48 48 39 16 0 0 1	0
12-8.2	3 5 6 7 9 10 11 12	17 38 44 52 54 33 12 4 1 0	0

注: 每个设计由 1, 2, 4, 8 和 "附加元素" 下的数字表示. $W = (A_3, A_4, \cdots)$ 是设计的字长型. C2 是纯净 2fi 数. 对 $n = 13, 14, 15$, 设计在同构意义下是唯一的, 因此省略.

表 3A.3 筛选的 32 个水平组合设计 ($n = 6, \cdots, 28$)

设计	附加元素	W	C2
6-1.1	31	0 0 0 1 0	15
7-2.1	7 27	0 1 2 0 0	15
7-2.2	7 25	0 2 0 1 0	9
7-2.3	7 11	0 3 0 0 0	6
7-2.4	3 29	1 0 1 1 0	18
7-2.5	3 28	1 1 0 0 1	12
7-2.6	3 13	1 1 1 0 0	12
7-2.7	3 12	2 0 0 1 0	15
7-2.8	3 5	2 1 0 0 0	11
8-3.1	7 11 29	0 3 4 0 0	13
8-3.2	7 11 21	0 5 0 2 0	4
8-3.3	7 11 19	0 6 0 0 0	0
8-3.4	7 11 13	0 7 0 0 0	7
8-3.5	3 13 22	1 2 3 1 0	13
8-3.6	3 5 30	2 1 2 2 0	18
8-3.7	3 13 21	1 3 2 0 1	10
8-3.8	3 12 21	2 1 2 2 0	16
8-3.9	3 5 26	2 2 1 1 1	12
8-3.10	3 5 25	2 2 2 0 0	12
9-4.1	7 11 19 29	0 6 8 0 0	8
9-4.2	7 11 13 30	0 7 7 0 0	15
9-4.3	7 11 21 25	0 9 0 6 0	0
9-4.4	7 11 13 19	0 10 0 4 0	2
9-4.5	7 11 13 14	0 14 0 0 0	8
9-4.6	3 13 21 26	1 5 6 2 1	9
9-4.7	3 13 21 25	1 7 4 0 3	12
9-4.8	3 12 21 26	2 3 6 4 0	12
9-4.9	3 5 9 30	3 3 4 4 1	15
9-4.10	3 5 10 28	3 3 4 4 1	13
10-5.1	7 11 19 29 30	0 10 16 0 0	0
10-5.2	7 11 21 25 31	0 15 0 15 0	0
10-5.3	7 11 13 19 21	0 16 0 12 0	0
10-5.4	7 11 13 14 19	0 18 0 8 0	0
10-5.5	3 13 21 25 28	1 14 7 0 7	14
10-5.6	3 13 21 25 30	1 10 11 4 3	8
10-5.7	3 12 21 26 31	2 7 12 7 2	6
10-5.8	3 5 14 22 25	2 8 12 4 2	4
10-5.9	3 5 14 23 26	2 9 9 6 4	5
10-5.10	3 5 9 14 31	3 8 11 4 1	12

设计	附加元素	W	C2
11-6.1	7 11 13 19 21 25	0 25 0 27 0	0
11-6.2	7 11 13 14 19 21	0 26 0 24 0	0
11-6.3	3 5 14 22 25 31	2 14 22 8 6	0
11-6.4	3 5 14 22 26 29	2 16 16 12 10	6
11-6.5	3 5 14 22 26 28	2 18 14 8 14	6
11-6.6	3 5 10 23 27 28	3 13 19 11 9	3
11-6.7	3 5 9 22 26 29	3 15 13 15 13	4
11-6.8	3 5 9 22 26 28	3 16 12 12 16	4
11-6.9	3 5 9 14 22 26	3 16 13 12 13	4
11-6.10	3 5 9 14 18 29	4 12 18 12 8	5
12-7.1	7 11 13 14 19 21 25	0 38 0 52 0	0
12-7.2	7 11 13 14 19 21 22	0 39 0 48 0	0
12-7.3	3 5 9 14 22 26 29	3 25 23 27 25	5
12-7.4	3 5 9 14 22 26 28	3 26 22 24 28	5
12-7.5	3 5 10 12 22 27 29	4 20 32 22 20	0
12-7.6	3 5 10 12 22 25 31	4 22 28 20 28	0
12-7.7	3 5 6 15 23 25 30	4 23 28 16 28	0
12-7.8	3 5 9 14 17 22 26	4 25 19 27 31	3
12-7.9	3 5 9 14 15 22 26	4 26 20 24 28	3
12-7.10	3 5 9 14 18 20 31	5 19 29 25 23	2
13-8.1	7 11 13 14 19 21 22 25	0 55 0 96 0	0
13-8.2	3 5 9 14 17 22 26 28	4 38 32 52 56	4
13-8.3	3 5 9 14 15 22 26 29	4 38 33 52 52	4
13-8.4	3 5 9 14 15 22 26 28	4 39 32 48 56	4
13-8.5	3 5 9 14 15 17 22 26	5 38 28 52 62	2
13-8.6	3 5 10 12 15 22 27 29	6 28 51 42 42	0
13-8.7	3 5 9 14 18 20 24 31	6 29 46 46 50	0
13-8.8	3 5 9 15 18 20 24 30	6 30 44 44 56	0
13-8.9	3 5 9 15 18 20 24 31	7 28 42 50 56	2
13-8.10	3 5 6 9 14 17 26 29	7 29 42 46 56	2
14-9.1	7 11 13 14 19 21 22 25 26	0 77 0 168 0	0
14-9.2	3 5 9 14 15 17 22 26 28	5 55 45 96 106	3
14-9.3	3 5 9 14 15 17 22 23 26	6 55 40 96 116	1
14-9.4	3 5 9 15 18 20 24 30 31	8 42 64 85 112	0
14-9.5	3 5 9 14 15 18 20 24 31	8 42 65 84 108	0
14-9.6	3 5 6 9 14 17 22 26 29	8 43 64 80 112	0
14-9.7	3 5 9 14 15 18 20 24 30	8 43 64 80 112	0
14-9.8	3 5 6 9 14 15 23 26 29	8 45 64 72 112	0
14-9.9	3 5 6 9 14 17 22 26 27	9 42 60 84 118	2
14-9.10	3 5 6 9 14 15 17 26 29	9 43 61 80 114	2

续表

设计	附加元素	W	C2
15-10.1	7 11 13 14 19 21 22 25 26 28	0 105 0 280 0	0
15-10.2	3 5 9 14 15 17 22 23 26 28	6 77 62 168 188	2
15-10.3	3 5 9 14 15 17 22 23 26 27	7 77 56 168 203	0
15-10.4	3 5 6 9 14 17 22 26 27 28	10 60 90 141 212	0
15-10.5	3 5 6 9 14 15 17 22 26 29	10 61 90 136 212	0
15-10.6	3 5 6 9 14 15 17 22 26 27	11 60 85 141 222	2
15-10.7	3 5 9 14 18 20 23 24 27 29	12 49 108 144 176	0
15-10.8	3 5 6 9 14 18 23 24 29 31	12 51 102 144 192	0
15-10.9	3 5 9 14 15 18 20 23 24 30	12 51 102 144 192	0
15-10.10	3 5 6 9 14 15 17 22 23 26	12 61 80 136 232	2
16-11.1	7 11 13 14 19 21 22 25 26 28 31	0 140 0 448 0	0
16-11.2	3 5 9 14 15 17 22 23 26 27 28	7 105 84 280 315	1
16-11.3	3 5 6 9 14 15 17 22 26 27 28	12 83 124 230 376	0
16-11.4	3 5 6 9 14 15 17 22 23 26 29	12 84 124 224 376	0
16-11.5	3 5 6 9 14 15 17 22 23 26 27	13 83 118 230 391	2
16-11.6	3 5 9 14 18 20 23 24 27 29 31	15 65 156 232 315	0
16-11.7	3 5 6 9 10 14 17 22 27 28 29	15 70 141 231 358	0
16-11.8	3 5 6 9 10 14 17 22 23 26 29	15 71 140 226 363	0
16-11.9	3 5 6 9 10 14 15 17 22 26 29	15 73 140 216 363	0
16-11.10	3 5 6 9 10 14 17 22 26 29 31	16 65 148 236 336	0
17-12.1	3 5 9 14 15 17 22 23 26 27 28 29	8 140 112 448	0
17-12.2	3 5 6 9 14 15 17 22 23 26 27 28	14 112 168 364	0
17-12.3	3 5 6 9 10 14 17 22 23 26 27 28	18 95 192 354	0
17-12.4	3 5 6 9 10 14 15 17 22 27 28 29	18 95 193 354	0
17-12.5	3 5 6 9 10 14 15 17 22 23 26 29	18 96 192 348	0
18-13.1	3 5 6 9 14 15 17 22 23 26 27 28 29	16 148 224 560	0
18-13.2	3 5 6 9 10 14 15 17 22 23 26 27 28	21 126 259 532	0
18-13.3	3 5 6 7 9 10 11 17 18 19 28 29 30	22 126 252 532	0
18-13.4	3 5 6 9 14 15 18 21 23 24 27 28 31	24 108 288 552	0
18-13.5	3 5 6 9 10 14 17 22 23 24 27 28 29	24 113 272 547	0
19-14.1	3 5 6 9 10 14 15 17 22 23 26 27 28 29	24 164 344 784	0
19-14.2	3 5 6 7 9 10 11 17 18 19 28 29 30 31	25 164 336 784	0
19-14.3	3 5 6 9 10 14 15 17 18 22 23 26 27 28	28 147 364 791	0
19-14.4	3 5 6 9 10 13 14 15 17 22 23 26 27 28	28 148 364 784	0
19-14.5	3 5 6 9 10 13 14 17 22 23 24 26 29 31	30 136 378 816	0
20-15.1	3 5 6 9 10 14 15 17 18 22 23 26—29	32 188 480 1128	0
20-15.2	3 5 6 9 10 13 14 15 17 22 23 26—29	32 189 480 1120	0
20-15.3	3 5 6 7 9—12 17 18 19 28—31	33 188 472 1128	0
20-15.4	3 5 6 9 10 14 15 17 18 22 23 26 27 28 31	35 175 491 1155	0
20-15.5	3 5 6 9 10 13 14 15 17 18 22 23 26 27 28	35 176 490 1148	0

续表

设计	附加元素	W	C2
21-16.1	3 5 6 9 10 14 15 17 18 22 23 26—29 31	40 220 641 1608	0
21-16.2	3 5 6 9 10 13 14 15 17 18 22 23 26—29	40 221 640 1600	0
21-16.3	3 5 6 7 9—12 17—20 28—31	41 220 632 1608	0
21-16.4	3 5 6 9 10 13 14 17 19 22 23 24 26 28 29 31	42 210 651 1638	0
21-16.5	3 5 6 9 10 13 14 15 17 18 21—25 26 29	42 213 644 1624	0
22-17.1	3 5 6 9 10 13—15 17 18 21—23 25 26 29 30	48 263 832 2224	0
22-17.2	3 5 6 9 10 13—15 17 18 21—23 25—28	49 259 833 2240	0
22-17.3	3 5 6 7 9—12 17—20 25 28—31	49 261 825 2240	0
22-17.4	3 5 6 7 9—12 17—20 24 28 29 30 31	50 260 816 2249	0
22-17.5	3 5 6 7 9—13 17—20 28—31	50 261 816 2240	0
23-18.1	3 5 6 9 10 13 14 15 17 18 21 22 23 25—29	56 315 1064 3024	0
23-18.2	3 5 6 7 9—13 17—20 26 28—31	58 311 1050 3056	0
23-18.3	3 5 6 7 9—13 17 18 19 20 21 26 27 28 30	59 308 1047 3073	0
23-18.4	3 5 6 7 9—13 17—20 22 28—31	59 310 1041 3065	0
23-18.5	3 5 6 7 9—13 17—21 26—29	59 311 1040 3056	0
24-19.1	3 5 6 9 10 13—15 17 18 21—23 25—30	64 378 1344 4032	0
24-19.2	3 5 6 7 9—13 17—21 26—30	67 371 1324 4088	0
24-19.3	3 5 6 7 9—13 17 18 20 21 22 24 26 27 30 31	68 369 1316 4106	0
24-19.4	3 5 6 7 9—14 17—20 27—31	68 370 1316 4096	0
24-19.5	3 5 6 7 9—13 17—20 22 24 27—30	69 366 1311 4129	0
25-20.1	3 5 6 7 9—13 17—21 26—31	76 442 1656 5376	0
25-20.2	3 5 6 7 9—13 17—20 22 24 27—31	78 437 1641 5422	0
25-20.3	3 5 6 7 9—14 17—21 26—30	78 438 1640 5412	0
25-20.4	3 5 6 7 9—14 17—22 25—28	79 436 1632 5430	0
25-20.5	3 5 6 7 9—14 17—22 25 26 28 31	79 437 1630 5422	0
26-21.1	3 5 6 7 9—14 17—21 26—31	88 518 2032 7032	0
26-21.2	3 5 6 7 9—14 17—22 25—29	89 516 2023 7052	0
26-21.3	3 5 6 7 9—14 17—22 24—26 28 31	90 515 2012 7063	0
26-21.4	3 5 6 7 9—15 17—22 24—26 28	90 515 2013 7062	0
26-21.5	3 5 6 7 9—15 17—26	90 516 2012 7052	0
27-22.1	3 5 6 7 9—14 17—22 25—30	100 606 2484 9064	0
27-22.2	3 5 6 7 9—15 17—26 28	101 605 2473 9075	0
27-22.3	3 5 6 7 9—15 17—27	101 606 2472 9064	0
28-23.1	3 5 6 7 9—14 17—22 25—31	112 707 3024 11536	0
28-23.2	3 5 6 7 9—15 17—28	113 706 3012 11548	0

注: 每个设计由 1, 2, 4, 8, 16 和 "附加元素" 下的数字表示. 当 $n < 17$ 时 $W = (A_3, \cdots, A_7)$, 当 $n \geqslant 17$ 时 $W = (A_3, \cdots, A_6)$. C2 是纯净 2fi 数. 对 $n = 29, 30, 31$, 设计在同构意义下是唯一的, 因此省略.

表 3A.4　筛选的 64 个水平组合设计 $(n = 7, \cdots, 32)$

设计	附加元素	W	C2
7-1.1	63	0 0 0 1	21
8-2.1	15 51	0 2 1 0	28
9-3.1	7 27 45	1 4 2 0	30
9-3.2	7 25 43	2 3 1 1	24
9-3.3	7 27 43	2 4 0 0	24
9-3.4	7 11 61	3 0 4 0	21
9-3.5	7 25 42	3 0 4 0	18
9-3.6	7 11 53	3 2 0 2	21
9-3.7	7 11 51	3 3 0 0	21
9-3.8	7 11 29	3 4 0 0	21
9-3.9	7 11 49	4 0 2 0	15
9-3.10	7 11 21	5 0 2 0	12
10-4.1	7 27 43 53	2 8 4 0	33
10-4.2	7 25 42 53	3 6 4 2	27
10-4.3	7 11 29 51	3 7 4 0	30
10-4.4	7 11 29 46	3 8 3 0	30
10-4.5	7 11 29 49	4 6 2 2	24
10-4.6	7 11 29 45	4 8 0 0	24
10-4.7	7 25 42 52	5 0 10 0	15
10-4.8	7 11 21 57	5 4 2 4	21
10-4.9	7 11 21 45	5 5 2 2	21
10-4.10	7 11 13 62	7 0 7 0	24
11-5.1	7 11 29 45 51	4 14 8 0	34
11-5.2	7 25 42 52 63	5 10 10 5	25
11-5.3	7 11 29 46 49	5 12 7 4	28
11-5.4	7 11 21 46 56	6 10 8 4	25
11-5.5	7 11 29 45 49	6 12 4 4	25
11-5.6	7 11 19 29 62	6 12 8 0	27
11-5.7	7 11 21 38 57	7 8 7 8	22
11-5.8	7 11 21 41 51	7 9 6 6	22
11-5.9	7 11 13 30 49	8 10 4 4	28
11-5.10	7 11 13 30 46	8 14 0 0	28
12-6.1	7 11 29 45 51 62	6 24 16 0	36
12-6.2	7 11 21 46 54 56	8 20 14 8	27
12-6.3	7 11 21 41 51 63	9 18 13 12	24
12-6.4	7 11 21 41 54 56	10 15 16 11	21
12-6.5	7 11 13 30 46 49	10 20 8 8	30
12-6.6	7 11 19 37 57 63	10 16 12 16	20
12-6.7	7 11 19 29 37 59	10 16 16 8	20
12-6.8	7 11 19 29 37 57	10 18 10 12	20
12-6.9	7 11 21 25 38 58	11 14 15 12	21

设计	附加元素	W	C2
12-6.10	7 11 13 19 46 49	12 14 12 12	23
13-7.1	7 11 21 25 38 58 60	14 28 24 24	20
13-7.2	7 11 13 30 46 49 63	14 33 16 16	36
13-7.3	7 11 19 29 37 59 62	15 24 32 16	12
13-7.4	7 11 19 29 37 41 60	15 27 21 27	16
13-7.5	7 11 13 19 46 49 63	15 28 20 24	22
13-7.6	7 11 19 30 37 41 52	16 22 30 22	17
13-7.7	7 11 13 19 37 57 63	16 24 22 32	18
13-7.8	7 11 19 37 41 60 63	16 26 18 30	12
13-7.9	7 11 19 29 37 41 47	18 20 28 24	20
13-7.10	7 11 13 19 35 49 63	18 21 24 24	21
14-8.1	7 11 19 30 37 41 49 60	22 40 36 56	8
14-8.2	7 11 19 29 30 37 41 47	22 40 41 48	16
14-8.3	7 11 13 19 21 25 35 60	29 26 46 50	19
14-8.4	7 11 13 14 19 21 25 54	38 17 52 44	25
14-8.5	7 11 13 14 19 21 22 57	39 16 48 48	25
14-8.6	7 11 19 29 30 37 41 49	22 41 36 52	8
14-8.7	7 11 19 30 37 41 52 56	23 32 56 40	13
14-8.8	7 11 13 19 21 41 54 63	23 38 38 54	16
14-8.9	7 11 13 19 21 46 54 56	23 40 36 48	16
14-8.10	7 11 19 29 37 41 47 49	24 31 54 42	16
15-9.1	7 11 19 30 37 41 49 60 63	30 60 60 105	0
15-9.2	7 11 19 29 30 37 41 49 60	30 61 60 100	0
15-9.3	7 11 19 29 37 41 47 49 55	33 44 96 72	14
15-9.4	7 11 13 14 19 21 35 41 63	39 38 80 88	19
15-9.5	7 11 13 14 19 21 22 25 58	55 22 96 72	27
15-9.6	7 11 13 19 21 35 37 57 58	33 54 60 108	6
15-9.7	7 11 13 19 21 25 35 60 63	34 52 65 100	12
15-9.8	7 11 13 19 21 35 41 49 63	35 42 88 80	14
15-9.9	7 11 13 19 21 25 35 37 63	37 40 84 84	17
15-9.10	7 11 13 14 19 21 25 35 60	43 34 80 88	18
16-10.1	7 11 13 19 21 35 37 57 58 60	43 81 96 189	0
16-10.2	7 11 19 29 37 41 47 49 55 59	45 60 160 120	15
16-10.3	7 11 13 19 21 25 35 37 41 63	49 56 144 136	15
16-10.4	7 11 13 14 19 21 25 35 37 63	53 52 136 144	18
16-10.5	7 11 13 14 19 21 22 25 35 60	61 44 136 144	17
16-10.6	7 11 13 14 19 21 22 25 26 60	77 28 168 112	29
16-10.7	7 11 13 14 19 21 35 37 57 58	47 72 98 192	4
16-10.8	7 11 13 14 19 21 25 35 60 63	49 68 108 176	8
16-10.9	7 11 13 14 19 21 22 35 57 60	51 64 102 192	4
16-10.10	7 11 13 14 19 21 22 35 37 57	57 48 120 160	15

设计	附加元素	W	C2
17-11.1	7 11 13 14 19 21 35 37 57 58 60	59 108 150 324	0
17-11.2	7 11 19 29 37 41 47 49 55 59 62	60 80 256 192	16
17-11.3	7 11 13 19 21 25 35 37 41 49 63	65 75 232 216	16
17-11.4	7 11 13 14 19 21 25 35 37 41 63	68 72 224 224	16
17-11.5	7 11 13 14 19 21 22 25 35 37 63	73 67 216 232	19
17-11.6	7 11 13 14 19 21 22 25 26 28 63	105 35 280 168	31
17-11.7	7 11 13 14 19 21 22 35 37 38 57	76 64 192 256	16
17-11.8	7 11 13 19 21 25 35 37 42 61 62	79 0 394 0	0
17-11.9	7 11 13 14 19 21 35 41 49 50 61	80 0 388 0	0
17-11.10	7 11 13 14 19 21 22 25 26 35 60	84 56 224 224	16
18-12.1	7 11 13 14 19 21 22 35 37 57 58 60	78 144 228	0
18-12.2	7 11 13 14 19 21 22 35 37 38 57 58	84 128 240	0
18-12.3	7 11 13 14 19 21 22 25 26 35 60 63	92 112 280	0
18-12.4	7 11 13 19 21 25 35 37 42 49 61 62	102 0 588	0
18-12.5	7 11 13 14 19 21 25 35 44 49 52 62	103 0 582	0
19-13.1	7 11 13 14 19 21 22 35 37 38 57 58 60	100 192 336	0
19-13.2	7 11 13 14 19 21 22 35 41 44 49 55 56	131 0 847	0
19-13.3	7 11 13 14 19 21 25 35 37 42 49 50 61	131 0 847	0
19-13.4	7 11 13 14 19 21 22 35 41 42 49 52 56	132 0 840	0
19-13.5	7 11 13 14 19 21 25 35 37 41 49 50 61	132 0 840	0
20-14.1	7 11 13 14 19 21 22 35 37 38 57 58 60 63	125 256 480	0
20-14.2	7 11 13 14 19 21 22 35 41 42 49 52 56 62	164 0 1208	0
20-14.3	7 11 13 14 19 21 22 35 41 42 49 52 56 61	165 0 1200	0
20-14.4	7 11 13 14 19 21 22 35 41 42 49 50 61 62	165 0 1200	0
20-14.5	7 11 13 14 19 21 25 35 37 42 49 52 59 61	165 0 1200	0
21-15.1	7 11 13 14 19 21 22 25 35 41 42 49 52 56 62	204 0 1680	0
21-15.2	7 11 13 14 19 21 22 25 35 37 41 42 49 50 61	205 0 1672	0
21-15.3	7 11 13 14 19 21 22 25 35 37 41 42 49 52 56	205 0 1672	0
21-15.4	7 11 13 14 19 21 22 25 35 41 42 49 50 61 62	205 0 1672	0
21-15.5	7 11 13 14 19 21 22 25 26 37 41 44 49 52 59	206 0 1666	0
22-16.1	7 11 13 14 19 21 22 25 35 37 41 42 49 52 56 62	250 0 2304	0
22-16.2	7 11 13 14 19 21 22 25 26 35 37 41 44 49 52 59	251 0 2296	0
22-16.3	7 11 13 14 19 21 22 25 26 37 41 44 49 52 59 62	251 0 2296	0
22-16.4	7 11 13 14 19 21 22 25 26 35 37 38 41 44 49 56	252 0 2288	0
22-16.5	7 11 13 14 19 21 22 25 26 35 37 38 41 44 49 55	252 0 2289	0
23-17.1	7 11 13 14 19 21 22 25 26 35 37 41 44 49 52 56 62	304 0 3105	0
23-17.2	7 11 13 14 19 21 22 25 26 35 37 38 41 44 49 55 56	304 0 3105	0
23-17.3	7 11 13 14 19 21 22 25 26 35 37 38 41 42 49 52 56	305 0 3096	0
23-17.4	7 11 13 14 19 21 22 25 26 28 35 37 38 41 42 49 52	306 0 3089	0
23-17.5	7 11 13 14 19 21 22 25 26 28 35 37 38 41 42 49 50	307 0 3080	0
24-18.1	7 11 13 14 19 21 22 25 26 35 37 38 41 42 49 52 56 62	365 0 4138	0

设计	附加元素	W	C2
24-18.2	7 11 13 14 19 21 22 25 26 35 37 38 41 42 49 52 56 61	366 0 4128	0
24-18.3	7 11 13 14 19 21 22 25 26 28 35 37 38 41 42 49 52 56	366 0 4129	0
24-18.4	7 11 13 14 19 21 22 25 26 28 35 37 38 41 42 44 49 50	367 0 4120	0
24-18.5	7 11 13 14 19 21 22 25 26 28 31 35 37 38 41 42 49 52	369 0 4106	0
25-19.1	7 11 13 14 19 21 22 25 26 28 35 37 38 41 42 49 52 56 62	435 0 5440	0
25-19.2	7 11 13 14 19 21 22 25 26 28 35 37 38 41 42 44 49 50 52	436 0 5430	0
25-19.3	7 11 13 14 19 21 22 25 26 28 31 35 37 38 41 42 49 52 56	437 0 5422	0
25-19.4	7 11 13 14 19 21 22 25 26 28 31 35 37 38 41 42 44 49 50	438 0 5412	0
25-19.5	7 11 13 14 19 21 22 25 26 28 31 35 37 38 41 42 44 47 49	442 0 5376	0
26-20.1	7 11 13 14 19 21 22 25 26 28 35 37 38 41 42 44 49 50 52 56	515 0 7062	0
26-20.2	7 11 13 14 19 21 22 25 26 28 31 35 37 38 41 42 49 52 56 62	515 0 7063	0
26-20.3	7 11 13 14 19 21 22 25 26 28 31 35 37 38 41 42 44 49 50 52	516 0 7052	0
26-20.4	7 11 13 14 19 21 22 25 26 28 31 35 37 38 41 42 44 47 49 50	518 0 7032	0
27-21.1	7 11 13 14 19 21 22 25 26 28 31 35 37 38 41 42 44 49 50 52 56	605 0 9075	0
27-21.2	7 11 13 14 19 21 22 25 26 28 31 35 37 38 41 42 44 47 49 50 52	606 0 9064	0
28-22.1	7 11 13 14 19 21 22 25 26 28 31 35 37 38 41 42 44 47 49 50 52 56	706 0 11548	0
28-22.2	7 11 13 14 19 21 22 25 26 28 31 35 37 38 41 42 44 47 49 50 52 55	707 0 11536	0
29-23.1	7 11 13 14 19 21 22 25 26 28 31 35 37 38 41 42 44 47 49 50 52 55 56	819 0 14560	0
30-24.1	7 11 13 14 19 21 22 25 26 28 31 35 37 38 41 42 44 47 49 50 52 55 56 59	945 0 18200	0
31-25.1	7 11 13 14 19 21 22 25 26 28 31 35 37 38 41 42 44 47 49 50 52 55 56 59 61	1085 0 22568	0
32-26.1	7 11 13 14 19 21 22 25 26 28 31 35 37 38 41 42 44 47 49 50 52 55 56 59 61 62	1240 0 27776	0

注: 每个设计由 1, 2, 4, 8, 16, 32 和 "附加元素" 下的数字表示. 每个设计有 $A_3 = 0$. 当 $n < 18$ 时 $W = (A_4, \cdots, A_7)$, 当 $n \geqslant 18$ 时 $W = (A_4, A_5, A_6)$. C2 是纯净 2fi 数.

表 3A.5　筛选的 128 个水平组合设计 ($n = 12, \cdots, 40$)

设计	附加元素	W	C2
12-5.1	25 39 95 106 116	1 8 12	60
12-5.2	7 27 45 78 121	1 10 10	60
12-5.3	7 27 45 86 120	1 10 11	60
13-6.1	31 39 78 112 123 125	2 16 18	66
13-6.2	7 27 43 53 78 120	2 16 20	66
14-7.1	7 27 45 56 94 107 117	3 24 36	73
15-8.1	7 25 42 53 78 83 111 120	7 32 52	63
15-8.2	7 25 42 53 75 87 116 120	7 34 46	63
15-8.3	7 11 13 14 51 85 105 127	14 28 28	77
16-9.1	7 25 42 53 75 87 108 118 120	10 48 72	60
17-10.1	7 25 42 53 62 78 83 92 99 120	15 60 130	46
17-10.2	7 11 29 45 51 78 81 100 118 120	15 66 110	52
17-10.3	同设计 17-10.2 把 118 替换为 62	15 68 106	52
17-10.4	7 11 25 45 51 62 78 84 90 120	15 72 102	58
18-11.1	同设计 17-10.1, 加 111	20 80 200	33
18-11.2	同设计 17-10.4, 加 101	20 92 160	45

续表

设计	附加元素	W	C2
19-12.1	7 11 21 41 54 58 79 86 92 99 101 120	27 120 235	36
20-13.1	同设计 19-12.1, 加 123	36 152 340	24
21-14.1	13 14 23 43 51 53 63 75 81 86 93 103 123 124	51 200 414	26
21-14.2	15 27 39 50 53 71 81 84 93 105 106 108 112 126	51 202 400	28
22-15.1	7 11 19 29 37 41 55 59 74 82 84 102 108 120 126	65 248 572	25
22-15.2	7 11 19 30 38 41 52 61 74 87 93 101 111 114 120	65 256 552	12
23-16.1	7 11 19 25 26 31 35 45 46 77 81 92 100 106 118 120	83 316 744	12
23-16.2	7 11 19 30 38 57 60 70 73 76 84 93 99 110 118 120	83 318 734	14
24-17.1	7 11 19 29 35 46 53 57 73 76 82 87 100 109 118 120 123	102 384 992	0
24-17.2	同设计 23-16.2, 加 81	102 394 985	7
25-18.1	7 11 19 29 37 41 47 49 55 59 62 77 78 82 84 91 102 120	124 482 1312	0
26-19.1	7 11 19 29 35 46 53 57 70 73 76 82 87 94 100 109 118 120 123	152 568 1704	0
27-20.1	同设计 26-19.1, 加 97	180 690 2200	0
28-21.1	同设计 27-20.1, 加 60	210 840 2800	0
29-22.1	同设计 28-21.1, 加 69	266 945 3472	0
30-23.1	23 25 26 39 43 45 46 51 53 56 63 71 73 74 76 81 84 88 99 101 102 104 112	335 972 4662	0
31-24.1	7 11 19 21 22 25 26 35 45 46 49 60 67 77 78 81 95 101 105 108 116 120 123 126	391 1134 5826	0
31-24.2	同设计 30-23.1, 加 28	391 1134 5827	0
32-25.1	同设计 31-24.2, 加 82	452 1322 7219	0
32-25.2	7 11 19 29 30 35 41 42 47 53 54 56 59 77 82 84 88 102 104 107 112 121 122 124 127	452 1323 7218	0
32-25.3	同设计 32-25.2 把 29 替换为 101	452 1324 7219	0
33-26.1	同设计 32-25.1, 加 54	518 1543 8863	0
33-26.2	同设计 32-25.2, 加 44	518 1544 8863	0
34-27.1	同设计 33-26.1, 加 95	589 1800 10788	0
34-27.2	7 11 19 29 30 35 45 46 53 54 57 58 60 63 67 77 86 89 97 98 100 103 104 107 112 115 125	589 1801 10788	0
35-28.1	同设计 34-27.1, 加 111	665 2100 13020	0
35-28.2	15 23 25 26 28 39 43 45 46 51 53 54 56 71 73 74 76 81 82 84 88 101 104 111 112 119 123 126	665 2101 13020	0
36-29.1	同设计 35-28.1, 加 15	756 2401 15736	0
37-30.1	同设计 36-29.1, 加 119	854 2744 18886	0
38-31.1	同设计 37-30.1, 加 123	959 3136 22512	0
39-32.1	同设计 38-31.1, 加 125	1071 3584 26656	0
40-33.1	同设计 39-32.1, 加 126	1190 4096 31360	0

注: 每个设计由 1, 2, 4, 8, 16, 32, 64 和 "附加元素" 下的数字表示. 每个设计有 $A_3 = 0$. $W = (A_4, A_5, A_6)$, C2 是纯净 2fi 数.

第 4 章　一般部分因析设计

在实践中会用到因子水平为 $s\,(>2)$ 的部分因析设计, 特别是当研究者预先考虑定量因子的曲率效应或定性因子有多个水平时. 本章将第 3 章的工作扩展到 s 水平设计, 其中 s 是素数或素数幂, 介绍了最小低阶混杂设计和补设计方法的一般性讨论, 给出了有 27 和 81 个处理组合的三水平设计的列表.

4.1　三水平设计

在本章中, 考虑 s^{n-k} 设计, 其中 $s(\geqslant 2)$ 是素数或素数幂. 为了强调二水平和 $s\langle > 2)$ 水平设计之间的区别, 本节重点介绍三水平设计的简单情况. 考虑有因子 F_1 和 F_2 的 3^2 因析设计. 正如 2.3 节末所指出的, 束 $(1,0)'$ 和 $(0,1)'$ 分别代表 F_1 和 F_2 的主效应, $(1,1)'$ 和 $(1,2)'$ 共同表示交互作用 F_1F_2. 在应用设计的文章中, 这是以另一种方式描述的, 而不使用射影几何. 考虑如下 9×4 的表, 其四列由 $1, 2, 12$ 和 12^2 表示. 列 1 和列 2 分别对应于因子 F_1 和 F_2, 并生成 3^2 因析设计的所有九个处理组合. 列 12 对应束 $(1,1)'$, 列 12^2 对应束 $(1,2)'$, 它们一起表示交互效应 F_1F_2. 列 12 是 GF(3) 上列 1 和列 2 的和 (或等价地, 列 1 和列 2 的模 3 和); 同样, 列 12^2 是列 1 和两倍列 2 的模 3 和. 我们可以通过将因子 F_3 分配到列 12 上来构建 3^{3-1} 设计, 进一步通过将因子 F_4 分配到列 12^2 上来构建 3^{4-2} 设计. 这种表示的优点是, 它通过写出上述 3^{3-1} 和 3^{4-2} 设计中的所有处理组合来帮助安排试验.

1	2	12	12^2
0	0	0	0
0	1	1	2
0	2	2	1
1	0	1	1
1	1	2	0
1	2	0	2
2	0	2	2
2	1	0	1
2	2	1	0

　　二水平和三水平设计的区别在于因子效应和束之间的对应关系. 在二水平设计中, 是一对一的对应关系, 所以使用束来表示因子效应是不必要的. 在三水平设

计中, 一个两因子交互作用 (2fi) 对应于 2 个束. (对于 s 水平, 一个 2fi 对应于 $s-1$ 个束.) 因此, 束的使用在理论推导中是不可或缺的. 然而, 在描述 3^{n-k} 设计时, 通常可以避免使用束的向量符号. 注 2.3.1 中提出了一个更紧凑的符号系统. 该系统更方便使用, 这一点可以从 3^3 因析设计看出. 按照例 2.3.1 的思路, 它有 13 个束. 可以用 $1, 2, 3, 12, 12^2, 13, 13^2, 23, 23^2, 123, 123^2, 12^2 3, 12^2 3^2$ 表示, 而不是使用向量. 在本章中, 将根据上下文使用两种符号系统.

在 3^2 因析设计中, 通过代数结构可以自然地将 2fi 分解为与束 12 和 12^2 相对应的两个成分. 它还为方差分析 (ANOVA) 法提供了依据. 方差分析中的总平方和 (SS) 可以分解为四项, 每项都有两个自由度: 因子 1 的 SS、因子 2 的 SS、束 12 的 SS、束 12^2 的 SS. 束 12 和 12^2 的对照可以解释如下: 用 x_1 和 x_2 表示这两个因子的水平, 如例 2.3.1 所示, 束 12 由满足 $x_1 + x_2 = 0, 1, 2$ (模 3) 的处理组合的三个集合之间的对照表示. 这些集合在下表中用拉丁字母 A, B, C 表示. 同样, 束 12^2 由满足 $x_1 + 2x_2 = 0, 1, 2$ (模 3) 的处理组合的三个集合之间的对照表示. 在同一表中, 这些集合用希腊字母 α, β, γ 表示. 注意到所得的表格是希腊拉丁方阵, 这正是我们所期待的, 因为属于不同束的处理对照是相互正交的.

x_1 \ x_2	0	1	2
0	$A\alpha$	$B\gamma$	$C\beta$
1	$B\beta$	$C\alpha$	$A\gamma$
2	$C\gamma$	$A\beta$	$B\alpha$

然而, 从数据分析的角度来看, 解释束 12 和 12^2 存在一些困难. 假设方差分析中 12 的平方和是显著的, 而 12^2 的平方和则不是. 如何能更好地解释这一点呢? 如上所述, 束 12 由 A, B, C 所代表的处理组合的三个集合的对照表示. 从表中 A, B, C 的位置来看, 这三个集合之间的对照没有明显的自然解释. Wu 和 Hamada (2000) 的第 5 章讨论了这些困难和补救措施.

4.2 k 较小的最小低阶混杂 s^{n-k} 设计

为了方便起见, 回顾 (2.4.1), s^{n-k} 设计由 $d(B) = \{x : Bx = 0\}$ 给出, 其中 x 是典型的处理组合, B 是 GF(s) 上行满秩的 $k \times n$ 矩阵. 由 (2.4.4), $d(B)$ 的定义束 b 满足 $b' \in \mathcal{R}(B)$, 其中 $\mathcal{R}(\cdot)$ 是矩阵的行空间, 并且有 $(s^k - 1)/(s - 1)$ 个定义束.

首先研究 k 较小时的最小低阶混杂 (MA) s^{n-k} 设计, 目标是推广 3.2 节中的一些结果. 在本节中, 只关注每个因子都在某些定义束中的设计. 根据引理 2.5.1, MA 设计必须满足这一要求. 令 $(A_1, \cdots, A_n)$ 表示 s^{n-k} 设计的字长型, 其中 A_i

是有 i 个非零元的定义束 (或定义字) 的数量. 作为引理 3.2.1 的部分推广, 以下结果成立.

引理 4.2.1 对于任意 s^{n-k} 设计,

(a)

$$\sum_{i=1}^{n} A_i = (s^k - 1)/(s - 1);$$ (4.2.1)

(b)

$$\sum_{i=1}^{n} iA_i = ns^{k-1}.$$ (4.2.2)

证明 因为一共有 $(s^k - 1)/(s - 1)$ 个定义束, (a) 显然成立. 要证明 (b), 考虑任意 s^{n-k} 设计 $d(B)$. 关于这个设计, 令 β_i 是包含第 i 个因子, 即第 i 个元素非零的定义束的个数. 与引理 3.2.1 相同, $\sum_{i=1}^{n} iA_i = \sum_{i=1}^{n} \beta_i$. 因此, 只要证明对每个 i 都有 $\beta_i = s^{k-1}$. 固定任意 i, 令 c_i 表示 B 的第 i 列. 如果 $c_i = 0$, 那么由 (2.4.4), 每个定义束在第 i 个位置都为 0, 也就是说, 第 i 个因子没有出现在任意的定义束中, 这是不可能的. 因此, $c_i \neq 0$, 且如引理 2.3.1 中论证的, 向量 λ 在 GF(s) 上有 s^{k-1} 个选择, 使得 $\lambda' c_i = 0$, 即 $\lambda' B$ 的第 i 个位置为 0. 由于束是非零向量, 并且成比例的束是相同的, 结合 (2.4.4), 有 $(s^{k-1} - 1)/(s - 1)$ 个定义束的第 i 个位置为 0. 因为总共有 $(s^k - 1)/(s - 1)$ 个定义束, 可以得到

$$\beta_i = \frac{s^k - 1}{s - 1} - \frac{s^{k-1} - 1}{s - 1} = s^{k-1},$$

(b) 得证. □

下一个引理在获得本节结果方面发挥着关键作用.

引理 4.2.2 假设存在 s^{n-k} 设计 d_0 满足

(i) 每个因子都在 d_0 的某个定义束中出现, 而且

(ii) d_0 的定义束中的非零元的个数最多相差一,

那么 d_0 具有最小低阶混杂和最大分辨度. 它的分辨度为

$$R_0 = \left[\frac{ns^{k-1}(s-1)}{s^k - 1} \right],$$ (4.2.3)

其中 $[z]$ 表示 z 的整数部分.

证明 令 $(A_1^0, \cdots, A_n^0)$ 表示 d_0 的字长型. 由 (ii), 存在一个正整数 $p(< n)$ 满足

$$A_i^0 = 0 \quad (i \neq p, p+1).$$ (4.2.4)

因此, 由 (i) 和引理 4.2.1, 有

$$A_p^0 + A_{p+1}^0 = (s^k - 1)/(s - 1), \quad pA_p^0 + (p+1)A_{p+1}^0 = ns^{k-1},$$

得到唯一解

$$A_p^0 = \frac{(p+1)(s^k - 1)}{s - 1} - ns^{k-1}, \quad A_{p+1}^0 = ns^{k-1} - \frac{p(s^k - 1)}{s - 1}. \tag{4.2.5}$$

由于 A_p^0 和 A_{p+1}^0 都是非负的, 由 (4.2.5) 得到

$$p \leqslant \frac{ns^{k-1}(s-1)}{s^k - 1} \leqslant p + 1. \tag{4.2.6}$$

如果 (4.2.6) 中的第二个不等式是严格的, 那么由 (4.2.5), $A_p^0 > 0$, 并且由 (4.2.4), d_0 的分辨度等于 p. 在这种情况下, 由 (4.2.6), (4.2.3) 的右边也减少到 p, (4.2.3) 成立. 另外, 如果 (4.2.6) 中的第二个不等式等号成立, 那么, 由 (4.2.5), 有 $A_p^0 = 0$, $A_{p+1}^0 > 0$, 并且以类似的方法得到 (4.2.3).

现在证明 d_0 具有 MA 和最大分辨度. 由 (4.2.4), 对每个设计, 若其对某个 $i \leqslant p-1$, 有 $A_i > 0$, 则 d_0 都比它有更小的低阶混杂. 因此, 考虑 s^{n-k} 设计, 其满足

$$A_i = 0, \quad i \leqslant p - 1. \tag{4.2.7}$$

对于任意此类设计, 由 (4.2.1), (4.2.2) 和 (4.2.5) 中的第一个等式, 有

$$\sum_{i=p}^{n}(p+2-i)A_i = (p+2)\sum_{i=p}^{n}A_i - \sum_{i=p}^{n}iA_i$$

$$= \frac{(p+2)(s^k - 1)}{s - 1} - ns^{k-1} = \frac{s^k - 1}{s - 1} + A_p^0. \tag{4.2.8}$$

但是

$$\sum_{i=p}^{n}(p+2-i)A_i \leqslant \sum_{i=p}^{p+1}(p+2-i)A_i = 2A_p + A_{p+1},$$

这是因为 $p+2-i \leqslant 0$ 除非 $i \leqslant p+1$. 因此由 (4.2.8) 得出

$$2A_p + A_{p+1} \geqslant \frac{s^k - 1}{s - 1} + A_p^0. \tag{4.2.9}$$

另外, 由 (4.2.1),

$$A_p + A_{p+1} \leqslant \frac{s^k - 1}{s - 1}. \tag{4.2.10}$$

对于任意满足 (4.2.7) 的设计, 从 (4.2.9) 和 (4.2.10) 可以得到 $A_p \geqslant A_p^0$. 进一步, 由 (4.2.5), (4.2.9) 和 (4.2.10), 如果 $A_p = A_p^0$, 那么 $A_{p+1} = A_{p+1}^0$. 鉴于 (4.2.4), d_0 具有 MA. 因此, 它也有最大分辨度. ☐

如 3.2 节, $k = 1$ 的情况是显然的. 此时, 设计只有一个定义束, 参照 (4.2.1). 定义束的所有元素都非零的任意设计都具有 MA 和最大分辨度.

接下来考虑 $k = 2$ 的情况. 以下构造生成了引理 4.2.2 中设想的设计. 令

$$p_1 = [n/(s+1)], \quad p_2 = n - p_1(s+1), \tag{4.2.11}$$

那么 $0 \leqslant p_2 \leqslant s$. 定义整数 $u_0, u_1, \cdots, u_s$ 为

$$u_i = \begin{cases} p_1, & i \leqslant s - p_2, \\ p_1 + 1, & \text{否则}. \end{cases} \tag{4.2.12}$$

这些整数是非负的, 且由 (4.2.11) 中的第二个等式得出

$$u_0 + u_1 + \cdots + u_s = n. \tag{4.2.13}$$

由 (4.2.11) 和 (4.2.12), 也很容易看到

$$0 < u_s < n. \tag{4.2.14}$$

例如, 如果 $u_s = n$, 那么 $p_1 = n, p_2 = 0$ 或者 $p_1 = n-1, p_2 > 0$, 但两者都不可能. 设 $\alpha_0(=0), \alpha_1(=1), \alpha_2, \cdots, \alpha_{s-1}$ 是 GF(s) 的元素. 定义矩阵

$$B_0 = [B_{00} \quad B_{01} \quad \cdots \quad B_{0,s-1} \quad B_{0s}], \tag{4.2.15}$$

其中

$$B_{C0} = \begin{bmatrix} \alpha_1 & \cdots & \alpha_1 \\ 0 & \cdots & 0 \end{bmatrix}, B_{0i} = \begin{bmatrix} \alpha_1 & \cdots & \alpha_1 \\ \alpha_i & \cdots & \alpha_i \end{bmatrix}, 1 \leqslant i \leqslant s-1, B_{0s} = \begin{bmatrix} 0 & \cdots & 0 \\ \alpha_1 & \cdots & \alpha_1 \end{bmatrix},$$

且 B_{0i} 有 u_i 个列, $i = 0, \cdots, s$. 如果对任意 i 有 $u_i = 0$, 则对应列集不会出现在 B_0 中. 由 (4.2.13), B_0 是 $2 \times n$ 阶的, 而由 (4.2.14), 它行满秩. 根据 (2.4.1), 可以考虑 s^{n-2} 设计 $d_0 = d(B_0)$.

定理 4.2.1 s^{n-2} 设计 $d_0 = d(B_0)$, 其中 B_0 由 (4.2.15) 给出, 具有最小低阶混杂和最大分辨度. 它的分辨度等于 $[ns/(s+1)]$.

证明 令 $b^{(1)'}$ 和 $b^{(2)'}$ 表示 B_0 的两行. 由 (2.4.4), d_0 的定义束是

$$b^{(2)}, b^{(2)} - \alpha_1 b^{(1)}, \cdots, b^{(2)} - \alpha_{s-1} b^{(1)}, b^{(1)}.$$

由于 $\alpha_1 (= 1)$ 是乘法下 GF(s) 的单位元, 由 (4.2.15) 可以看出, 这些束分别有 $n - u_0, n - u_1, \cdots, n - u_{s-1}$ 和 $n - u_s$ 个非零元. 因此, 由 (4.2.12), d_0 满足引理 4.2.2 的条件 (ii). 由 (4.2.15), 它还满足引理 4.2.2 的条件 (i). 因此, d_0 具有 MA 和最大分辨度. 在 (4.2.3) 中取 $k = 2$, d_0 的分辨度如上所述. $\square$

上述结果将定理 3.2.1 推广到一般 s 水平的情况. 对于 $s = 2$, 不难验证定理 3.2.1 和定理 4.2.1 中考虑的设计是同构的.

例 4.2.1 令 $s = 3, n = 6, k = 2$. 那么由 (4.2.11), (4.2.12) 和 (4.2.15), 得 $p_1 = 1, p_2 = 2, u_0 = u_1 = 1, u_2 = u_3 = 2$ 和

$$B_0 = \begin{bmatrix} 1 & 1 & 1 & 1 & 0 & 0 \\ 0 & 1 & 2 & 2 & 1 & 1 \end{bmatrix}.$$

定理 4.2.1 说明, 3^{6-2} 设计 $d(B_0)$, B_0 如上, 具有 MA 且分辨度为 IV. 观察矩阵 B_0 的行, 就会发现 $d(B_0)$ 的定义关系是

$$I = 1234 = 23^2 4^2 56 = 12^2 56 = 13^2 4^2 5^2 6^2.$$ $\square$

现在假设 $k \geqslant 3$. 那么很难获得像定理 4.2.1 这样的一般结果. 然而, 下面的定理 4.2.2 给出了某些情况的 MA 设计. 如引理 2.7.2, 令 V_k 是有 k 行和 $(s^k - 1)/(s - 1)$ 列的矩阵, V_k 的列由有限射影几何 PG$(k - 1, s)$ 的点给出. 定义 $B^* = V_k$ 和 $B_+ = \begin{bmatrix} V_k & c \end{bmatrix}$, 其中 c 是 GF(s) 上的任意非零 $k \times 1$ 向量. 此外, 设 B_- 是删除 V_k 任意一列获得的. 由引理 2.7.2(a), B^* 和 B_+ 行满秩. 容易看出, B_- 也行满秩. 因此, 根据 (2.4.1), $d(B^*)$, $d(B_+)$ 和 $d(B_-)$ 分别表示 $n = (s^k - 1)/(s - 1)$, $n = (s^k - 1)/(s - 1) + 1$ 和 $n = (s^k - 1)/(s - 1) - 1$ 的 s^{n-k} 设计.

定理 4.2.2 令 $k \geqslant 3$. 设计 $d(B^*)$, $d(B_+)$ 和 $d(B_-)$ 具有最小低阶混杂和最大分辨度. 这些设计的分辨度分别等于 s^{k-1}, s^{k-1} 和 $s^{k-1} - 1$.

证明 由引理 2.7.2(b), $\mathcal{R}(V_k)$ 中的每个非零向量都有 s^{k-1} 个非零元. 因此, 根据 B^*, B_+ 和 B_- 的定义, $\mathcal{R}(B^*)$ 中每个非零向量都有 s^{k-1} 个非零元, $\mathcal{R}(B_+)$ 中每个非零向量都有 s^{k-1} 或 $s^{k-1} + 1$ 个非零元, $\mathcal{R}(B_-)$ 中每个非零向量都有 s^{k-1} 或 $s^{k-1} - 1$ 个非零元. 因此, 由 (2.4.4), 设计 $d(B^*)$, $d(B_+)$ 和 $d(B_-)$ 满足引理 4.2.2 的条件 (ii). 不难看出, 它们也满足这个引理的条件 (i). 因此, 结果得证. $\square$

4.3 补设计的一般结果

上一节的结果给出了 k 较小时的 MA s^{n-k} 设计. 对于固定的处理组合数, 只有当 n 也相对较小时, 这些结果才有用. 例如, 考虑 27 个处理组合的 3^{n-k} 设计.

那么 $n - k = 3$, 4.2 节中讨论的 $k = 1$ 和 2 的情况分别产生 $n = 4$ 和 5 的 MA 设计. 然而, 对于 $n \geqslant 6$, 4.2 节中的结果都不适用. 在 3.3 节中为 $s = 2$ 引入的基于补设计的方法在这些情况下可能会有所帮助. 现在在一般的 s 水平下研究这种技术, 并给出第 3 章中省略的必要推导. 有限射影几何以及第 2 章中介绍的编码理论的结果构成了这些推导的基本工具. 与 2.7 节一样, 对于 $\mathrm{PG}(n - k - 1, s)$ 的任意非空点集 Q, 令 $V(Q)$ 表示由 Q 的点给出的列构成的矩阵. 本节和下一节的展开参考了 Suen, Chen 和 Wu (1997).

在 2.5 节中看到, 即使没有交互作用, 分辨度为 I 或 II 的设计也无法确保主效应的可估计性. 因此, 在本章的剩余部分, 只考虑分辨度为 III 或更高的 s^{n-k} 设计. 根据定理 2.7.1, 任何此类设计等价于 $\mathrm{PG}(n - k - 1, s)$ 的一个 n 元点集 T, 其中 $V(T)$ 行满秩, 并且满足定理的条件 (a)—(c). 鉴于此, 设计本身用相应的集合 T 表示, 其字长型记作 $(A_1(T), \cdots, A_n(T))$. 由于成比例的束是相同的, 由定理 2.7.1(b) 可以得到

$$A_i(T) = (s - 1)^{-1} \#\{\lambda : \lambda \in \Omega_{in}, V(T)\lambda = 0\}, \quad 1 \leqslant i \leqslant n, \tag{4.3.1}$$

其中 Ω_{in} 是 $\mathrm{GF}(s)$ 上具有 i 个非零元的 $n \times 1$ 向量的集合, $\#$ 表示集合的基数.

令 $\overline{T}$ 表示 $\mathrm{PG}(n - k - 1, s)$ 中 T 的补集. $\overline{T}$ 的基数等于

$$f = (s^{n-k} - 1)/(s - 1) - n. \tag{4.3.2}$$

如果 $f = 0$, 则设计 T 称为饱和的, 如果 f 为正但比较小, 则称为近饱和的. 事实上, 在饱和情况下, n 达到定理 2.7.3 中的上界. 那么 $\overline{T}$ 是空集, T 由 $\mathrm{PG}(n - k - 1, s)$ 的所有点组成, 即 T 只有一个选择. 为避免平凡性, 以后假设 $f \geqslant 1$. 那么, 阶数为 $(n - k) \times f$ 的矩阵 $V(\overline{T})$ 有明确定义. 如果该矩阵行满秩且 $f > n - k$, 根据定理 2.7.1, $\overline{T}$ 表示一个 s^{f-k^*} 设计, 其中 $k^* = f - (n - k)$. 称 $\overline{T}$ 为 T 的补设计, 其字长型记作 $(A_1(\overline{T}), \cdots, A_f(\overline{T}))$. 类似于 (4.3.1),

$$A_i(\overline{T}) = (s - 1)^{-1} \#\{\lambda : \lambda \in \Omega_{if}, V(\overline{T})\lambda = 0\}, \quad 1 \leqslant i \leqslant f. \tag{4.3.3}$$

如果 $V(T)$ 不是行满秩或 $f \leqslant n - k$, 则从严格意义上 $\overline{T}$ 不代表设计. 然而, 根据常见用法, 仍称其为补设计. 无论如何, $A_i(\overline{T})$ 仍然由 (4.3.3) 明确定义. 由于 $\mathrm{PG}(n - k - 1, s)$ 中没有两个点成比例, 由 (4.3.1) 和 (4.3.3) 可得 $A_i(T) = A_i(\overline{T}) = 0$, $i = 1, 2$. 另外, 记

$$A_0(\overline{T}) = (s - 1)^{-1}. \tag{4.3.4}$$

例 4.3.1　考虑 $\mathrm{PG}(2, 3)$ 上 10 个点的集合 $T = \{(1, 2, 0)', (0, 0, 1)', (1, 0, 1)',$ $(1, 0, 2)', (0, 1, 1)', (0, 1, 2)', (1, 1, 1)', (1, 1, 2)', (1, 2, 1)', (1, 2, 2)'\}$ 表示的 3^{10-7} 设

计. 由 (4.3.2), $f = 3$, 并且 $\overline{T} = \{(1,0,0)', (0,1,0)', (1,1,0)'\}$,

$$V(\overline{T}) = \begin{bmatrix} 1 & 0 & 1 \\ 0 & 1 & 1 \\ 0 & 0 & 0 \end{bmatrix}.$$

注意 $V(\overline{T})$ 不是行满秩. 尽管如此, $A_i(\overline{T})$ 仍然由 (4.3.3) 明确定义, 并且 $A_1(\overline{T}) = A_2(\overline{T}) = 0, A_3(\overline{T}) = 1$. $\square$

由于 $A_1(T) = A_2(T) = 0$, 现在要研究的补设计理论旨在用 $A_i(\overline{T})(0 \leqslant i \leqslant f)$ 来表达 $A_i(T)(3 \leqslant i \leqslant n)$. 这将在下面的定理 4.3.1 中完成. 当 f 比 n 小时, 使用 $\overline{T}$ 比 T 更容易, 因此这个结果及其推论有助于研究 MA 设计. 一些预备知识有助于建立定理 4.3.1.

由 2.8 节, 一个 s^{n-k} 设计的定义对照子群等价于一个 $[n, k; s]$ 线性码, 例如 C. 设 $C^\perp$ 为 C 的对偶码. 由 (2.8.2) 和 MacWilliam 等式 (2.8.5) (注意 (2.8.2) 中的 $A_i(B)$ 现在由 $A_i(T)$ 表示), 得

$$A_i(T) = (s-1)^{-1} s^{-(n-k)} \sum_{j=0}^{n} K_j\left(C^\perp\right) P_i\left(j; n, s\right), \quad 3 \leqslant i \leqslant n, \qquad (4.3.5)$$

其中 $K_j\left(C^\perp\right)$ 是 $C^\perp$ 中权重 j 的码字个数, 根据 (2.8.6), 得

$$P_i(j; n, s) = \sum_{t=0}^{i} (-1)^t (s-1)^{i-t} \binom{j}{t} \binom{n-j}{i-t}. \qquad (4.3.6)$$

如 (2.8.3) 下面所述, $C^\perp$ 中的码字等同于设计 T 中的处理组合, 由定理 2.7.1(a), 即

$$C^\perp = \mathcal{R}\left[V(T)\right]. \qquad (4.3.7)$$

令 $r = \operatorname{rank}\left[V(\overline{T})\right]$. 由于 $V(\overline{T})$ 有 $n-k$ 行和 f 个非零列, $1 \leqslant r \leqslant n-k$ 且 $\mathcal{R}\left[V(\overline{T})\right]$ 中的 s^r 个向量构成一个 $[f, r; s]$ 线性码, 例如 M. 根据 (2.8.3), 它的对偶码由下式给出

$$M^\perp = \{\lambda' : \lambda \text{ 是 } \mathrm{GF}(s) \text{ 上的 } f \times 1 \text{ 向量, 满足 } V(\overline{T})\lambda = 0\}. \qquad (4.3.8)$$

令 $K_j(M)$ 和 $K_j(M^\perp)$ 分别为 M 和 $M^\perp$ 中权重 j 的码字个数. 由 (4.3.3), (4.3.4) 和 (4.3.8), $K_j(M^\perp) = (s-1) A_j(\overline{T}), 0 \leqslant j \leqslant f$. 因此由 (2.8.5) 得

$$K_j(M) = (s-1) s^{-(f-r)} \sum_{u=0}^{f} A_u(\overline{T}) P_j(u; f, s), \quad 0 \leqslant j \leqslant f, \qquad (4.3.9)$$

其中

$$P_j(u; f, s) = \sum_{q=0}^{j} (-1)^q (s-1)^{j-q} \binom{u}{q} \binom{f-u}{j-q}, \tag{4.3.10}$$

这类似于 (4.3.6). 对于任意整数 t_1 和 t_2, 在本节中, $\binom{t_1}{t_2}$ 解释为

$$\binom{t_1}{t_2} = \begin{cases} \dfrac{t_1(t_1-1)\cdots(t_1-t_2+1)}{t_2(t_2-1)\cdots 1}, & t_2 > 0, \\ 1, & t_2 = 0, \\ 0, & t_2 < 0. \end{cases}$$

鉴于 (4.3.5) 和 (4.3.9), 如果可以将 $K_j(C^\perp)$ 与 $K_j(M)$ 联系起来, 那么用 $A_i(\overline{T})$ 表示 $A_i(T)$ 的目标就实现了. 下一个引理是沿着这个方向的重要一步.

引理 4.3.1   令 $\theta = s^{n-k-1}$ 和 $\mu = s^{n-k-r}$. 那么

(a) $K_0(C^\perp) = 1 + \mu K_\theta(M)$;

(b) $K_j(C^\perp) = \mu K_{\theta-j}(M)$, $1 \leqslant j \leqslant \theta - 1$;

(c) $K_\theta(C^\perp) = \mu K_0(M) - 1$;

(d) $K_j(C^\perp) = K_j(M) = 0$, $j > \theta$.

证明   考虑矩阵 V_{n-k}, 其列由 $\mathrm{PG}(n-k-1, s)$ 的点给出. 显然,

$$V_{n-k} = \begin{bmatrix} V(T) & V(\overline{T}) \end{bmatrix}. \tag{4.3.11}$$

由引理 2.7.2(a), V_{n-k} 行满秩. 令 H 是一个有 s^{n-k} 行和 $(s^{n-k}-1)/(s-1)$ 列的矩阵, H 的行由 $\mathcal{R}(V_{n-k})$ 中的 s^{n-k} 个向量给出. 注意

(i) H 有一个零行, 且

(ii) 由引理 2.7.2(b), H 的其他的每一行都有 θ 个非零元.

将 H 分为

$$H = \begin{bmatrix} H(T) & H(\overline{T}) \end{bmatrix}, \tag{4.3.12}$$

其中 $H(T)$ 和 $H(\overline{T})$ 的列对应于 (4.3.11) 中 $V(T)$ 和 $V(\overline{T})$ 的列.

令 ξ_j 为具有 j 个非零元的 $H(T)$ 的行数. 同样, 定义 $\overline{\xi}_j$ 为具有 j 个非零元的 $H(\overline{T})$ 的行数. 由 (4.3.12) 以及事实 (i) 和 (ii) 来看, 以下结果显然成立:

$$\xi_0 = 1 + \overline{\xi}_\theta, \tag{4.3.13}$$

$$\xi_j = \overline{\xi}_{\theta-j}, \quad 1 \leqslant j \leqslant \theta - 1, \tag{4.3.14}$$

$$\xi_\theta = \overline{\xi}_0 - 1, \tag{4.3.15}$$

$$\xi_j = \overline{\xi}_j = 0, \quad j > \theta. \tag{4.3.16}$$

例如, 注意到 $H(\overline{T})$ 的每个零行对应于 $H(T)$ 的一个具有 θ 个非零元的行, 但不包括嵌入在 H 的零行中的行, 可知 (4.3.15) 成立.

由于 $V(T)$ 行满秩, $H(T)$ 的行由 $\mathcal{R}[V(T)]$ 中的向量给出. 因此, 由 (4.3.7), 对于每个 j,

$$K_j\left(C^{\perp}\right) = \xi_j. \tag{4.3.17}$$

同样, 由于 $\operatorname{rank}[V(\overline{T})] = r$, $\mathcal{R}[V(\overline{T})]$ 中的每个向量, 即 M 的每个码字, 在 $H(\overline{T})$ 的行中出现 μ 次. 因此, 对于每个 j, 有

$$\overline{\xi}_j = \mu K_j(M). \tag{4.3.18}$$

结果由 (4.3.13)—(4.3.18) 即得. $\qquad\qquad\square$

定理 4.3.1 对 $3 \leqslant i \leqslant n$,

$$A_i(T) = \rho_i + \sum_{j=0}^{f} \rho_{ij} A_j(\overline{T}), \tag{4.3.19}$$

其中

$$\rho_i = (s-1)^{-1} s^{-(n-k)} \left\{ P_i\left(0; n, s\right) - P_i\left(\theta; n, s\right) \right\}, \tag{4.3.20}$$

$$\rho_{ij} = 0, \ j > i, \tag{4.3.21}$$

$$\rho_{ij} = \sum{}^{*} \binom{\theta - f}{t_1} \binom{n - \theta}{t_2} \binom{f - j}{t_3} (-1)^{t_1 + j} (s-1)^{t_2} (s-2)^{t_3}, \quad j \leqslant i, \tag{4.3.22}$$

$\sum{}^{*}$ 表示对满足下式的非负整数 t_1, t_2, t_3 求和

$$t_1 + t_2 + t_3 = i - j. \tag{4.3.23}$$

证明 根据定义, 对 $j > n$, $K_j\left(C^{\perp}\right) = 0$. 结合引理 4.3.1(d), 这意味着

$$K_j\left(C^{\perp}\right) = 0, \quad j > \min\left(n, \theta\right). \tag{4.3.24}$$

类似地,

$$K_j\left(M\right) = 0, \quad j > \min\left(f, \theta\right). \tag{4.3.25}$$

由 (4.3.5) 和 (4.3.24),

$$A_i(T) = (s-1)^{-1} s^{-(n-k)} \sum_{j=0}^{\theta} K_j\left(C^{\perp}\right) P_i\left(j; n, s\right), \quad 3 \leqslant i \leqslant n.$$

因为 $\mu = s^{n-k-r}$, 使用引理 4.3.1(a)—(c) 和 (4.3.25), 得

$$A_i(T) = (s-1)^{-1} s^{-(n-k)} \left\{ P_i(0; n, s) - P_i(\theta; n, s) + \mu \sum_{j=0}^{\theta} K_{\theta-j}(M) P_i(j; n, s) \right\}$$

$$= \rho_i + \{(s-1)s^r\}^{-1} \sum_{j=0}^{\theta} K_j(M) P_i(\theta - j; n, s)$$

$$= \rho_i + \{(s-1)s^r\}^{-1} \sum_{j=0}^{f} K_j(M) P_i(\theta - j; n, s), \tag{4.3.26}$$

其中 ρ_i 由 (4.3.20) 给出. 回顾 (4.3.9), 得到

$$A_i(T) = \rho_i + s^{-f} \sum_{j=0}^{f} \sum_{u=0}^{f} A_u(\overline{T}) P_j(u; f, s) P_i(\theta - j; n, s)$$

$$= \rho_i + s^{-f} \sum_{j=0}^{f} \sum_{u=0}^{f} A_j(\overline{T}) P_u(j; f, s) P_i(\theta - u; n, s)$$

$$= \rho_i + \sum_{j=0}^{f} \rho_{ij} A_j(\overline{T}), \quad 3 \leqslant i \leqslant n,$$

其中

$$\rho_{ij} = s^{-f} \sum_{u=0}^{f} P_u(j; f, s) P_i(\theta - u; n, s), \quad 0 \leqslant j \leqslant f. \tag{4.3.27}$$

因此, $A_i(T)(3 \leqslant i \leqslant n)$ 是 (4.3.19) 的形式. 接下来需要证明 (4.3.27) 等价于 (4.3.21) 或 (4.3.22), 这取决于 $j > i$ 还是 $j \leqslant i$. 为此, 注意:

(i) 由 (4.3.10), 对 $0 \leqslant j, u \leqslant f$,

$$P_u(j; f, s) = \binom{f}{u} (s-1)^{u-j} P_j(u; f, s) \bigg/ \binom{f}{j},$$

$P_j(u; f, s)$ 是 $(1-y)^u \{1 + (s-1)y\}^{f-u}$ 展开式中 y^j 的系数;

(ii) 由 (4.3.6), $P_i(\theta - u; n, s)$ 是

$$(1-z)^{\theta-u} \{1 + (s-1)z\}^{n-\theta+u}$$

的展开式中 z^i 的系数;

(iii) 由 (i) 和 (ii), (4.3.27) 的右侧等于 $\left\{s^f(s-1)^j\binom{f}{j}\right\}^{-1}$ 乘以 $\Delta(y,z)$ 中 $y^j z^i$ 的系数, 其中

$$\Delta(y,z) = \sum_{u=0}^{f}\binom{f}{u}(s-1)^u(1-y)^u\{1+(s-1)y\}^{f-u}(1-z)^{\theta-u}\{1+(s-1)z\}^{n-\theta+u}.$$

现在,

$$\Delta(y,z) = \{1+(s-1)y\}^f(1-z)^\theta\{1+(s-1)z\}^{n-\theta}$$

$$\times \sum_{u=0}^{f}\binom{f}{u}\left[\frac{(s-1)(1-y)\{1+(s-1)z\}}{\{1+(s-1)y\}(1-z)}\right]^u$$

$$= \{1+(s-1)y\}^f(1-z)^\theta\{1+(s-1)z\}^{n-\theta}$$

$$\times \left[1+\frac{(s-1)(1-y)\{1+(s-1)z\}}{\{1+(s-1)y\}(1-z)}\right]^f$$

$$= s^f(1-z)^{\theta-f}\{1+(s-1)z\}^{n-\theta}\{1+(s-2)z-(s-1)yz\}^f$$

$$= s^f\left[\sum_{t_1\geqslant 0}\binom{\theta-f}{t_1}(-z)^{t_1}\right]\left[\sum_{t_2\geqslant 0}\binom{n-\theta}{t_2}\{(s-1)z\}^{t_2}\right]$$

$$\times \left[\sum_{t_3,t_4\geqslant 0}\binom{f}{t_4}\binom{f-t_4}{t_3}\{(s-2)z\}^{t_3}\{-(s-1)yz\}^{t_4}\right]$$

$$= s^f\sum_{t_1,t_2,t_3,t_4\geqslant 0}\binom{\theta-f}{t_1}\binom{n-\theta}{t_2}\binom{f}{t_4}\binom{f-t_4}{t_3}$$

$$\times (-1)^{t_1+t_4}(s-1)^{t_2+t_4}(s-2)^{t_3}y^{t_4}z^{t_1+t_2+t_3+t_4}.$$

当 $j > i$ 时, 上述 $y^j z^i$ 的系数等于 0. 另外, 如果 $j \leqslant i$, 那么这个系数等于

$$s^f(s-1)^j\binom{f}{j}\sum^{*}\binom{\theta-f}{t_1}\binom{n-\theta}{t_2}\binom{f-j}{t_3}(-1)^{t_1+j}(s-1)^{t_2}(s-2)^{t_3},$$

其中总和 $\sum^{*}$ 在 (4.3.23) 中定义. 由上面的 (iii), 很明显, 对 $j > i$ 或 $j \leqslant i$, (4.3.27) 分别等价于 (4.3.21) 或 (4.3.22). $\qquad\square$

推论 4.3.1   在定理 4.3.1 的设定中,

$$
\rho_{ij} = \begin{cases}
(-1)^i, & j = i, \\
(-1)^i \left\{ s\,(i-1) - 2i + 3 \right\}, & j = i - 1, \\
\frac{1}{2}(-1)^i \left\{ s^{n-k} - 2\,(s-1)\,n + (s-2)^2\,(i-1)\,(i-2) \right. & \\
\quad \left. + (s-2)\,(2i-3) \right\}, & j = i - 2.
\end{cases}
$$

证明   如果 $j = i$, 那么由 (4.3.23), 总和 $\sum^*$ 只有在 $t_1 = t_2 = t_3 = 0$ 展开. 因此, 由 (4.3.22), ρ_{ij} 如上所述.

如果 $j = i - 1$, 那么由 (4.3.23), 总和 $\sum^*$ 在 $(t_1, t_2, t_3) = (1, 0, 0), (0, 1, 0)$ 和 $(0, 0, 1)$ 处展开. 因此由 (4.3.22), ρ_{ij} 等于

$$
(\theta - f)\,(-1)^i + (n - \theta)\,(-1)^{i-1}\,(s-1) + (f - i + 1)\,(-1)^{i-1}\,(s-2).
$$

由于 $\theta = s^{n-k-1}$, 利用 (4.3.2) 并经过简单代数运算后得到 ρ_{ij}.

对于 $j = i - 2$ 的证明是类似的.   □

推论 4.3.2   (a) $A_3(T) = C_1 - A_3(\overline{T})$;

(b) $A_4(T) = C_2 + (3s - 5)\,A_3(\overline{T}) + A_4(\overline{T})$;

(c) $A_5(T) = C_3 - \dfrac{1}{2} \left\{ s^{n-k} - 2\,(s-1)\,n + (s-2)\,(12s - 17) \right\} A_3(\overline{T})$
$$\qquad\qquad - (4s - 7)\,A_4(\overline{T}) - A_5(\overline{T}),$$

其中 C_1, C_2, C_3 为常数, 可能取决于 s, n 和 k, 但不取决于 T 的特定选择.

证明   考虑 (a). 首先假设 $f \geqslant 3$. 回想一下, $A_1(\overline{T}) = A_2(\overline{T}) = 0$, 由 (4.3.4), $A_0(\overline{T}) = (s-1)^{-1}$. 因此, 由 (4.3.19)、(4.3.21) 和推论 4.3.1 得到

$$
A_3(T) = \rho_3 + \rho_{30}(s-1)^{-1} + \rho_{33} A_3(\overline{T}) = \rho_3 + \rho_{30}(s-1)^{-1} - A_3(\overline{T}).
$$

由 (4.3.20) 和 (4.3.22), $\rho_3 + \rho_{30}(s-1)^{-1}$ 是一个常数, 可能取决于 s, n 和 k, 但不取决于 T 的选择. 因此, 对 $f \geqslant 3$, (a) 成立. 另外, 对于 $f \leqslant 2$, 比照 (4.3.3), $A_3(\overline{T}) = 0$, 类似的讨论得出 $A_3(T) = \rho_3 + \rho_{30}(s-1)^{-1}$, 因此 (a) 成立.

(b) 和 (c) 中的等式可以类似地分别使用推论 4.3.1 中 $i = 4$ 和 5 来证明.   □

特别是, 对于 $s = 2$, 推论 4.3.2 得出 (3.3.2) 中的等式, 这些等式在第 3 章中发挥了关键作用.

观察到 $V(\overline{T})$ 的秩不影响定理 4.3.1 的结论和上述推论. 类似地, 即使 $V(T)$ 不是行满秩, 从而 T 缺乏作为 s^{n-k} 设计的解释, 这些结果仍然正确. 以对 $V(\overline{T})$ 相同的处理方式, 并对现在的推导进行细微修改, 可以确定这一事实对 $V(T)$ 成立. 该事实在后面第 6 章有用.

4.4 通过补设计构造最小低阶混杂 s^{n-k} 设计

上一节的结果, 特别是推论 4.3.2, 生成了查找 MA s^{n-k} 设计的简单规则. 这一发展与 3.3 节中的发展平行, 同构的概念再次有助于减少设计的搜索.

考虑有限射影几何的两个点集, 它们具有相同的基数. 称这两个集合是同构的, 如果存在一个非奇异变换, 在成比例下, 将一个集合的每个点映射到另一个集合的某个点. 两个 s^{n-k} 设计 T_1 和 T_2 是同构的, 如果对应集合 T_1 和 T_2 是同构的. 记 $T_i = \left\{ h_i^{(i)}, \cdots, h_n^{(i)} \right\}, i = 1, 2$, 那么存在定义在 GF$(s)$ 上的一个 $n - k$ 阶的非奇异矩阵 Λ, 使得对于每个 j, $\Lambda h_j^{(1)}$ 与某个 $h_t^{(2)}$ 成比例. 因为成比例的点在有限射影几何中被认为是相同的, 这意味着 T_2 的点有一个适当的表示, 使得

$$\Lambda V(T_1) = V(T_2) R, \tag{4.4.1}$$

其中 R 是 GF(s) 上的 n 阶置换矩阵, 像往常一样, $V(T_i) = \left(h_1^{(i)}, \cdots, h_n^{(i)} \right), i = 1, 2$. 由 (4.4.1), 对任意 $n \times 1$ 向量 b, 有

$$V(T_1) b = 0 \Leftrightarrow V(T_2) R b = 0, \tag{4.4.2}$$

即由定理 2.7.1(b), b 是设计 T_1 的定义束当且仅当 Rb 是设计 T_2 的定义束. 显然, 上面 T_1 和 T_2 的角色是可以互换的. 因此由 (4.4.2), 如果 T_1 和 T_2 是同构的, 那么在因子标签的置换下它们具有相同的定义束, 或等价地, 有相同的定义对照子群. 对于 $s = 2$, 这与 3.1 节中给出的设计同构的定义一致. 显然, 同构设计具有相同的字长型, 在后面的考虑中被认为是相同的. 以下引理很容易从同构的定义中获得.

引理 4.4.1 设 T_1 和 T_2 为具有相同基数的 PG$(n - k - 1, s)$ 的点集, $\overline{T}_1$ 和 $\overline{T}_2$ 分别是它们的补集. 如果 T_1 和 T_2 是同构的, 那么 $\overline{T}_1$ 和 $\overline{T}_2$ 也是同构的.

引理 4.4.2 (a) PG$(n - k - 1, s)$ 的所有单点集都是同构的;

(b) 基数为 2 的 PG$(n - k - 1, s)$ 的所有集合都是同构的.

上述引理意味着, 当补集的基数 f 等于 1 或 2 时, 所有 s^{n-k} 设计都是同构的, 即由 (4.3.2), 当 $n = (s^{n-k} - 1)/(s - 1) - 1$ 或 $n = (s^{n-k} - 1)/(s - 1) - 2$ 时, 所有这样的设计都是同构的. 这将定理 3.3.2 推广到一般 s 的情况. 转到 $f \geqslant 3$ 的情况, 推论 4.3.2 和引理 4.4.1 生成了与 3.3 节相同的识别 MA 设计的规则. 为了方便引用, 规则 1 和规则 2 再述如下.

规则 1 一个 s^{n-k} 设计 T^* 具有最小低阶混杂, 如果

(i) 在基数为 f 的所有 $\overline{T}$ 中, $A_3(\overline{T}^*) = \max A_3(\overline{T})$, 并且

(ii) $\overline{T}^*$ 是满足 (i) 的唯一集合 (在同构的意义下).

规则 2　一个 s^{n-k} 设计 T^* 具有最小低阶混杂, 如果

(i) 在基数为 f 的所有 $\overline{T}$ 中, $A_3(\overline{T^*}) = \max A_3(\overline{T})$,

(ii) $A_4(\overline{T^*}) = \min\left\{A_4(\overline{T}) : A_3(\overline{T}) = A_3(\overline{T^*})\right\}$, 并且

(iii) $\overline{T^*}$ 是满足 (ii) 的唯一集合 (在同构的意义下).

一般来说, 根据定理 4.3.1 和推论 4.3.1,

$$A_i(T) = \rho_i + \sum_{j=0}^{i-1} \rho_{ij} A_j(\overline{T}) + (-1)^i A_i(\overline{T}), \quad 3 \leqslant i \leqslant n, \tag{4.4.3}$$

其中 ρ_i 和 ρ_{ij} 是不依赖于 T 的常数, $A_0(\overline{T}) = (s-1)^{-1}$, 而且对 $j = 1, 2$ 或 $j > f$, 有 $A_j(\overline{T}) = 0$. 因此, 根据上述规则, 进一步的规则很容易制定. 由 (4.4.3), 这要求最大化 $A_3(\overline{T})$, 然后最小化 $A_4(\overline{T})$, 最大化 $A_5(\overline{T})$, 等等. 然而, 对于相对较小的 f, 很少需要规则 1 和规则 2 之外的其他规则.

为了获得进一步的结果, 需要有限射影几何的平面概念以及一些引理. 考虑 $\mathrm{PG}(n-k-1, s)$ 的任意 w 个 $(1 \leqslant w \leqslant n-k)$ 线性无关的点. 这 w 个点由它们的线性组合生成了包括它们自身的有限射影几何的 $(s^w - 1)/(s-1)$ 个点. 这 $(s^w - 1)/(s-1)$ 个点的集合称为 $\mathrm{PG}(n-k-1, s)$ 的 $(w-1)$-平面. 显然, 在成比例意义和这些点的非零线性组合的结构下, 平面是闭的. 0-平面通常由一个单点组成, 而 1-平面, 由 $s+1$ 个点组成, 也称为一条线. 另一个极端: $(n-k-1)$-平面与整个 $\mathrm{PG}(n-k-1, s)$ 相同. 容易看出, 对于固定的 w, $\mathrm{PG}(n-k-1, s)$ 的所有 $(w-1)$-平面都是同构的.

引理 4.4.3　令 $f \geqslant 3$. 那么

(a) $A_3(\overline{T}) \leqslant \dfrac{1}{6} f(f-1) \min\{f-2, s-1\}$; (4.4.4)

(b) 对 $3 \leqslant f \leqslant s+1$, (4.4.4) 中的等式成立当且仅当 $\mathrm{rank}\left[V(\overline{T})\right] = 2$;

(c) 对 $f > s+1$, (4.4.4) 中的等式成立当且仅当 $f = (s^w - 1)/(s-1)$ 且 $\overline{T}$ 是 $(w-1)$-平面, $w \geqslant 3$.

引理 4.4.4　满足 $\mathrm{rank}\left[V(\overline{T})\right] = 2$ 的所有 s^{n-k} 设计 T 都有相同的字长型.

引理 4.4.3 来自第 5 章要介绍的结果 (见引理 5.4.1). 引理 4.4.4 是定理 4.3.1 的结果和如下事实: 只要 $\mathrm{rank}\left[V(\overline{T})\right] = 2$, $A_j(\overline{T})$ 就不依赖于 $\overline{T}$, $0 \leqslant j \leqslant f$. 鉴于引理 4.4.4, 人们可能会想知道满足 $\mathrm{rank}\left[V(\overline{T})\right] = 2$ 的所有 s^{n-k} 设计 T 是否都是同构的. 有趣的是, 一般来说情况并非如此. 例如, 令 $s = 7, n = 4, k = 2$, 并考虑设计 $T_1 = \left\{(1,3)', (1,4)', (1,5)', (1,6)'\right\}$, $T_2 = \left\{(1,2)', (1,4)', (1,5)', (1,6)'\right\}$. 那么 $V(\overline{T_1})$ 和 $V(\overline{T_2})$ 的秩都为 2, 并且 T_1 和 T_2 有相同的字长型, 但所有非奇异变换的全部列举表明它们不是同构的.

特别地, 如果 $n-k=2$ 且 $f \geqslant 3$, 那么对每个设计 T, $2 \times f$ 矩阵 $V(\overline{T})$ 的秩都为 2. 因此, 根据引理 4.4.4, 所有设计都具有相同的字长型, 从而在 MA 准则下是等价的. 接下来的两个结果适用于 $n-k \geqslant 3$. 第一个结论源于推论 4.3.2(a)、引理 4.4.3(b) 和引理 4.4.4. 第二个结论直接来自规则 1 和引理 4.4.3(c).

定理 4.4.1   设 $n-k \geqslant 3$ 且 $3 \leqslant f \leqslant s+1$. 那么一个 s^{n-k} 设计 T 具有最小低阶混杂当且仅当 rank $[V(\overline{T})] = 2$.

定理 4.4.2   设 $f = (s^w - 1)/(s-1)$, 其中 $3 \leqslant w < n-k$. 那么一个 s^{n-k} 设计 T 具有最小低阶混杂当且仅当 $\overline{T}$ 是 $(w-1)$-平面.

定理 4.4.2 中的条件 $w \geqslant 3$ 没有限制性. 如果 $w = 1$, 那么 $f = 1$, 这是平凡的. 如果 $w = 2$, 则 $f = s+1$, 这包含在定理 4.4.1 中. 在任一定理的设定中, 对应于 MA 设计 T 的矩阵 $V(T)$ 行满秩, 这正如定理 2.7.1 所述. 要验证定理 4.4.2 的这一点, 设 $h^{(1)}, \cdots, h^{(n-k)}$ 是 PG$(n-k-1, s)$ 的线性无关的点, 并假设其中前 w 个生成 $(w-1)$-平面 $\overline{T}$. 那么 T 包含特定的 $n-k$ 个线性无关的点 $h^{(1)} + h^{(w+1)}, \cdots, h^{(w)} + h^{(w+1)}, h^{(w+1)}, \cdots, h^{(n-k)}$, 因此 $V(T)$ 一定行满秩. 类似的论述适用于定理 4.4.1.

定理 4.4.1 表明, 例 4.3.1 中的 3^{10-7} 设计具有 MA. 下面再举两个例子说明这些定理的使用.

例 4.4.1   设 $s=4$, $n=17$, $k=14$. 由 (4.3.2), $f=4$. 令 $\overline{T} = \{(1,0,0)', (0,1,0)', (1,1,0)', (1,\alpha,0)'\}$, 其中 α 是 GF(4) 的本原元素. 那么 rank $[V(\overline{T})] = 2$. 这里 $n-k = 3$, $3 < f < s+1$. 因此, 根据定理 4.4.1, 由上述 $\overline{T}$ 确定的 4^{17-14} 设计 T 具有 MA.

例 4.4.2   设 $s=3, n=27, k=23$. 由 (4.3.2), $f = 13(= (3^3-1)/(3-1))$. 令 $\overline{T}$ 是任意 2-平面. 那么, 根据定理 4.4.2, 对应的 3^{27-23} 设计 T 有 MA.

对 $s=3$ 和 $3 \leqslant f \leqslant 13$, Suen, Chen 和 Wu (1997) 使用规则 1 得到 MA 设计. 表 4.1 展示了这些 MA 设计的补集 $\overline{T}$. 在这个表中使用了紧记号. 例如, 13^2 表示点 $(1,0,2,0,\cdots,0)'$, 等等. 对每个 f, 可以验证与表 4.1 给出的 MA 设计相对应的矩阵 $V(T)$ 行满秩.

当处理组合数为 27, 即 $n-k=3$ 时, 对每个 n, 使用表 4.1 可以获得 MA 3^{n-k} 设计. 显然 $n \leqslant 13$. 情况 $n = 13, 12$ 和 11 是平凡的, 因为它们分别对应于 $f = 0, 1$ 和 2. 情况 $n = 4, 5, \cdots, 10$ 分别对应于 $f = 9, 8, \cdots, 3$, 并包含在表 4.1 中. 类似地, 表 4.1 对 $27 \leqslant n \leqslant 37$ 生成 81 个水平组合的 $3^{n-(n-4)}$ 设计. 情况 $n = 38, 39$ 和 40 是平凡的, 因为它们分别对应于 $f = 2, 1$ 和 0. 例如, 使用表 4.1, 可以很容易地获得 MA 3^{28-24} 设计. 注意到 $n = 28$ 和 $f = 12(= 40 - 28)$, MA 3^{28-24} 设计 T 可以通过取表 4.1 中 $f = 12$ 给出的点集作为其补集 $\overline{T}$ 来构造.

表 4.1 MA 3^{n-k} 设计的补集 $\overline{T}$

f	$\overline{T}$
3	$\{1, 2, 12\}$
4	$\{1, 2, 12, 12^2\}$
5	$\{1, 2, 12, 12^2, 3\}$
6	$\{1, 2, 12, 12^2, 3, 13\}$
7	$\{1, 2, 12, 12^2, 3, 12^2 3, 12^2 3^2\}$
8	$\{1, 2, 12, 12^2, 3, 23^2, 12^2 3, 12^2 3^2\}$
9	$\{1, 2, 12^2, 3, 13^2, 23^2, 123^2, 12^2 3, 12^2 3^2\}$
10	$\{1, 2, 12, 12^2, 3, 13, 13^2, 23, 23^2, 123\}$
11	$\{1, 2, 12, 12^2, 3, 13, 13^2, 23, 23^2, 123, 123^2\}$
12	$\{1, 2, 12, 12^2, 3, 13, 13^2, 23, 23^2, 123, 123^2, 12^2 3^2\}$
13	$\{1, 2, 12, 12^2, 3, 13, 13^2, 23, 23^2, 123, 123^2, 12^2 3, 12^2 3^2\}$

4.5 三水平设计表的说明和使用

本章附录给出了 27 和 81 个处理组合的 3^{n-k} 设计列表. 表 4A.2 中 27 个处理组合的列表是完全的, 即它包含所有非同构设计. 它取自 Chen, Sun 和 Wu (1993), 并进行了一些更正. 对于 81 个处理组合, 完整的设计列表太长而无法包含. 因此, 表 4A.3 中对 $5 \leqslant n \leqslant 20$ 提供了此类设计的选择, 其中包括分辨度为 IV 或更高的所有设计. 这张表改编自 Xu (2005), 他还给出了 243 和 729 个处理组合的设计. 纳入表 4A.3 的设计的选择是基于 MA、MaxC2 和书中未讨论的其他准则. 与第 3 章一样, MaxC2 准则旨在最大化 C2, 即纯净的 2fi 的数量. 一个两因子交互作用, 比如前两个因子之间的, 被称作是纯净的, 如果交互作用束 12 和 12^2 都不与任意主效应束或任意其他 2fi 束别名.

回顾 4.3 节, 一个 3^{n-k} 设计等价于 $\mathrm{PG}(n-k-1, 3)$ 上一个 n 个点的集合. 该集合必须包含 $n-k(=m)$ 个独立点, 使用紧记号可以取为 $1, 2, \cdots, m$. 因此, 一个 3^{n-k} 设计可以用独立点 $1, 2, \cdots, m$ 以及 k 个附加点来表示. 在列表中用这种表示列出设计. 此外, 为了节省空间, 对 $\mathrm{PG}(n-k-1, 3)$ 的点, 我们没有使用其明确记号 $1, 2, 12, 12^2, 3, 13, \cdots$, 而用相应的序号 $1, 2, 3, 4, 5, 6, \cdots$ 来表示, 编号方案如表 4A.1 所示. 例如, 根据这个方案, $\mathrm{PG}(2, 3)$ 的独立点 1, 2, 3 编号为 1, 2, 5. 因此, 在表 4A.2 中列出 27 个处理组合设计 (即 $m = n - k = 3$) 时, 包括了编号为 1, 2, 5 的点, 但我们只在 "附加点" 下列出了附加的 k 个点的序号. 类似的考虑也适用于 81 个处理组合的设计.

为了清楚起见, 列表中第 i 个 3^{n-k} 设计用 n-$k.i$ 表示. 字长型 W 和 C2 在设计表的最后两列中列出. 为了节省空间, 对于 81 个处理组合的设计, 最多列出 W 的四个成分. 对于任意给定的 $n-k$ 和 n, 第一个设计 n-$k.1$ 是 MA 设计. 以下例子说明了设计表的使用.

例 4.5.1　考虑表 4A.2 中的 27 个水平组合的 MA 设计 6-3.1. 它由 PG$(2,3)$ 中序号为 1, 2, 5, 3, 9, 13 的点给出. 表 4A.1 确定这些点并说明设计由集合 $\{1, 2, 3, 12, 12^2 3, 12^2 3^2\}$ 给出. 六个因子可以与集合中的点依所述顺序相关联, 继而得到以下别名关系: $4 = 12, 5 = 12^2 3, 6 = 12^2 3^2$. 换句话说, 124^2, $12^2 3 5^2$ 和 $12^2 3^2 6^2$ 是该设计的三个独立定义束. 由此, 可以容易地获得其他定义束, 并验证 $A_3 = 2, A_4 = 9, A_5 = 0$ 和 $A_6 = 2$, 这与表 4A.2 中给出的字长型 W 一致.　　□

练　　习

4.1 (a) 用定理 4.2.1 找到一个 MA 5^{4-2} 设计.

(b) 将 (a) 中的设计重写为 5×5 希腊拉丁方阵.

4.2 (a) 用定理 4.2.1 找到一个 MA 3^{5-2} 设计.

(b) 证明该设计与例 2.5.1 中的设计 $d(B_1)$ 具有相同的字长型. 因此得出结论, 后一种设计也具有 MA.

(c) 验证 (b) 中的两个设计是同构的.

4.3 (a) 用表 4.1 找到一个 MA 3^{9-6} 设计, 用 T_1 表示.

(b) 找到另外两个非同构的 3^{9-6} 设计, 记为 T_2 和 T_3, 并根据 MA 准则验证它们次于 T_1.

(c) 用补设计理论证实 (b) 中的发现. 特别地, 计算 $A_3(\overline{T}_i)$ 的值, $i = 1, 2, 3$. 通过将 4.4 节中的规则 1 应用于这些值, 证明 T_1 具有 MA.

4.4 对 $f = 5$, 验证表 4.1 中的集合 $\overline{T}$ 对应于一个 MA 设计.

4.5 证明推论 4.3.2(b), (c).

4.6 证明引理 4.4.1.

4.7 证明引理 4.4.2.

4.8 证明: 如果 $\mathrm{rank}\,[V(\overline{T})] = 2$, 那么 $A_j(\overline{T})$ 不依赖于 $\overline{T}$, $0 \leqslant j \leqslant f$.

附录 4A　27 和 81 个水平组合的 3^{n-k} 设计列表

表 4A.1　27 和 81 个水平组合设计的点的编号

编号	**1**	**2**	3	4	**5**	6	7	8	9	10
点	1	2	12	12^2	3	13	23	123	$12^2 3$	13^2
编号	11	12	13	**14**	15	16	17	18	19	20
点	23^2	123^2	$12^2 3^2$	4	14	24	124	$12^2 4$	34	134
编号	21	22	23	24	25	26	27	28	29	30
点	234	1234	$12^2 34$	$13^2 4$	$23^2 4$	$123^2 4$	$12^2 3^2 4$	14^2	24^2	124^2
编号	31	32	33	34	35	36	37	38	39	40
点	$12^2 4^2$	34^2	134^2	234^2	1234^2	$12^2 34^2$	$13^2 4^2$	$23^2 4^2$	$123^2 4^2$	$12^2 3^2 4^2$

注: 本表给出了 $PG(3,3)$ 的点的编号; 前 13 个元是 $PG(2,3)$ 的点的编号. 独立点的编号是黑体数字 1, 2, 5, 14.

表 4A.2　27 个水平组合设计的完全列表

设计	附加点	W	C2
4-1.1	8	0 1	0
4-1.2	3	1 0	3
5-2.1	3 9	1 3 0	0
5-2.2	3 6	2 1 1	0
5-2.3	3 4	4 0 0	4
6-3.1	3 9 13	2 9 0 2	0
6-3.2	3 6 7	3 6 3 1	0
6-3.3	3 6 11	4 3 6 0	0
6-3.4	3 4 6	5 3 3 2	0
7-4.1	3 10 11 13	5 15 9 8 3	0
7-4.2	4 8 9 11	6 11 15 4 4	0
7-4.3	4 8 10 11	7 10 12 9 2	0
7-4.4	3 4 9 13	8 9 9 14 0	0
8-5.1	3 8 9 10 11	8 30 24 32 24 3	0
8-5.2	4 8 9 10 11	10 23 32 30 22 4	0
8-5.3	3 4 9 11 13	11 21 30 38 15 6	0
9-6.1	3 8 9 10 11 13	12 54 54 96 108 27 13	0
9-6.2	3 4 8 9 10 11	15 42 69 96 93 39 10	0
9-6.3	4 9 10 11 12 13	16 39 69 106 78 48 8	0
10-7.1	3 6 7 8 10 11 12	21 72 135 240 315 189 103 18	0
10-7.2	3 4 6 7 8 10 11	22 68 138 250 290 213 92 20	0

注: 每个设计由 1, 2, 5 和 "附加点" 下的数字表示. $W = (A_3, A_4, \cdots)$ 是设计的字长型. C2 是纯净 2fi 数. 对 $n = 11, 12, 13$, 设计在同构意义下是唯一的, 因此省略.

表 4A.3 筛选的 81 个水平组合设计 $(n = 5, \cdots, 20)$

设计	附加点	W	C2
5-1.1	22	0 0 1	10
5-1.2	8	0 1 0	4
5-1.3	3	1 0 0	7
6-2.1	9 22	0 2 2 0	4
6-2.2	8 17	0 3 0 1	0
6-2.3	4 22	1 0 3 0	12
7-3.1	9 22 24	0 5 6 1	0
7-3.2	9 18 22	0 6 3 4	0
7-3.3	9 15 22	1 3 6 3	3
7-3.4	9 10 22	1 4 6 0	6
7-3.5	4 22 26	2 0 9 2	15
7-3.6	3 4 22	4 1 3 3	9
8-4.1	9 22 24 31	0 10 16 4	0
8-4.2	9 22 24 25	0 11 12 10	0
8-4.3	9 18 22 38	0 12 8 16	0
8-4.4	9 10 22 35	2 6 18 2	9
8-4.5	9 15 22 28	4 4 12 12	4
8-4.6	3 4 22 26	5 3 9 17	12
8-4.7	3 4 19 32	8 0 0 32	16
9-5.1	9 22 24 31 34	0 18 36 12	0
9-5.2	3 9 22 24 31	1 18 27 28	0
9-5.3	7 9 22 24 25	1 20 20 36	0
9-5.4	6 9 22 24 25	2 17 23 34	0
9-5.5	9 16 22 24 29	5 11 26 31	1
9-5.6	8 9 10 22 23	5 12 27 26	9
9-5.7	3 9 10 13 22	5 18 24 23	2
9-5.8	3 9 10 12 22	6 15 27 21	4
9-5.9	4 6 8 11 12	8 30 24 32	8
10-6.1	9 22 24 31 34 39	0 30 72 30	0
10-6.2	3 9 22 24 31 34	2 28 57 65	0
10-6.3	3 9 22 24 25 31	2 30 48 80	0
10-6.4	3 6 9 22 24 31	3 30 42 84	0
10-6.5	4 7 9 12 22 24	5 28 48 68	0
10-6.6	3 9 10 11 13 22	8 34 48 62	0
10-6.7	3 6 9 10 13 22	10 28 51 67	2
10-6.8	4 6 7 8 12 17	10 29 48 67	4
10-6.9	4 6 8 11 12 13	12 54 54 96	9

续表

设计	附加点	W	C2
11-7.1	3 9 22 24 31 34 39	3 42 111 132	0
11-7.2	3 9 13 22 24 25 31	3 48 84 177	0
11-7.3	7 9 12 18 22 24 25	3 54 63 195	0
11-7.4	3 6 9 13 22 24 31	5 47 77 182	0
11-7.5	3 4 7 9 12 22 24	10 40 91 154	0
11-7.6	3 4 9 10 11 13 22	15 48 99 162	0
11-7.7	3 4 6 7 9 13 22	15 49 95 165	2
11-7.8	3 4 6 8 11 12 13	21 72 135 240	10
12-8.1	3 9 13 22 24 25 31 37	4 72 144 354	0
12-8.2	7 9 12 18 22 24 25 38	4 81 108 390	0
12-8.3	3 9 13 22 24 25 31 38	5 69 141 375	0
12-8.4	3 6 7 9 13 22 24 31	8 73 124 364	0
12-8.5	3 4 6 7 9 12 13 22	21 81 171 357	2
12-8.6	3 4 6 9 10 11 13 22	22 76 178 364	0
12-8.7	3 4 6 7 8 11 12 13	30 108 252 546	11
13-9.1	3 6 9 13 22 24 25 31 37	7 102 219 690	0
13-9.2	3 7 9 12 18 22 24 25 38	7 105 207 696	0
13-9.3	3 9 13 15 22 24 25 31 37	8 92 249 654	0
13-9.4	3 6 7 9 12 13 22 24 31	12 109 198 672	0
13-9.5	3 4 6 7 9 10 12 13 22	30 118 306 726	0
13-9.6	3 4 6 7 8 9 11 12 13	40 162 432 1092	12
14-10.1	3 6 9 13 18 22 24 25 31 37	10 140 334 1236	0
14-10.2	3 7 9 12 18 22 24 25 31 38	10 141 330 1236	0
14-10.3	3 6 7 9 13 22 24 25 31 37	10 144 330 1209	0
14-10.4	3 6 7 9 12 13 22 24 25 31	13 147 315 1200	0
14-10.5	3 4 6 7 8 9 10 11 12 13	52 234 702 2028	13
15-11.1	3 6 7 9 13 18 22 24 25 31 37	13 192 495 2055	0
15-11.2	3 6 7 9 12 13 22 24 25 31 37	14 198 486 2009	0
15-11.3	3 6 9 13 22 23 24 25 30 31 37	15 171 564 1963	0
16-12.1	3 6 7 9 13 18 22 24 25 31 35 37	16 256 720 3288	0
16-12.2	3 6 7 9 12 13 18 22 24 25 31 37	17 258 711 3275	0
16-12.3	3 6 7 9 13 18 21 22 24 25 31 37	19 232 789 3201	0
17-13.1	3 6 7 9 12 13 18 22 24 25 31 35 37	20 336 1014 5072	0
17-13.2	3 6 7 9 13 16 18 22 24 25 31 35 37	23 306 1107 4952	0
17-13.3	3 6 7 9 13 15 18 22 24 25 31 35 37	24 304 1096 4984	0
18-14.1	3 6 7 9 12 13 18 22 24 25 31 35 37 38	24 432 1404 7608	0
18-14.2	3 6 7 9 12 13 15 18 22 24 25 31 35 37	28 396 1518 7438	0
18-14.3	3 6 9 13 15 16 22 23 24 25 31 34 37 38	30 369 1602 7443	0

设计	附加点	W	C2
19-15.1	3 6 7 9 12 13 15 18 22 24 25 31 35 37 38	33 504 2052 10884	0
19-15.2	3 6 7 9 12 13 15 16 18 22 24 25 31 35 37	36 480 2112 10875	0
19-15.3	3 6 7 9 12 13 15 18 22 24 25 31 35 36 37	37 464 2202 10600	0
20-16.1	3 6 7 9 12 13 15 16 18 22 24 25 31 35 37 38	42 603 2808 15537	0
20-16.2	3 6 7 9 13 15 16 18 22 23 24 25 31 34 37 38	44 584 2852 15608	0
20-16.3	3 6 7 9 12 13 15 17 18 22 24 25 31 35 37 38	44 584 2900 15212	0

注: 每个设计由 1, 2, 5, 14 和 "附加点" 下的数字表示. 当 $n = 5$ 时, $W = (A_3, A_4, A_5)$; 当 $n > 5$ 时, $W = (A_3, \cdots, A_6)$; C2 是纯净 2fi 数.

第 5 章　最大估计容量设计

本章继续讨论对称正规部分因析设计. 本章介绍并探究了一个模型稳健准则, 称为估计容量准则, 给出了具有最大估计容量的 s^{n-k} 设计的一些结果. 在很多情况下, 这些结果与最小低阶混杂准则下的结果一致.

5.1　预 备 知 识

估计容量的概念是 Sun (1993) 提出的. Cheng, Steinberg 和 Sun (1999) 以及 Cheng 和 Mukerjee (1998) 对其进行了更详细的研究. 本章的研究内容来自上述两篇文献. 估计容量准则旨在选择一个设计, 在三因子及更高阶因子交互作用可以忽略的假设下, 在可以容纳最大可能的模型多样性的意义下, 该设计包含所有主效应信息和尽可能多的两因子交互作用 (2fi) 的信息. 这种方法被看作为更常见的最小低阶混杂 (MA) 准则提供了进一步的统计依据.

如同前几章, 我们考虑分辨度至少为 III 的 s^{n-k} 设计. 由定理 2.7.1, 任意这样的设计等价于 PG$(n-k-1, s)$ 中的一个 n 个点的集合 T, 而且由集合 T 中的 n 个点作为列构成的矩阵 $V(T)$ 行满秩. 那么, 如同第 4 章, 一个 s^{n-k} 设计可以由相应的点集 T 表示.

回顾 2.4 节, 任意的 s^{n-k} 设计 T 都包含 $(s^{n-k}-1)/(s-1)(= q)$ 个别名集, 每个别名集都包含 s^k 个束. 因为 T 的分辨度至少是 III, 所以任意两个主效应束都不相互别名. 因此, T 有 n 个别名集, 每个别名集都包含一个主效应束. 令 $f = q - n$, 对于 $1 \leqslant i \leqslant f$, 令 $m_i(T)$ 是 T 的剩余 f 个别名集中第 i 个包含的 2fi 束的数量. 为避免平凡性, 本章假设 $f \geqslant 1$. 如果 $f = 0$, 那么 T 只有一个选择, 即整个 PG$(n-k-1, s)$.

为了介绍估计容量准则, 首先回顾一下它是以处理模型多样性为基础来评价一个设计的. 注意, 在一个 s^n 因析设计中, 共有 $\nu = \binom{n}{2}(s-1)$ 个 2fi 束. 因此, 对于 $1 \leqslant r \leqslant \nu$, 有 $\binom{\nu}{r}$ 个可能的模型包括所有主效应和 r 个 2fi 束; 当然, 其中任意一个模型都假设剩余的 $\nu - r$ 个 2fi 束可以忽略并且三阶及更高阶因子交互作用缺失. 对于任意固定的 r, 令 $E_r(T)$ 是通过设计 T 可以估计的这类模型的数量. 特别地, 对于 $s = 2$, 因子效应和与之相关联的束之间没有区别. 因此, 对于二水平因析设计, $E_r(T)$ 表示包含所有主效应和 r 个 2fi 的模型的数量, 并且当剩余的 2fi 和更高阶的交互效应缺失时, 设计 T 可以估计这些模型.

由定理 2.4.2 可以得到 $E_r(T)$ 的表达式. 根据该定理, 任意包含所有主效应和 r 个 2fi 束的模型在 T 中是可估的当且仅当这 r 个 2fi 束出现在不包含任何主效应束的 f 个别名集中, 并且其中任意两个 2fi 束都不出现在同一个别名集中. 因此, $E_r(T)$ 等于从这 f 个别名集中选择 r 个 2fi 束的方法数, 并且任意两个 2fi 束都选自不同的别名集. 从而,

$$
E_r(T) = \begin{cases} \displaystyle\sum \cdots \sum_{1 \leqslant i_1 < \cdots < i_r \leqslant f} \prod_{j=1}^{r} m_{i_j}(T), & r \leqslant f, \\ 0, & r > f. \end{cases} \tag{5.1.1}
$$

估计容量准则旨在对每个 r $(1 \leqslant r \leqslant \nu)$ 最大化 $E_r(T)$. 称满足这一条件的一个 s^{n-k} 设计具有最大估计容量. 此外, 给定任意两个 s^{n-k} 设计 T_1 和 T_2, 如果对于每个 r, 都有 $E_r(T_1) \geqslant E_r(T_2)$ 且对于某个 r, 不等号严格成立, 则称 T_1 在估计容量方面优于 T_2.

优化理论中的一些思想极大地促进了对估计容量的研究, 更多详细信息请参阅 Marshall 和 Olkin (1979). 考虑元素为实数的两个向量 $u = (u_1, \cdots, u_f)'$ 和 $w = (w_1, \cdots, w_f)'$. 如果

$$
\sum_{i=1}^{f} u_i = \sum_{i=1}^{f} w_i \ \text{且} \ \sum_{i=1}^{j} u_{[i]} \geqslant \sum_{i=1}^{j} w_{[i]} \quad (1 \leqslant j \leqslant f-1),
$$

其中, $u_{[1]} \leqslant \cdots \leqslant u_{[f]}$ 和 $w_{[1]} \leqslant \cdots \leqslant w_{[f]}$ 分别是 u 和 w 的有序元素, 那么称 u 被 w 优化. 在这个定义中, 如果把条件 $\sum_{i=1}^{f} u_i = \sum_{i=1}^{f} w_i$ 替换为 $\sum_{i=1}^{f} u_i \geqslant \sum_{i=1}^{f} w_i$, 那么称 u 被 w 上弱优化. 称一个实值函数 g 为 Schur 凹函数, 如果 u 被 w 优化时, 总有 $g(u) \geqslant g(w)$ 成立.

引理 5.1.1 如果 u 被 w 上弱优化, 那么对每个元素都是不递减的所有 Schur 凹函数 g 都有 $g(u) \geqslant g(w)$.

证明 因为 u 被 w 上弱优化, 所以 $\sum_{i=1}^{f} u_i \geqslant \sum_{i=1}^{f} w_i$. 如果等号成立, 那么 u 被 w 优化, 并且由 Schur 凹函数的定义可知结果成立. 否则, 设 w^* 是从 w 得到的向量, 将 w 中 $w_{[f]}$ 对应的元素替换为 $(w_{[f]} + \sum_{i=1}^{f} u_i - \sum_{i=1}^{f} w_i)$, 其他元素保持不变. 那么再次根据 Schur 凹函数的定义知, u 被 w^* 优化并且 $g(u) \geqslant g(w^*)$. 注意到, 对于每个元素都非减的所有函数 g, 都有 $g(w^*) \geqslant g(w)$, 则结果成立. $\quad\square$

对于任意 s^{n-k} 设计 T, 令 $m(T) = (m_1(T), \cdots, m_f(T))'$. 那么如下结论成立, 并且它将在估计容量的研究中发挥关键作用.

定理 5.1.1 给定两个 s^{n-k} 设计 T_1 和 T_2, 如果 $m(T_1)$ 被 $m(T_2)$ 上弱优化, 并且不能通过对 $m(T_2)$ 进行元素置换得到, 那么 T_1 在估计容量方面优于 T_2.

证明 由 (5.1.1), 根据 Marshall 和 Olkin (1979, 第 78 页, 命题 F.1) 的结果可证, 对于每个 r, $E_r(T)$ 是 $m(T)$ 的一个 Schur 凹函数. 也容易看出, $E_r(T)$ 关于 $m(T)$ 的每个元素都非减. 因此, 如果 $m(T_1)$ 被 $m(T_2)$ 上弱优化, 那么由引理 5.1.1 可知, 对于每个 r,

$$E_r(T_1) \geqslant E_r(T_2). \tag{5.1.2}$$

如果对每个 r, (5.1.2) 中的等号都成立, 那么由 (5.1.1) 式, 多项式 $\prod_{i=1}^{f}\{y - m_i(T_1)\}$ 和 $\prod_{i=1}^{f}\{y - m_i(T_2)\}$ 有相同的展开式和相同的零集, 即 $m(T_1)$ 可以通过对 $m(T_2)$ 进行元素置换得到. 因为这里并非如此, 所以 (5.1.2) 中的不等式对某 r 必须严格成立. 定理证毕. $\qquad\qquad\square$

例 5.1.1 考虑例 2.5.1 中介绍的两个 3^{5-2} 设计 $d(B_1)$ 和 $d(B_2)$. 根据本章的符号系统, 分别用 T_1 和 T_2 表示, 其中 T_1 和 T_2 是 PG$(2,3)$ 中相应的点集. T_1 和 T_2 的定义关系分别由 (2.5.1) 和 (2.5.2) 给出. 这里 $n = 5$, $k = 2$, $q = 13$, $f = q - n = 8$. 由 (2.5.1) 式可见, T_1 的八个不包含主效应束的别名集如下:

$$
\begin{aligned}
12^2 = 14 = 24 = 35^2 = \cdots, &\quad 13 = 25 = \cdots, \\
13^2 = 45 = \cdots, &\quad 23 = 45^2 = \cdots, \\
23^2 = 15^2 = \cdots, &\quad 34 = 25^2 = \cdots, \\
34^2 = 15 = \cdots, &\quad 35 = \cdots.
\end{aligned}
$$

这里只显示了每个别名集中的 2fi 束, 省略号表示三阶及以上交互作用束. 因此 $m(T_1) = (4, 2, 2, 2, 2, 2, 2, 1)'$. 类似地, 由 (2.5.2) 知, $m(T_2) = (3, 3, 2, 2, 1, 1, 1, 1)'$. 显然, $m(T_1)$ 和 $m(T_2)$ 满足定理 5.1.1 的条件. 因此, 在估计容量方面, T_1 优于 T_2, 这一事实也可以直接通过 (5.1.1) 进行验证. 在 5.4 节中将会看到, 实际上, T_1 具有最大估计容量. 此外, 因为 T_1 与表 4A.2 的设计 5-2.1 同构, 所以它还具有 MA. $\qquad\qquad\square$

一般来说, 在估计容量准则下, MA 设计是否也比其他设计更有优势呢? 定理 5.1.1 表明, 如果 $\sum_{i=1}^{f} m_i(T)$ 较大, 且 $m_1(T), \cdots, m_f(T)$ 彼此接近, 那么设计 T 在估计容量准则下更好. 下面的结果说明了为什么 MA 设计可以满足这些要求. 在下文中, $m_{f+1}(T), \cdots, m_q(T)$ 表示 T 的 $n(= q - f)$ 个别名集中 2fi 束的个数, 其中每一个别名集都包含一个主效应束. 与第 4 章相同, 设计 T 的字长型表示为 $(A_1(T), \cdots, A_n(T))$, 并且 $A_1(T) = A_2(T) = 0$.

定理 5.1.2 对于任意的 s^{n-k} 设计 T,

(a) $\sum_{i=1}^{f} m_i(T) = \binom{n}{2}(s-1) - 3A_3(T)$;

(b) $\sum_{i=1}^{q}\{m_i(T)\}^2 = \binom{n}{2}(s-1) + 6(s-2)A_3(T) + 6A_4(T)$.

证明 对于 (a), 注意到设计 T 共有 $\nu = \binom{n}{2}(s-1)$ 个 2fi 束, 它们中的任何一个都不出现在分辨度至少为 III 的设计 T 的定义关系中, 而且它们中有 $3A_3(T)$ 个与主效应束别名, 所以 (a) 成立.

对于 (b), 注意到

$$\frac{1}{2}\sum_{i=1}^{q}\{m_i(T)\}^2 = \frac{1}{2}\sum_{i=1}^{q} m_i(T) + \frac{1}{2}\sum_{i=1}^{q} m_i(T)\{m_i(T)-1\}. \tag{5.1.3}$$

和 (a) 一样可以证明,

$$\sum_{i=1}^{q} m_i(T) = \binom{n}{2}(s-1). \tag{5.1.4}$$

此外, (5.1.3) 式右侧的第二项等于在 T 的同一个别名集中出现的不同 2fi 束可以形成的无序对的数量. 根据 (2.4.4) 和 (2.4.9) 式, 称 T 的任意定义束 b_{def} 导致一个无序对, 如果对于该对中 2fi 束的某些表示 b 和 b^*, b_{def} 等于 $b - b^*$ 或 $b^* - b$. 显然, 因为 b 和 b^* 各有两个非零元且 T 的分辨度至少为 III, 所以 b_{def} 有三个或四个非零元. 现在注意以下几点:

(i) T 的每个有三个或四个非零元的定义束分别导致出现在 T 的相同别名集的 2fi 束的 $3(s-2)$ 或 3 个无序对. 例如, 一个定义束 $(b_1, b_2, b_3, 0, \cdots, 0)'$, 其中 $b_i \neq 0$ $(i = 1, 2, 3)$, 导致 $3(s-2)$ 个这样的无序对, 如下所示

$$\{((b_{11}, b_2, 0, \cdots, 0)', (b_{11} - b_1, 0, -b_3, 0, \cdots, 0)') : b_{11}(\neq 0, b_1) \in \mathrm{GF}(s)\},$$

$$\{((b_1, b_{21}, 0, \cdots, 0)', (0, b_{21} - b_2, -b_3, 0, \cdots, 0)') : b_{21}(\neq 0, b_2) \in \mathrm{GF}(s)\},$$

$$\{((b_1, 0, b_{31}, \cdots, 0)', (0, -b_2, b_{31} - b_3, 0, \cdots, 0)') : b_{31}(\neq 0, b_3) \in \mathrm{GF}(s)\}.$$

(ii) 不存在两个不同的定义束能导致这里所考虑的同一个无序对.

上述讨论表明, (5.1.3) 式右侧的第二项等于 $3(s-2)A_3(T) + 3A_4(T)$. 因此, 由 (5.1.3) 和 (5.1.4), (b) 成立. $\qquad\square$

一个 MA 设计最小化 $A_3(T)$, 在该条件下, 也最小化 $A_4(T)$. 因此, 由定理 5.1.2, 该设计最大化 $\sum_{i=1}^{f}\{m_i(T)\}$, 并且在该条件下最小化 $\sum_{i=1}^{q}\{m_i(T)\}^2$. 所

以我们也期望在 MA 设计中 $\sum_{i=1}^{f}\left\{m_i(T)\right\}^2$ 很小. 因此, 除了最大化 $\sum_{i=1}^{f} m_i(T)$ 外, 期望 MA 设计 $m_1(T), \cdots, m_f(T)$ 相互接近. 如前所述, 鉴于定理 5.1.1, 这些正好是在估计容量准则下设计表现良好的要求. 因此, 在估计容量的准则下, MA 设计有望表现良好. 这些问题将在后续章节中更详细地探讨, 并且定理 5.1.1 中的充分条件将对推导结果特别有帮助.

5.2   与补集的联系

与前两章相同, 补集在估计容量的研究中发挥着关键作用. 接下来可以看到, 它们在这种情况下是自然产生的.

定理 2.7.1 表明, $\mathrm{PG}(n-k-1, s)$ 的 $q\left[=\left(s^{n-k}-1\right) /(s-1)\right]$ 个点与一个 s^{n-k} 设计 T 的 q 个别名集之间存在一一对应关系. T 的任何别名集都对应 $\mathrm{PG}(n-k-1, s)$ 中的点 $V(T)b$, 其中 b 是别名集中的任意束. 特别地, 如果一个别名集包含一个主效应束, 例如 b, 那么 $V(T)b$ 简化为 $V(T)$ 的一列, 即 T 的一个点. 因此, 包含主效应束的 T 的 n 个别名集对应于 T 的 n 个点. 故而, T 的剩余的 $f(=q-n)$ 个别名集对应于 $\mathrm{PG}(n-k-1, s)$ 中 T 的补集 $\overline{T}$ 的 f 个点. 令 $\overline{T}=\{h_1, \cdots, h_f\}$ 和 $T=\{h_{f+1}, \cdots, h_q\}$, 其中 $h_1, \cdots, h_q$ 是 $\mathrm{PG}(n-k-1, s)$ 中的点, 并且对于 $1 \leqslant i \leqslant f$, h_i 对应于 T 的不包含主效应束的第 i 个别名集. 接下来的引理显而易见.

引理 5.2.1   对于 $1 \leqslant i \leqslant f$, $m_i(T)$ 等于 2fi 束 b 的数量, 使得 $V(T)b$ 与 h_i 成正比, 从而可代表 h_i.

后续结果的表示需要更多的记号. 对于 $\lambda(\neq 0) \in \mathrm{GF}(s)$ 和不同的 $i, j, r\,(1 \leqslant i, j, r \leqslant q)$, 定义示性函数

$$\zeta_{ijr}(\lambda) = \begin{cases} 1, & h_j + \lambda h_r \propto h_i, \\ 0, & \text{否则}, \end{cases} \tag{5.2.1}$$

$$\theta_{ijr}(\lambda) = \begin{cases} 1, & h_i, h_j, h_r \text{ 线性相关}, \\ 0, & \text{否则}. \end{cases} \tag{5.2.2}$$

容易看出, 对于任意固定的不同 i, j, r, 最多存在一个 $\lambda\,(\neq 0) \in \mathrm{GF}(s)$, 使得 $\zeta_{ijr}(\lambda) = 1$, 并且这样的 λ 存在当且仅当 h_i, h_j 和 h_r 是线性相关的. 因此

$$\sum_{\lambda(\neq 0) \in \mathrm{GF}(s)} \zeta_{ijr}(\lambda) = \theta_{ijr}. \tag{5.2.3}$$

此外, $\mathrm{PG}(n-k-1, s)$ 的任何两个点的线性组合生成另外 $s-1$ 个点, 使得对于

任意固定的 i, j $(1 \leqslant i \neq j \leqslant q)$, 有

$$\sum_{\substack{r=1 \\ r \neq i,j}}^{q} \theta_{ijr} = s - 1. \tag{5.2.4}$$

对于 $1 \leqslant i \leqslant f$, 定义

$$\phi_i = \text{线性相关的三元组 } \{h_i, h_j, h_r\} \text{ 的数量,}$$

$$\text{其中 } i, j, r \text{ 是 } \{1, \cdots, f\} \text{ 中不同元素且 } j < r. \tag{5.2.5}$$

以下等式表明, 计算 $m_i(T)$ 等价于计算 ϕ_i.

引理 5.2.2 对于 $1 \leqslant i \leqslant f$, $m_i(T) = \dfrac{1}{2}(s-1)(q - 2f + 1) + \phi_i$.

证明 对于任意固定的 i $(1 \leqslant i \leqslant f)$, 令 $\Delta_{1i}, \cdots, \Delta_{6i}$ 表示 θ_{ijr} 关于 j 和 r 的和, 求和范围分别是

$$
\begin{aligned}
&\text{(i)} \quad f + 1 \leqslant j < r \leqslant q, \\
&\text{(ii)} \quad f + 1 \leqslant j \neq r \leqslant q, \\
&\text{(iii)} \quad 1 \leqslant j \neq r \leqslant q, \quad j \neq i, \quad r \neq i, \\
&\text{(iv)} \quad 1 \leqslant j \neq r \leqslant f, \quad j \neq i, \quad r \neq i, \\
&\text{(v)} \quad 1 \leqslant j \leqslant f, \quad f + 1 \leqslant r \leqslant q, \quad j \neq i, \\
&\text{(vi)} \quad f + 1 \leqslant j \leqslant q, \quad 1 \leqslant r \leqslant f, \quad r \neq i.
\end{aligned}
$$

由 (5.2.2) 和 ϕ_i 的定义, 得

$$\Delta_{1i} = \frac{1}{2}\Delta_{2i}, \quad \Delta_{5i} = \Delta_{6i}, \quad \phi_i = \frac{1}{2}\Delta_{4i}. \tag{5.2.6}$$

现在, $T = \{h_{f+1}, \cdots, h_q\}$ 并且 $V(T) = (h_{f+1}, \cdots, h_q)$. 由于任意 2fi 束 b 都有两个非零元, 其中第一个可以取为 1, 很明显, $V(T)b$ 一定对于某 $j, r(f+1 \leqslant j < r \leqslant q)$, 具有 $h_j + \lambda h_r$ 的形式, 其中 λ 是 b 的第二个非零元. 因此, 根据引理 5.2.1, 对于 $1 \leqslant i \leqslant f$, $m_i(T)$ 等于使 $h_j + \lambda h_r$ 与 h_i 成正比的 $j, r(f+1 \leqslant j < r \leqslant q)$ 以及 λ $(\neq 0) \in \text{GF}(s)$ 的选择数, 即由 (5.2.1), 得

$$m_i(T) = \sum_{f+1 \leqslant j < r \leqslant q} \sum_{\lambda(\neq 0) \in \text{GF}(s)} \zeta_{ijr}(\lambda),$$

因此, 根据 (5.2.3), (5.2.6) 和上述 (i)—(vi), 有

$$m_i(T) = \sum_{f+1 \leqslant j < r \leqslant q} \theta_{ijr} = \Delta_{1i} = \frac{1}{2}\Delta_{2i}$$

$$= \frac{1}{2}(\Delta_{3i} - \Delta_{4i} - \Delta_{5i} - \Delta_{6i}) = \frac{1}{2}(\Delta_{3i} - \Delta_{4i} - 2\Delta_{5i}). \tag{5.2.7}$$

对于固定的 i, j $(1 \leqslant i \neq j \leqslant f)$, 由 (5.2.4), 得

$$\sum_{r=f+1}^{q} \theta_{ijr} = \sum_{\substack{r=1 \\ r \neq i,j}}^{q} \theta_{ijr} - \sum_{\substack{r=1 \\ r \neq i,j}}^{f} \theta_{ijr} = s - 1 - \sum_{\substack{r=1 \\ r \neq i,j}}^{f} \theta_{ijr}. \tag{5.2.8}$$

(5.2.8) 对 j $(1 \leqslant j \leqslant f, j \neq i)$ 求和, 并结合上述 (iv) 和 (v), 得

$$\Delta_{5i} = (s-1)(f-1) - \Delta_{4i}. \tag{5.2.9}$$

类似地, 对于固定的 i $(1 \leqslant i \leqslant f)$, (5.2.4) 对 j $(1 \leqslant j \leqslant q, j \neq i)$ 求和, 有

$$\Delta_{3i} = (s-1)(q-1). \tag{5.2.10}$$

如果在 (5.2.7) 中替换 (5.2.9) 和 (5.2.10), 然后使用 (5.2.6) 中最后一个关系, 结果得证.   □

例 5.1.1(续)   为了说明上述思想, 再次考虑例 5.1.1 中的设计 T_1. 回顾例 2.5.1 可以知道, T_1 中的处理组合 x 满足 $B_1 x = 0$, 其中

$$B_1 = \begin{bmatrix} 1 & 1 & 0 & 2 & 0 \\ 1 & 2 & 1 & 0 & 2 \end{bmatrix}.$$

B_1 的行空间与

$$G_1 = \begin{bmatrix} 1 & 0 & 0 & 1 & 1 \\ 0 & 1 & 0 & 1 & 2 \\ 0 & 0 & 1 & 0 & 1 \end{bmatrix}$$

互为正交补集. 与定理 2.7.1 的证明一样, 将 G_1 的列解释为 PG(2,3) 的点, 集合 T_1 可以明确地表示为

$$T_1 = \{(1,0,0)', (0,1,0)', (0,0,1)', (1,1,0)', (1,2,1)'\}.$$

那么 $V(T_1) = G_1$, 且

$$\overline{T}_1 = \{(1,2,0)', (1,0,1)', (1,0,2)', (0,1,1)', (0,1,2)', (1,1,1)', (1,1,2)', (1,2,2)'\}.$$

$\overline{T}_1$ 的八个点对应于前一节中列出的 T_1 的八个别名集. 考虑第一个别名集, 它由 $12^2 = 14 = 24 = 35^2 = \cdots$ 给出. 把这个别名集中任何束 b 用向量符号

表示, $V(T_1)b(= G_1 b)$ 表示 $\overline{T}_1$ 的点 $(1, 2, 0)'$. 因此, 这个别名集对应于 $\overline{T}_1$ 的
第一个点 $(1, 2, 0)'$. 按上面列出的顺序用 $h_1, \cdots, h_8$ 表示 $\overline{T}_1$ 的八个点, 观察可
知, 有六个线性相关的三元组包含 $h_1 = (1, 2, 0)'$ 和 $\overline{T}_1$ 的另外两个点. 这些三元
组是 $\{h_1, h_2, h_4\}, \{h_1, h_2, h_7\}, \{h_1, h_4, h_7\}, \{h_1, h_3, h_5\}, \{h_1, h_3, h_6\}, \{h_1, h_5, h_6\}$.
因此 $\phi_1 = 6$. 由于在这个例子中, $s = 3, q = 13$ 且 $f = 8$, 所以对 $i = 1$, 引理 5.2.2
中等式的右侧等于 $\phi_1 - 2 = 4$, 与左侧相同, 即 $m_1(T_1)$. 同理, 可以从基本原理验
证, 引理 5.2.2 的结论对前面列出的其余七个别名集中的每一个都成立. $\square$

令 $\phi(T) = (\phi_1, \cdots, \phi_f)'$, 其中 ϕ_i 在 (5.2.5) 中定义. 由定理 5.1.1 和引理
5.2.2 得到以下重要结果.

定理 5.2.1 给定两个 s^{n-k} 设计 T_1 和 T_2, 如果 $\phi(\overline{T}_1)$ 被 $\phi(\overline{T}_2)$ 上弱优化,
并且无法通过置换 $\phi(\overline{T}_2)$ 的元素获得, 那么 T_1 在估计容量方面优于 T_2.

为了得到 $\phi(\overline{T})$, 只需要考虑基数为 f 的补集 $\overline{T}$. 因此, 引理 5.2.2 和定理
5.2.1 可以大大简化估计容量的研究, 特别是当 f 很小时, 这种情形对应于几乎饱
和的情况. 虽然这延续了前面两章的思想, 但一个新特征是必须特别注意别名型.

特别地, 对于 $f = 1$ 或 2, 所有设计都是同构的, 因此, 与 MA 准则一样, 它们
在估计容量方面是等价的. 如果注意到当 $f = 1$ 或 2 时, 对每个 i 有 $\phi_i = 0$, 那么
这一点由 (5.1.1) 和引理 5.2.2 也可以很容易得出. 因此, 在本章的剩余部分, 将重
点关注 $f \geqslant 3$ 的情况.

5.3 2^n 因析设计的估计容量

本节考虑 $s = 2$ 的情况. $PG(n - k - 1, 2)$ 的三个点是线性相关的, 当且仅当
它们的和为零向量. 显然, 三个这样的点形成一个 1-平面或一条线, 参见 4.4 节.
因此, 对于 $1 \leqslant i \leqslant f$, 可以从几何的角度将 ϕ_i 解释为通过 $\overline{T}$ 的第 i 个点和 $\overline{T}$ 的
另外两个点的线的条数. 此外, 因为每条线包含三个点, $\sum_{i=1}^{f} \phi_i$ 等于 $\overline{T}$ 中包含的
线的总条数的三倍. 因此, 定理 5.2.1 表明, 如果一个 2^{n-k} 设计保证 $\overline{T}$ 中包含的
线的条数比较大, 并且这些线在 $\overline{T}$ 的点上尽可能均匀地分布, 那么该 2^{n-k} 设计在
估计容量方面应该表现良好. 在 (4.3.3) 中取 $s = 2$ 或直接从 3.3 节, 可以明显得
到, $\overline{T}$ 中包含的线的条数与 $A_3(\overline{T})$ 相同.

下述引理 5.3.1 (Chen and Hedayat, 1996) 和包含最大线数 (或等价地最大化
$A_3(\overline{T})$) 的 $PG(n - k - 1, 2)$ 的子集有关, 在本节将非常有用. 它的证明很巧妙, 但
有点长, 因此这里省略了. 在下文中, 一个 r-集或 r-子集表示一个基数为 r 的集
合或子集.

引理 5.3.1 令 $2^{w-1} \leqslant f < 2^w (2 \leqslant w \leqslant n - k)$. 那么一个 $PG(n - k - 1, 2)$
的 f-子集 $\overline{T}$ 包含最大数量的线, 当且仅当 $\overline{T} = \mathcal{F} - \mathcal{G}$, 即 $\mathcal{G}$ 在 $\mathcal{F}$ 中的补集, 其中

$\mathcal{F}$ 是 PG$(n-k-1,2)$ 的任意 $(w-1)$-平面, 并且 $\mathcal{G}$ 是 $\mathcal{F}$ 的一个不包含任何线的 $(2^w - 1 - f)$-子集.

不难看出, 我们总可以找到一个引理 5.3.1 设想的子集 $\mathcal{G}$. 令 $h^{(1)}, \cdots, h^{(w)}$ 是一个 $(w-1)$-平面 $\mathcal{F}$ 中的线性无关的点, 并定义 $\mathcal{G}_0 = \mathcal{F} - \mathcal{F}_0$, 其中 $\mathcal{F}_0$ 是由 $h^{(1)}, \cdots, h^{(w-1)}$ 生成的 $(w-2)$-平面. 那么 $\mathcal{G}_0$ 不包含任何线, 因为它的点形如

$$h^{(w)} + (h^{(1)}, \cdots, h^{(w-1)}\text{的一个线性组合}).$$

现在 $f \geqslant 2^{w-1}$, 即 $2^w - 1 - f \leqslant 2^{w-1} - 1$, 并且 $\mathcal{G}_0$ 的基数为 2^{w-1}. 因此, 选择 $\mathcal{G}$ 为 $\mathcal{G}_0$ 的任何 $(2^w - 1 - f)$-子集就足够了.

定理 5.3.1   假设 $2^{w-1} \leqslant f < 2^w (2 \leqslant w \leqslant n-k)$ 且 $\mathcal{F}$ 是 PG$(n-k-1,2)$ 的一个 $(w-1)$-平面. 此外, 假设存在 $\mathcal{F}$ 的一个 $(2^w - 1 - f)$-子集 $\mathcal{G}^*$, 使得 $\mathcal{G}^*$ 的任意四个点都是线性无关的. 那么 2^{n-k} 设计 T^* 具有最大估计容量 (MEC), 其中 $\overline{T}^* = \mathcal{F} - \mathcal{G}^*$. 在这种情况下, 如果一个设计 T 具有 MEC, 那么 $\overline{T}$ 必须具有上述结构.

证明   考虑 $\mathcal{F}$ 的任何不包含线的 $(2^w - 1 - f)$-子集, 比如 $\mathcal{G}$, 并令 $\overline{T} = \mathcal{F} - \mathcal{G}$. 由于 $\mathcal{F}$ 是一个 $(w-1)$-平面, 其每个点都属于包含在 $\mathcal{F}$ 中的 $2^{w-1} - 1$ 条线. 因此, 对于 $1 \leqslant i \leqslant f$, 有 $2^{w-1} - 1$ 条线包含在 $\mathcal{F}$ 中, 且穿过 $\overline{T}(\subset \mathcal{F})$ 的第 i 个点. 关于任何这种线上的另外两点, 共有以下三种互相排斥的可能性:

(i) 两者都属于 $\overline{T}$;

(ii) 一个属于 $\overline{T}$, 另一个属于 $\mathcal{G}$;

(iii) 两者都属于 $\mathcal{G}$.

根据定义, 可能性 (i) 产生 ϕ_i 条线. 此外, 设类型 (iii) 的线有 r_i 条, 即穿过 $\overline{T}$ 的第 i 个点和 $\mathcal{G}$ 的两个点的线. 因为两条线最多可以有一个共同点, 这 r_i 条线一起涵盖了 $\mathcal{G}$ 的 $2r_i$ 个点. $\mathcal{G}$ 剩余 $(2^w - 1 - f - 2r_i)$ 个点中的每一个点产生类型 (ii) 的一条线. 这样枚举得到 $2^{w-1} - 1 = \phi_i + (2^w - 1 - f - 2r_i) + r_i$, 即

$$\phi_i = f - 2^{w-1} + r_i, \quad 1 \leqslant i \leqslant f. \tag{5.3.1}$$

现在, $\mathcal{G}^*$ 中任意四个点是线性无关的. 因此 $\mathcal{G}^*$ 不包含线, 并且对于任何四个点 $h_{(1)}, \cdots, h_{(4)} \in \mathcal{G}^*$, 由 $(h_{(1)}, h_{(2)})$ 和 $(h_{(3)}, h_{(4)})$ 确定的线不相交. 因此, 对于 $\overline{T}^* = \mathcal{F} - \mathcal{G}^*$, 每个 r_i 要么是 1, 要么是 0, 根据 (5.3.1), $\phi_1, \cdots, \phi_f$ 最多相差 1. 同样根据引理 5.3.1, $\overline{T}^*$ 包含最大可能的线的条数, 即最大化 $\sum_{i=1}^{f} \phi_i$. 因此, 很明显, 对于 PG$(n-k-1,2)$ 的所有 f-子集 $\overline{T}$, $\phi(\overline{T}^*)$ 被 $\phi(\overline{T})$ 上弱优化. 根据定理 5.2.1, 设计 T^* 具有 MEC, 其中 T^* 是 PG$(n-k-1,2)$ 中 $\overline{T}^*$ 的补集.

如果任何其他 T 也代表一个具有 MEC 的设计, 那么 $\phi(\overline{T})$ 可以从 $\phi(\overline{T}^*)$ 中通过置换元素获得. 那么像 $\overline{T}^*$ 一样, $\overline{T}$ 包含最大可能的线的条数, 从而根据引理

5.3.1, $\overline{T} = \mathcal{F} - \mathcal{G}$, 其中 $\mathcal{F}$ 是某个 $(w-1)$-平面, 并且 $\mathcal{G}(\subset \mathcal{F})$ 不包含任何线. 此外, 由于 $\phi(\overline{T})$ 是 $\phi(\overline{T}^*)$ 的置换, 由 (5.3.1), 每个 r_i 对于这样的 $\mathcal{G}$ 要么是 1 要么是 0. 因此, 给定 $\overline{T}$ 的任何点, 最多存在一条线穿过该点和 $\mathcal{G}$ 的两点. 由于 $\mathcal{G}$ 不包含线, 所以对于任何四个点 $h_{(1)}, \cdots, h_{(4)} \in \mathcal{G}$, 由 $(h_{(1)}, h_{(2)})$ 和 $(h_{(3)}, h_{(4)})$ 确定的线不相交. 因此, $\mathcal{G}$ 中任意四个点是线性无关的. $\qquad\square$

在定理 5.3.1 的条件下, 只要 $w < n - k$, 则 $V(T^*)$ 满足行满秩的要求. 通过与定理 4.4.2 的证明类似可得.

现在考虑定理 5.3.1 的一些应用. 对于 $f = 2^w - 1\ (2 \leqslant w < n - k)$, 由 T^* 给定的设计具有 MEC 当且仅当 $\overline{T}^*$ 是一个 $(w-1)$-平面. 对于 $f = 2^w - 2, 2^w - 3$ 或 $2^w - 4\ (3 \leqslant w < n - k)$, T^* 表示一个 MEC 设计, 当且仅当 $\overline{T}^*$ 是通过从一个 $(w-1)$-平面中删除 (i) 任何一个点, (ii) 任何两个点, 或 (iii) 任何三个非共线点获得的. 在每种情况下, 根据引理 5.3.1, $\overline{T}^*$ 的结构是唯一可以最大化线的条数的. 因此, 回顾第 3 章中研究的补设计理论, T^* 也具有 MA. 特别地, 因为 $3 = 2^2 - 1, 4 = 2^3 - 4$, 等等, 上述情况包括 $3 \leqslant f \leqslant 7$ 给出的近饱和设计的情况.

对于 $f = 2^w - 5\ (4 \leqslant w < n - k)$, $\overline{T}^*$ 具有 MEC 当且仅当 $\overline{T}^*$ 是通过从一个 $(w-1)$-平面中删除任何四个线性无关的点获得的. 与 3.3 节中 $f = 11$ 的情况同样推导表明, 这样一个设计具有 MA.

对于 $f = 2^w - 6\ (4 \leqslant w < n - k)$, 如果 $\overline{T}^*$ 是通过从一个 $(w-1)$-平面中删除形如 $h^{(1)}, h^{(2)}, h^{(3)}, h^{(4)}$ 和 $h^{(1)} + h^{(2)} + h^{(3)} + h^{(4)}$ 的任意五个点获得的, 其中 $h^{(1)}, \cdots, h^{(4)}$ 线性无关, 那么 $\overline{T}^*$ 具有 MEC. 然而, 除非 $w = 4$, 这不是保证具有 MEC 的 $\overline{T}$ 的唯一结构. 例如, 当 $w \geqslant 5$ 时, 通过从 $(w-1)$-平面中删除五个线性无关的点来获得 $\overline{T}_1^*$, 那么 T_1^* 也具有 MEC. 可以看出, T_1^* 也具有 MA. 另外, T^* 不是 MA 设计, 除非 $w = 4$. 对于 $f = 2^w - 6$, 如果 $w(\geqslant 4)$ 等于 $n - k$, $V(T^*)$ 或 $V(T_1^*)$ 是否仍是行满秩的? 要回答这个问题, 注意到如果 $w = n - k$, 那么 $n = (2^{n-k} - 1) - f = 5$, 并且由于 $n - k = w \geqslant 4$, 那么一定有 $k = 1$. 因此, $w = n - k = 4$, 从而 T_1^* 不存在, 并且 T^* 由五个点 $h_{(1)}, \cdots, h_{(4)}$ 和 $h^{(1)} + h^{(2)} + h^{(3)} + h^{(4)}$ 组成. 由于 $n - k = 4$ 且 $h_{(1)}, \cdots, h_{(4)}$ 是线性无关的, 所以 $V(T^*)$ 确实是行满秩的.

例 5.3.1　令 $n = 21, k = 16$. 那么 $f = (2^{n-k} - 1) - n = 10 = 2^4 - 6$. 使用紧记号, 令 $\mathcal{F}$ 为由点 $1, 2, 3$ 和 4 生成的 3-平面. 则通过上一段的讨论, 2^{21-16} 设计 T^* 具有 MEC, 其中

$$\overline{T}^* = \{1, 2, 3, 4, 12, 13, 14, 23, 24, 34\}$$

是通过从 $\mathcal{F}$ 中删除四个线性无关的点 $123, 124, 134, 234$ 及其和 1234 获得的. 这里 $f = 10$, 很显然, 根据 3.3 节, T^* 也具有 MA. $\qquad\square$

说明 MA 和 MEC 两个准则之间一致性的例子比比皆是. 为了说明这一点, 回顾 16 个水平组合的 2^{n-k} 设计. 对于 $5 \leqslant n \leqslant 12$, 所有非同构的 16 个水平组合的设计都在表 3A.2 中列出并按低阶混杂排名. 使用定理 5.2.1 的优化论, 从该表中可以看出, 除了 $n = 6$ 和 7 外, 在 n 的这个范围内 MA 设计都是唯一的 MEC 设计. 下面的例 5.3.2 以 $n = 9$ 的情况举例说明. $n = 6$ 的特例见例 5.3.3. 另一个特例 $n = 7$ 的情况在练习中给出.

例 5.3.2　令 $n = 9, k = 5$. 考虑表 3A.2 中列出的五个 2^{9-5} 设计 9-5.1, $\cdots$, 9-5.5. 这些设计是根据低阶混杂排序的, 即设计 9-5.1 具有 MA, 而设计 9-5.5 在低阶混杂方面表现最差. 令 $\overline{T}_1, \cdots, \overline{T}_5$ 表示这五个设计的补集 $\overline{T}$. 使用与例 5.3.1 中相同的符号, 那么

$$\overline{T}_1 = \{23, 123, 24, 124, 34, 134\}, \qquad \overline{T}_2 = \{23, 123, 14, 124, 134, 234\},$$
$$\overline{T}_3 = \{123, 24, 124, 34, 134, 1234\}, \quad \overline{T}_4 = \{123, 124, 34, 134, 234, 1234\},$$
$$\overline{T}_5 = \{24, 124, 34, 134, 234, 1234\}.$$

观察到 $\overline{T}_1$ 包含四条线, 即 $\{23, 24, 34\}$, $\{23, 124, 134\}$, $\{123, 24, 134\}$ 和 $\{123, 124, 34\}$. 在这四条线中, 对 $\overline{T}_1$ 的任何一点都有两条穿过. 因此 $\phi(\overline{T}_1) = (2, 2, 2, 2, 2, 2)'$. 同理,

$$\phi(\overline{T}_2) = (1, 1, 1, 1, 1, 1)', \quad \phi(\overline{T}_3) = (2, 1, 1, 1, 1, 0)',$$
$$\phi(\overline{T}_4) = (1, 1, 1, 0, 0, 0)', \quad \phi(\overline{T}_5) = (0, 0, 0, 0, 0, 0)'.$$

因此, 对于 $1 \leqslant j \leqslant 4$, $\phi(\overline{T}_j)$ 被 $\phi(\overline{T}_{j+1})$ 上弱优化, 并且不能通过从 $\phi(\overline{T}_{j+1})$ 中置换其元素获得. 因此, 根据定理 5.2.1, MA 设计 9-5.1 也具有 MEC. 此外, 在本例中, 低阶混杂和估计容量这两个准则对设计的排序是相同的. □

例 5.3.3　令 $n = 6, k = 2$. 考虑表 3A.2 中列出的四个 2^{6-2} 设计 6-2.1, $\cdots$, 6-2.4. 令 $\overline{T}_1, \cdots, \overline{T}_4$ 分别表示这四个设计的补集 $\overline{T}$. 与上个例子一样, 在它们的元素可以置换的意义下, 可以得到

$$\phi(\overline{T}_1) = (1, 1, 3, 3, 3, 3, 3, 3, 4)', \quad \phi(\overline{T}_2) = (2, 2, 2, 2, 2, 2, 3, 3, 3)',$$
$$\phi(\overline{T}_3) = (2, 2, 2, 2, 2, 2, 2, 2, 2)', \quad \phi(\overline{T}_4) = (1, 1, 2, 2, 2, 2, 2, 3, 3)'.$$

定理 5.2.1 的优化论表明, 在估计容量方面, 设计 6-2.2 优于设计 6-2.3 和设计 6-2.4. 因此, 只需要比较设计 6-2.1 和设计 6-2.2. 由于 $\phi(\overline{T}_1)$ 和 $\phi(\overline{T}_2)$ 都不能被对方上弱优化, 因此必须使用 (5.1.1) 和引理 5.2.2 对每个 r 计算 $E_r(T_1)$ 和 $E_r(T_2)$. 这里, $s = 2, q = 15, f = 9$, 对每个 i, 由引理 5.2.2 推出 $m_i(T) = \phi_i - 1$. 因此

$$m(T_1) = (0, 0, 2, 2, 2, 2, 2, 2, 3)', \quad m(T_2) = (1, 1, 1, 1, 1, 1, 2, 2, 2)',$$

并且由 (5.1.1), 得

$$(E_i(T_1))_{i=1}^9 = (15, 96, 340, 720, 912, 640, 192, 0, 0)$$

和

$$(E_i(T_2))_{i=1}^9 = (12, 63, 190, 363, 456, 377, 198, 60, 8).$$

由于 $f = 9$, 对于 $r > 9$, 显然有 $E_r(T_1) = E_r(T_2) = 0$. 因此, MA 设计 6-2.1 对每个 $1 \leqslant r \leqslant 6$ 最大化 $E_r(T)$, 而次好的设计 6-2.2 当 $r = 7, 8, 9$ 时最大化 $E_r(T)$. □

Cheng, Steinberg 和 Sun (1999) 以及 Cheng 和 Mukerjee (1998) 发表了关于 32 个水平组合的 2^{n-k} 设计的类似研究. 同样, 当 $n \leqslant 8$ 或 $n \geqslant 16$ 时, MA 设计都具有 MEC.

本节的结果表明, MA 和 MEC 准则通常是一致的. 另外, 如例 3.4.1 所示, 并有第 3 章末尾的设计表证实, 3.4 节引入的 MaxC2 准则可能与 MA 准则相冲突. 更具体地说, 在例 3.4.1 中, 2^{9-4} MA 设计 d_0 有 8 个纯净的 2fi, 而 MA 准则下次好的 2^{9-4} 设计 d_1 有 15 个纯净的 2fi. 可以验证, d_0 的 $E_r(T)$ 值大于 d_1 的 $E_r(T)$ 值, 因而 d_0 在估计容量方面优于 d_1 (细节留作练习). 因此, MEC 和 MaxC2 这两个准则一般来说并不一致, 它们给出了不同的设计优劣衡量标准. MaxC2 的目的是找到一个单模型, 该模型由所有主效应和尽可能多地在不被别名的情况下可估的 2fi 组成. 纯净效应的定义确保了效应的可估性, 这里不要求不在模型中的 2fi 缺失. MEC 的目标是通过 $E_r(T)$ 值的最大化获得尽可能多的模型, 其中所有主效应和 r 个 2fi 都是可估计的. 对于 MEC 来说, 效应的可估计性要求所有不在模型中的 2fi 都不存在. 由于这种显著差异, 这两个准则的表现可能非常不同. 为了进一步理解为什么这些准则的表现不同, 需要对它们在数据分析中的影响进行更多研究.

5.4 s^n 因析设计的估计容量

现在转到一般素数或素数幂 s 的情况. 考虑一个 s^{n-k} 设计 T, 和以前一样, 记 $\overline{T} = \{h_1, \cdots, h_f\}$, $T = \{h_{f+1}, \cdots, h_q\}$ 和 $V(\overline{T}) = (h_1, \cdots, h_f)$. 为了避免平凡性, 令 $f \geqslant 3$. 那么下面的引理成立.

引理 5.4.1   (a) 对于 $1 \leqslant i \leqslant f$,

$$\phi_i \leqslant \frac{1}{2}(f-1) \min\{f-2, s-1\}; \tag{5.4.1}$$

(b) 对于 $3 \leqslant f \leqslant s+1$, (5.4.1) 中的等式对每个 i 成立, 当且仅当 rank $[V(\overline{T})] = 2$;

(c) 对于 $f > s+1$, (5.4.1) 中的等式对每个 i 成立, 当且仅当 $f = (s^w - 1)/(s-1)$ 且 $\overline{T}$ 是一个 $(w-1)$-平面, 其中 $w \geqslant 3$.

证明   (a) 由 (5.2.6) 中的最后一个等式, 对 $1 \leqslant i \leqslant f$,

$$\phi_i = \frac{1}{2} \sum_{\substack{1 \leqslant j \neq r \leqslant f \\ j, r \neq i}} \sum \theta_{ijr}, \tag{5.4.2}$$

其中, 示性函数 θ_{ijr} 在 (5.2.2) 中定义. 由于对每个 i, j, r 有 $\theta_{ijr} \leqslant 1$, 由 (5.4.2) 得

$$\phi_i \leqslant \frac{1}{2}(f-1)(f-2). \tag{5.4.3}$$

再由 (5.2.4) 和 (5.4.2), 得

$$\phi_i = \frac{1}{2}\sum_{\substack{j=1 \\ j \neq i}}^{f}\left(\sum_{\substack{r=1 \\ r \neq i,j}}^{f}\theta_{ijr}\right) \leqslant \frac{1}{2}\sum_{\substack{j=1 \\ j \neq i}}^{f}\left(\sum_{\substack{r=1 \\ r \neq i,j}}^{q}\theta_{ijr}\right) = \frac{1}{2}(f-1)(s-1). \tag{5.4.4}$$

结合 (5.4.3) 和 (5.4.4) 知, 不等式 (5.4.1) 成立.

(b) 当 $3 \leqslant f \leqslant s+1$ 时, (5.4.1) 简化为 (5.4.3), 其中对于每个 i 等式成立, 当且仅当对于取自 $\{1, \cdots, f\}$ 的不同 i, j, r 的每个选择都有 $\theta_{ijr} = 1$, 即当且仅当 $\overline{T}$ 的每三个点都是线性相关的. 显然, 当且仅当 $\mathrm{rank}[V(\overline{T})] = 2$ 时才会发生这种情况.

(c) 当 $f > s+1$ 时, (5.4.1) 简化为 (5.4.4), 这里等式成立当且仅当对于每个 $i, j \in \{1, \cdots, f\}, i \neq j$, 有 $\sum_{r=f+1}^{q} \theta_{ijr} = 0$. 这种情况发生当且仅当 $\overline{T}$ 的任意两个点的线性组合都不在 $\overline{T}$ 外; 也就是说, $\overline{T}$ 是一个 $(w-1)$-平面, 且 $f = (s^w - 1)/(s-1)$, 这里因为 $f > s+1$, 所以 $w \geqslant 3$.   □

引理 4.4.3 的证明可由引理 5.4.1 推出. 从 (4.3.3) 可以看到, $A_3(\overline{T})$ 等于由 $\overline{T}$ 的点生成的线性相关的三元组的数量. 另外, 根据 ϕ_i 的定义, 任何这样的相关三元组在 $\sum_{i=1}^{f} \phi_i$ 中计算了三次. 因此, $A_3(\overline{T}) = \frac{1}{3}\sum_{i=1}^{f}\phi_i$, 并且引理 4.4.3 可以直接由引理 5.4.1 得到.

特别地, 如果 $n - k = 2$, 那么 $q = s+1$. 因此, $f < s+1$, 并且对于 T 的每个选择, $2 \times f$ 矩阵 $V(T)$ 的秩为 2. 因此, 根据引理 5.4.1 的 (a), (b) 以及 (5.1.1) 式和引理 5.2.2, 所有设计在估计容量方面都是等价的. 如 4.4 节所述, 它们在 MA 准则下也都是等价的. 对于 $n - k \geqslant 3$, 以下结果作为定理 5.2.1 和引理 5.4.1 的直接结论而成立.

定理 5.4.1   令 $n - k \geqslant 3$ 和 $3 \leqslant f \leqslant s + 1$. 那么一个 s^{n-k} 设计 T 具有最大估计容量, 当且仅当 $\mathrm{rank}\left[V(\overline{T})\right] = 2$.

定理 5.4.2   令 $f = (s^w - 1)/(s - 1)$, 其中 $3 \leqslant w < n - k$. 那么一个 s^{n-k} 设计 T 具有最大估计容量, 当且仅当 $\overline{T}$ 是一个 $(w - 1)$-平面.

通过定理 4.4.1 和定理 4.4.2 的比较表明, 在上两个定理的条件下, MEC 和 MA 这两个准则是完全一致的. 特别地, 例 4.4.1 和例 4.4.2 中考虑的 4^{17-14} 和 3^{27-23} MA 设计也具有 MEC.

如果再看 27 个处理组合的 3^{n-k} 设计, 可以进一步获得支持 MA 和 MEC 这两个准则之间一致性的证据. 此时 $4 \leqslant n \leqslant 13$, $n - k = 3$. 当 $n = 11, 12$ 和 13 (即 $f = 2, 1$ 和 0) 时, 所有这样的设计同构. 当 $4 \leqslant n \leqslant 10$ 时, 所有非同构的 27 个处理组合的 3^{n-k} 设计都在表 4A.2 中列出并按低阶混杂排序. 可以验证, 对于这个范围内的每个 n, 不仅 MA 设计具有 MEC, 而且这两个准则下设计的排序也相同. 为此, 除了两对设计必须要用 (5.1.1) 式, 定理 5.2.1 的优化论始终有效. 回到例 5.1.1 中的设计 T_1, 注意到 T_1 与表 4A.2 的设计 5-2.1 同构. 因此, 如上所述, T_1 具有 MEC.

我们以下例结束本节.

例 5.4.1   令 $n = 8, k = 5$. 考虑表 4A.2 中列出的三个 3^{8-5} 设计 8-5.1, 8-5.2 和 8-5.3. 这些设计是根据低阶混杂排序的, 即设计 8-5.1 具有 MA, 设计 8-5.2 是次好的, 等等. 令 $\overline{T}_1, \overline{T}_2$ 和 $\overline{T}_3$ 分别表示这三个设计的补集 $\overline{T}$. 使用紧记号, 我们有

$$\overline{T}_1 = \{12^2, 13, 23, 123^2, 12^2 3^2\}, \quad \overline{T}_2 = \{12, 13, 23, 123^2, 12^2 3^2\},$$
$$\overline{T}_3 = \{13, 23, 123, 13^2, 123^2\}.$$

现在 $\overline{T}_1$ 包含四个线性相关的三元组, 即

$$\{12^2, 13, 23\}, \quad \{12^2, 13, 123^2\}, \quad \{12^2, 23, 123^2\}, \quad \{13, 23, 123^2\}.$$

因此 $\phi(\overline{T}_1) = (3, 3, 3, 3, 0)'$. 类似地, $\phi(\overline{T}_2) = (1, 2, 1, 1, 1)'$, $\phi(\overline{T}_3) = (1, 1, 0, 0, 1)'$. 那么, $\phi(\overline{T}_1)$ 和 $\phi(\overline{T}_2)$ 都被 $\phi(\overline{T}_3)$ 上弱优化. 根据定理 5.2.1, 在估计容量方面, 设计 8-5.1 和设计 8-5.2 都优于设计 8-5.3. 另外, $\phi(\overline{T}_1)$ 和 $\phi(\overline{T}_2)$ 都没有被对方上弱优化. 因此, 为了比较设计 8-5.1 和设计 8-5.2, 必须对各个 r 明确获得 $E_r(T_1)$ 和 $E_r(T_2)$ (细节留作练习). 基于这些值, 设计 8-5.1 优于设计 8-5.2. 因此, 这两个准则对所考虑的设计的排序相同. $\qquad\Box$

练　习

5.1 证明每个分辨度为 V 或更高的 s^{n-k} 设计都具有 MEC.

5.2 对于 $f = 2$, 用基本原理验证 $E_2(T)$ 是 $m(T)$ 的一个 Schur 凹函数.

5.3 写出具有定义关系 $I = 1234 = 1256 = 3456$ 的 2^{6-2} 设计的别名集. 对于每个别名集, 识别 PG$(3,2)$ 上相应的点.

5.4 对例 5.1.1 中的别名集 $13 = 25 = \cdots$ 验证引理 5.2.2.

5.5 对于 $f = 2^w - 2(2 \leqslant w \leqslant n - k)$, 证明: 在引理 5.3.1 中设想的集合 $\overline{T}$ 包含 $\dfrac{2}{3}(2^{w-1} - 1)(2^{w-1} - 2)$ 条线.

5.6 考虑表 3A.2 中列出的五个 2^{7-3} 设计 7-3.1, $\cdots$, 7-3.5. 令 $\overline{T}_1, \cdots, \overline{T}_5$ 分别是这五个设计的补集 $\overline{T}$.

(a) 对于 $1 \leqslant i \leqslant 5$, 计算 $\phi(\overline{T}_i)$.

(b) 根据 (a) 的结果和定理 5.2.1 证明: 在估计容量方面, 设计 7-3.2 优于设计 7-3.3、设计 7-3.4 和设计 7-3.5 中的每一个.

(c) 对 $r \leqslant 8$, 用 (5.1.1) 和引理 5.2.2 计算 $E_r(T_1)$ 和 $E_r(T_2)$. 说明对 $1 \leqslant r \leqslant 7$, MA 设计 7-3.1 最大化 $E_r(T)$, 而次优设计 7-3.2 最大化 $E_8(T)$.

5.7 对例 5.4.1 中的设计 8-5.1 和设计 8-5.2, 用 (5.1.1) 和引理 5.2.2 计算 $m(T_1)$, $m(T_2)$, 从而对各个 r 得到 $E_r(T_1)$ 和 $E_r(T_2)$. 基于这些结果, 证明设计 8-5.1 优于设计 8-5.2, 并具有 MEC.

5.8 用 PG$(4,2)$ 上的集合 T_0 和 T_1 表示例 3.4.1 中的 2^{9-4} 设计 d_0 和 d_1. 计算 $\phi(\overline{T}_0)$ 和 $\phi(\overline{T}_1)$, 进而对各个 r 用 (5.1.1) 和引理 5.2.2 计算 $E_r(T_0)$ 和 $E_r(T_1)$. 基于这些结果, 证明在估计容量准则下, d_0 优于 d_1.

第 6 章 混合水平 MA 因析设计

本章的重点是将第 3 章和第 4 章中的思想推广到因子有不同水平数的设计. 首先讨论同时具有二水平和四水平因子的混合水平设计这一重要的特殊情况, 并考虑最小低阶混杂准则的推广. 更一般地, 考虑包含一个 s^r 水平因子和 n 个 s 水平因子的混合水平设计, 以及同时包含一个 s_1^r 水平因子、一个 s_2^r 水平因子和 n 个 s 水平因子的混合水平设计, 其中 s 是素数或素数幂. 这些设计可以很方便地使用有限射影几何描述并获得其性质. 补集的方法同样提供了一种在这些水平设置下搜索最小低阶混杂设计的一般方法.

6.1 基于替换法构造 $4^p \times 2^n$ 设计

在因子具有不同水平数的部分因析设计中, 那些具有二水平和四水平因子的部分因析设计具有最简单的数学结构. 我们把这些设计称为二、四混合水平设计, 或者简称为 $4^p \times 2^n$ 设计, 其中 p 表示四水平因子的数量, n 表示二水平因子的数量. 为了便于讨论 $4^p \times 2^n$ 设计, 需要推广 2.6 节给出的正交表的定义.

定义 6.1.1 一个强度为 g 的正交表 $\mathrm{OA}(N, n, s_1^{n_1} \cdots s_u^{n_u}, g)$ 是一个 $N \times n$ 表, $n = n_1 + \cdots + n_u$, 其中 n_i 个列中每列有 s_i 个符号 $(1 \leqslant i \leqslant u)$, 在每个 $N \times g$ 子表中, 所有可能的符号组合作为行出现次数相等.

对于 $u > 1$, 该表称为非对称或混合水平正交表. 对于 $u = 1$, 所有列的符号数相同, 该表简化为定义 2.6.1 中的表. 后一种情况下, 称其为对称正交表.

特别地, 强度为 2 的 $\mathrm{OA}(N, n, s_1^{n_1} \cdots s_u^{n_u}, 2)$ 可简写为 $\mathrm{OA}(N, s_1^{n_1} \cdots s_u^{n_u})$.

构造 $4^p \times 2^n$ 部分因析设计的最简单方法是从一个二水平设计开始, 将其三列替换为一个四符号列, 该二水平设计由具有两个符号的对称正交表给出 (参见定理 2.6.2). 为了说明这种方法, 考虑表 6.1 右侧给出的 2^{7-4} 设计. 由于表的第 3 列等于第 1 列和第 2 列的模 2 和, 我们可以将这三列替换为一个四符号列, 对应这三列的每一行遵循以下替换规则:

$$(0\,0\,0) \to 0, \quad (0\,1\,1) \to 1, \quad (1\,0\,1) \to 2, \quad (1\,1\,0) \to 3. \tag{6.1.1}$$

得到的表位于表 6.1 的左侧, 该表有一个四符号列, 用 T_0 表示; 四个二符号列, 用 $4, 5, 6, 7$ 表示. 根据定义 6.1.1, 该表是强度为 2 的 $\mathrm{OA}(8, 4^1 2^4)$. 将它的行解释为处理组合, 可以得到一个有 8 个处理组合的 4×2^4 设计. 注意到 2^{7-4} 设计也可以用 $\mathrm{OA}(8, 2^7)$ 表示, 为了一致性, 表 6.1 用了后一种表示方法.

表 6.1　由 OA $(8, 2^7)$ 构造 OA $(8, 4^1 2^4)$

T_0	4	5	6	7		1	2	3	4	5	6	7
0	0	0	0	0		0	0	0	0	0	0	0
0	1	1	1	1		0	0	0	1	1	1	1
1	0	0	1	1		0	1	1	0	0	1	1
1	1	1	0	0	$\leftarrow$	0	1	1	1	1	0	0
2	0	1	0	1		1	0	1	0	1	0	1
2	1	0	1	0		1	0	1	1	0	1	0
3	0	1	1	0		1	1	0	0	1	1	0
3	1	0	0	1		1	1	0	1	0	0	1

可以重复应用 (6.1.1) 中的替换规则来生成其他四符号列. 首先, 注意到上述构造中的三个二符号列对应于 3.3 节中引入的集合 H_3 的三个相关元素, 其中任意两个元素的乘积等于第三个. 为了描述一般过程, 使用 (3.3.1) 中 H_m 的 $2^m - 1$ 个元素来表示饱和设计 $2^{\nu-k}$ 的 $2^m - 1$ 个因子, 其中 $\nu = 2^m - 1$, $k = \nu - m$. 根据定理 2.6.2, 该饱和设计由强度为 2 的二符号对称正交表 $\mathrm{OA}(2^m, 2^\nu)$ 表示, 表的每一列对应一个因子. 假设在 H_m 的 $2^m - 1$ 个元素中, 有 p 个相互排斥形如 $\{a_i, b_i, a_i b_i\}$ 的元素集. 可以将 (6.1.1) 的规则应用于 $\mathrm{OA}(2^m, 2^\nu)$ 相应的 p 个列集的每一个, 以生成 p 个四符号列. 保留原表的其他 $\nu - 3p$ 个两符号列, 我们得到了一个 $\mathrm{OA}(2^m, 4^p 2^n)$, 其中 $n = \nu - 3p$. 如前, 由于 $3p + n = \nu$, 这个混合水平表给出了一个饱和的 $4^p \times 2^n$ 设计. 不饱和设计可以通过删除饱和 $4^p \times 2^n$ 设计中的一些因子 (列) 来获得. 称这种构造技术为**替换法**. 通过这种方法可达到的四符号列的最大数量记为 p, 当 m 为偶数时, $p = (2^m - 1)/3$; 当 m 为奇数时, $p = (2^m - 5)/3$. 有关此结果的证明以及 p 个互斥集合的具体构造, 请参阅 Wu (1989).

例 6.1.1　下面通过构造一个 16 个水平组合的 $4^3 \times 2^6$ 设计来说明此方法. 从 2^{15-11} 设计开始, 其 15 个因子 (列) 对应于 $H_4 = \{1, 2, 12, 3, 13, 23, 123, 4, 14, 24, 124, 34, 134, 234, 1234\}$ 的元素. 通过将 $\{1, 2, 12\}$, $\{3, 4, 34\}$ 和 $\{123, 134, 24\}$ 表示的三个列集替换为三个四符号列, 并保留对应于 $13, 23, 14, 124, 234, 1234$ 的其他六个二符号列, 我们得到了所需的 $4^3 \times 2^6$ 设计.　　　□

在如上构造的 $4^p \times 2^n$ 设计中, 哪一个是 "最优" 的, 应该使用哪个最优性准则? 一个显而易见的方法是定义一个推广的最小低阶混杂 (MA) 准则并找到相应的 MA 设计. 这将在下一节讨论.

6.2 $p = 1, 2$ 的 MA $4^p \times 2^n$ 设计

2^{n-k} 设计的 MA 准则应用于 $4^p \times 2^n$ 设计需要进行适当修改, 因为定义关系中包含四水平因子的字需要与仅包含二水平因子的字区别对待. 为了说明这种差异, 首先考虑选择一个 16 个水平组合的 4×2^4 设计的问题. 使用与例 6.1.1 中相同的符号, 四水平因子用 H_4 中的集合

$$T_0 = \{1, 2, 12\}$$

表示. 现在, 选择一个 4×2^4 设计相当于从 H_4 的其余 12 个元素中选择四个来表示四个二水平因子. 首先, 考虑设计

$$d_1 = d(T_0, 3, 4, 23, 134). \tag{6.2.1}$$

它由 T_0 给出的四水平因子和 $3, 4, 23, 134$ 表示的四个二水平因子组成. 容易看出, 四个元素 $3, 4, 23, 134$ 是独立的. 为了获得设计 d_1 的定义关系, 注意到与四水平因子的主效应相关的三个自由度对应于 T_0 的元素 $1, 2$ 和 12. 这一点可直观地从 (6.1.1) 的替换规则中看出, 并且从下一节更一般的讨论中也很显然. 为了表示方便, 记

$$\gamma_1 = 1, \quad \gamma_2 = 2, \quad \gamma_3 = 12.$$

显然, $\gamma_3 = \gamma_1 \gamma_2$. 同样, 代表四个二水平因子的元素记为 c_1, c_2, c_3, c_4, 即 $c_1 = 3$, $c_2 = 4$, $c_3 = 23$ 和 $c_4 = 134$. 那么根据 $2 = (3)(23)$ 得到别名关系 $\gamma_2 = c_1 c_3$. 因此, 字 $\gamma_2 c_1 c_3$ 出现在 d_1 的定义关系中. 通过这种方式, 很容易看出 d_1 具有以下定义关系:

$$I = \gamma_1 c_2 c_2 c_4 = \gamma_2 c_1 c_3 = \gamma_3 c_2 c_3 c_4. \tag{6.2.2}$$

为了进行比较, 考虑另一个设计

$$d_2 = d(T_0, 3, 4, 34, 124).$$

类似的讨论表明, d_2 具有以下定义关系:

$$I = c_1 c_2 c_3 = \gamma_3 c_2 c_4 = \gamma_3 c_1 c_3 c_4. \tag{6.2.3}$$

如果采用二水平设计的 MA 准则, d_1 比 d_2 有更小的低阶混杂, 因为 d_1 的 A_3 值为 1, 而 d_2 的 A_3 值为 2. 这个结论是基于一个假设, 即所有相同长度的字同等重要. 通过将字分为不同类型, Wu 和 Zhang (1993) 提出了一个标准 MA 准则的改进. 对于 4×2^n 设计, 有两种类型的字: 那些只包含二水平因子的字称为 0 型, 而那些包含四水平因子 (由一个 γ_i 表示) 和一些二水平因子的字称为 1 型. (注

意到由于 $I = \gamma_1\gamma_2\gamma_3$, 一个字中出现任何两个 γ_i 都可以被第三个 γ_i 所取代. 这说明在 1 型字的定义中只考虑一个 γ_i 是合理的.) 通常认为 1 型字不如相同长度的 0 型字重要. 由于四水平因子具有由 γ_1, γ_2 和 γ_3 表示的三个自由度, 很少发生所有三个 γ_i 都很重要的情况. 因此, 先验信息可能允许试验者选择最不重要的 γ_i 出现在定义关系的 1 型字中. 这种安排将使 1 型字所暗含的效应别名不如相同字长的 0 型字所暗含的效应别名严重. 这一考虑引出了 MA 准则对 4×2^n 设计的如下推广.

对一个 4×2^n 设计 d, 令 $A_{i0}(d)$ 和 $A_{i1}(d)$ 是其定义关系中长度为 i 的 0 型和 1 型字的数量. 向量

$$W(d) = \{A_i(d)\}_{i \geqslant 1} \tag{6.2.4}$$

是 d 的字长型, 其中 $A_i(d) = (A_{i0}(d), A_{i1}(d))$. d 的分辨度定义为使得 $A_{ij}(d)$ 对至少一个 j 是正数的最小的 i. 鉴于上述对这两种类型字的讨论, 对于相同的 i, 有较小的 $A_{i0}(d)$ 比有较小的 $A_{i1}(d)$ 更重要. 由此引出如下准则 (Wu 和 Zhang, 1993).

定义 6.2.1　设 d_1 和 d_2 是两个大小相同的 4×2^n 设计, u 是使得 $A_u(d_1) \neq A_u(d_2)$ 的最小的整数. 如果 $A_{u0}(d_1) < A_{u0}(d_2)$ 或 $A_{u0}(d_1) = A_{u0}(d_2)$ 但 $A_{u1}(d_1) < A_{u1}(d_2)$, 则称 d_1 比 d_2 有更小的 0 型低阶混杂. 如果没有其他设计比 d 有更小的 0 型低阶混杂, 则设计 d 具有 0 型最小低阶混杂 (MA).

容易看出, (6.2.2) 中设计 d_1 有 $A_{30} = 0, A_{31} = 1, A_{40} = 0, A_{41} = 2$, 而 (6.2.3) 中的 d_2 有 $A_{30} = A_{31} = 1, A_{40} = 0, A_{41} = 1$. 那么 d_1 比 d_2 有更小的 0 型低阶混杂.

为了将定义 6.2.1 推广到 $4^2 \times 2^n$ 设计, 首先注意到, 两个四水平因子可以表示为

$$T_{01} = \{1, 2, 12\}, \quad T_{02} = \{3, 4, 34\}.$$

现在, 有三种类型的字. 0 型和以前一样定义. 1 型包含一个四水平因子, 由 T_{01} 或 T_{02} 的一个元素表示, 以及一些二水平因子. 2 型包含两个四水平因子, 由 T_{01} 的一个元素和 T_{02} 的一个元素表示, 以及一些二水平因子. 对一个 $4^2 \times 2^n$ 设计 d, 令 $A_{ij}(d)$ 是其定义关系中长度为 i 的 j 型字的数量, $W(d) = \{A_i(d)\}_{i \geqslant 1}$, 其中 $A_i(d) = (A_{i0}(d), A_{i1}(d), A_{i2}(d))$. d 的分辨度定义为最小的 i, 使得 $A_{ij}(d)$ 对至少一个 j 是正数. 正如之前所说, 对于相同的长度, 0 型字效应混杂最严重, 而 2 型字是最不严重的. 这引出了以下准则.

定义 6.2.2　设 d_1 和 d_2 是两个具有相同大小的 $4^2 \times 2^n$ 设计, 并且 u 是使得 $A_u(d_1) \neq A_u(d_2)$ 的最小整数. 假设以下三个条件之一成立: (i) $A_{u0}(d_1) < A_{u0}(d_2)$; (ii) $A_{u0}(d_1) = A_{u0}(d_2)$, $A_{u1}(d_1) < A_{u1}(d_2)$; (iii) $A_{u0}(d_1) = A_{u0}(d_2)$, $A_{u1}(d_1) = A_{u1}(d_2)$, $A_{u2}(d_1) < A_{u2}(d_2)$. 那么称 d_1 比 d_2 有更小的 0 型低阶混杂.

如果没有其他设计比 d 有更小的 0 型低阶混杂, 则设计 d 具有 0 型最小低阶混杂 (MA).

例 6.2.1　考虑两个有 16 个处理组合的 $4^2 \times 2^3$ 设计, $d_1 = d(T_{01}, T_{02}, 14, 23, 234)$ 和 $d_2 = d(T_{01}, T_{02}, 14, 23, 1234)$. 对任一设计, 代表二水平因子的三个元素记为 c_1, c_2, c_3. 例如, 对于 d_1, 有 $c_1 = 14, c_2 = 23, c_3 = 234$. 和以前一样, T_{01} 的三个元素可以表示为 $\gamma_1 = 1, \gamma_2 = 2, \gamma_3 = 12$. 同样, T_{02} 的三个元素可以表示为 $\beta_1 = 3, \beta_2 = 4$ 和 $\beta_3 = 34$ 且 $\beta_3 = \beta_1 \beta_2$. 容易验证, d_1 具有以下定义关系:

$$I = \gamma_1 \beta_2 c_1 = \gamma_2 \beta_1 c_2 = \gamma_2 \beta_3 c_3 = \gamma_3 \beta_3 c_1 c_2 = \gamma_3 \beta_1 c_1 c_3 = \beta_2 c_2 c_3 = \gamma_1 c_1 c_2 c_3.$$

因此, 对 d_1 有 $A_{30} = 0, A_{31} = 1, A_{32} = 3, A_{40} = 0, A_{41} = 1$ 且 $A_{42} = 2$. 对 d_2, 同样计算可得, $A_{30} = 1, A_{31} = 0, A_{32} = 3, A_{40} = A_{41} = 0$ 和 $A_{42} = 3$. 因此, d_1 有更小的 A_{30}, 从而比 d_2 有更小的 0 型低阶混杂. 　　　　　□

Wu 和 Hamada (2000) 给出了具有 16, 32 和 64 个处理组合的 0 型 MA 4×2^n 和 $4^2 \times 2^n$ 设计表. 为了完整性, 这些最优设计由原始资料进行改编并列于表 6.2—表 6.7 中. 在这些表中, "设计生成元" 列给出了生成 (即定义) 设计的元素. 例如, (6.2.1) 中的设计 d_1 有 T_0, 3, 4, 23, 134 作为其生成元. 该设计即表 6.2 中当 $n = 4$ 时的情形. 因此, 它是一个 0 型 MA 设计. 表 6.5 中 $n = 3$ 对应的设计表明, 例 6.2.1 中的设计 d_1 也具有相同的性质.

表 6.2　16 个水平组合的 MA (0 型) 4×2^n 设计, $3 \leqslant n \leqslant 11$

n	分辨度	设计生成元
3	IV	T_0, 3, 4, 134
4	III	T_0, 3, 4, 23, 134
5	III	T_0, 3, 4, 23, 24, 134
6	III	T_0, 3, 4, 23, 24, 134, 1234
7	III	T_0, 3, 4, 13, 14, 23, 24, 124
8	III	T_0, 3, 4, 13, 14, 23, 24, 123, 124
9	III	T_0, 3, 4, 13, 23, 34, 123, 134, 234, 1234
10	III	T_0, 3, 4, 13, 14, 23, 34, 123, 134, 234, 1234
11	III	T_0, 3, 4, 13, 14, 23, 24, 34, 123, 134, 234, 1234

注: 对表 6.2—表 6.4, $T_0 = \{1, 2, 12\}$.

混合水平 MA 设计的大多数理论结果都是通过使用补集的方法获得的, 该方法将会在本章后续部分的一般框架下进行讨论. 根据 Wu 和 Zhang (1993), 这里将介绍 4×2^n 设计的一个结果, 这个结果不依赖于补集方法, 并有助于减少表 6.2—表 6.4 情况下的设计搜索, 这些表将在本节末尾列出.

考虑一个有 2^m 个处理组合的 4×2^n 设计 d^*, 其中 $m < n + 2$. 假设 d^* 由 $T_0 = \{\gamma_1, \gamma_2, \gamma_3\}$ 和 H_m 的另外 n 个元素 $c_1, \cdots, c_n$ 表示, 其中 $\gamma_1 = 1, \gamma_2 = 2, \gamma_3 = 12$. 和以前一样, T_0 对应于四水平因子, $c_1, \cdots, c_n$ 对应于 d^* 的 n 个二

水平因子. 令 $k = n + 2 - m$, 从而 d^* 是一个 4×2^n 因析设计的 $1/2^k$ 部分. 记 $l = n + 2$, 并设 d 是由 H_m 的 l 个元素 $\gamma_1, \gamma_2, c_1, \cdots, c_n$ 表示的 2^{l-k} 设计, 参见定理 3.3.1 (a). 当然, 假设集合 $\{\gamma_1, \gamma_2, c_1, \cdots, c_n\}$ 包含 m 个独立元素.

表 6.3　32 个水平组合的 MA (0 型) 4×2^n 设计, $4 \leqslant n \leqslant 9$

n	分辨度	设计生成元
4	V	T_0, 3, 4, 5, 1345
5	IV	T_0, 3, 4, 5, 245, 1345
6	IV	T_0, 3, 4, 5, 235, 245, 1345
7	IV	T_0, 3, 4, 5, 234, 235, 245, 1345
8	III	T_0, 3, 4, 5, 13, 145, 234, 235, 12345
9	III	T_0, 3, 4, 5, 13, 14, 234, 235, 245, 1345

表 6.4　64 个水平组合的 MA (0 型) 4×2^n 设计, $5 \leqslant n \leqslant 9$

n	分辨度	设计生成元
5	VI	T_0, 3, 4, 5, 6, 123456
6	V	T_0, 3, 4, 5, 6, 1345, 2456
7	IV	T_0, 3, 4, 5, 6, 1345, 2346, 12356
8	IV	T_0, 3, 4, 5, 6, 356, 1345, 2456, 12346
9	IV	T_0, 3, 4, 5, 6, 356, 1235, 1345, 2456, 12346

下面的定理 6.2.1 表明 4×2^n 设计 d^* 的 MA 性质如何受到二水平设计 d 特征的影响. 分别记 d 和 d^* 的定义关系为 $\mathrm{DR}(d)$ 和 $\mathrm{DR}(d^*)$. 令 M_0, M_1, M_2 和 M_{12} 分别表示 $\mathrm{DR}(d)$ 中既不包含 γ_1 也不包含 γ_2 的字集, 仅包含 γ_1 但不包含 γ_2 的字集, 仅包含 γ_2 但不包含 γ_1 的字集, 以及包含 γ_1 和 γ_2 的字集. 从 d 和 d^* 之间的对应关系可以明显看出以下事实:

(i) $M_0 \cup M_1 \cup M_2$ 中的任意字都出现在 $\mathrm{DR}(d^*)$ 中;

(ii) M_{12} 中的任意字都出现在 $\mathrm{DR}(d^*)$ 中, 其中 $\gamma_1 \gamma_2$ 替换为 γ_3;

(iii) M_0 中的任意字是 $\mathrm{DR}(d^*)$ 中的 0 型字;

(iv) $M_1 \cup M_2 \cup M_{12}$ 中的任意字是 $\mathrm{DR}(d^*)$ 中的 1 型字.

例如, 如果 d^* 取作 (6.2.1) 中的设计 d_1, 则 d 由 H_4 中的元素 $\gamma_1 = 1$, $\gamma_2 = 2$, $c_1 = 3$, $c_2 = 4$, $c_3 = 23$ 和 $c_4 = 134$ 表示. 因此, $\mathrm{DR}(d)$ 为

$$I = \gamma_1 c_1 c_2 c_4 = \gamma_2 c_1 c_3 = \gamma_1 \gamma_2 c_2 c_3 c_4, \tag{6.2.5}$$

并且 M_1, M_2 和 M_{12} 都是单点集, 分别包含 $\gamma_1 c_1 c_2 c_4, \gamma_2 c_1 c_3$ 和 $\gamma_1 \gamma_2 c_2 c_3 c_4$. (6.2.2) 和 (6.2.5) 之间的比较说明了上述事实 (i)—(iv).

定理 6.2.1　(a) 令 $k = 1$, 则 4×2^n 设计 d^* 具有 0 型 MA, 当且仅当 $\mathrm{DR}(d)$ 中的唯一字是 $\gamma_1 c_1 \cdots c_n$ 或 $\gamma_2 c_1 \cdots c_n$ 或 $\gamma_1 \gamma_2 c_1 \cdots c_n$;

(b) 令 $k \geqslant 2$, 则 d^* 具有 0 型 MA 的必要条件是 M_1, M_2 和 M_{12} 都是非空的.

证明 (a) 在这种情况下, DR(d^*) 中只有一个字. 根据上述 (i), (ii) 和 (iv), 这个字有最大长度 $n + 1$, 并且是 1 型的当且仅当 DR(d) 如定理所设.

(b) 为了简化符号, 证明 $k = 2$ 的结果. 一般 k ($\geqslant 2$) 情形的证明思路相同, 留作练习. 对于 $k = 2$, DR(d) 中有两个独立的字, 如 ω_1 和 ω_2, 即 DR(d) 由

$$I = \omega_1 = \omega_2 = \omega_1 \omega_2 \tag{6.2.6}$$

给出. 假设 M_1, M_2 和 M_{12} 中至少有一个是空集. 由 (6.2.6), 这三个集合中的每一个都是空集或者恰好其中一个是非空的.

首先假设 M_1, M_2 和 M_{12} 中的每一个都是空集, 那么 $\omega_1, \omega_2 \in M_0$. 设 $\tilde{d}$ 为一个 2^{l-k} 设计, $k = 2$, 其定义关系为

$$I = \gamma_1 \omega_1 = \omega_2 = \gamma_1 \omega_1 \omega_2. \tag{6.2.7}$$

定义 $\tilde{d}^*$ 为与 $\tilde{d}$ 对应的 4×2^n 设计. 根据上述事实 (i), DR(d^*) 和 DR($\tilde{d}^*$) 分别由 (6.2.6) 和 (6.2.7) 给出. 因为 $\omega_1, \omega_2 \in M_0$, 由上述 (iii) 和 (iv), DR($d^*$) 中的字 ω_1 和 $\omega_1 \omega_2$ 属于 0 型, 而 DR($\tilde{d}^*$) 中的字 $\gamma_1 \omega_1$ 和 $\gamma_1 \omega_1 \omega_2$ 属于 1 型; 此外, 后两个字的字长分别比前两个字的字长多 1. 因此, $\tilde{d}^*$ 比 d^* 有更小的 0 型低阶混杂.

接下来考虑 M_1, M_2 和 M_{12} 中恰好有一个非空的情况. 假设只有 M_{12} 是非空的 (其他情况可以类似处理). 那么 ω_1 和 ω_2 都属于 $M_0 \cup M_{12}$, 且其中至少有一个属于 M_{12}. 设 $\omega_2 \in M_{12}$, 即

$$\omega_2 = \gamma_1 \gamma_2 \overline{\omega}_2, \tag{6.2.8}$$

其中 $\overline{\omega}_2$ 既不包含 γ_1 也不包含 γ_2. 不失一般性, 假设 $\omega_1 \in M_0$, 否则, $\omega_1 \in M_{12}$, $\omega_1 \omega_2 \in M_0$, 可以将 $\{\omega_1 \omega_2, \omega_2\}$ 作为 DR(d) 的生成集. 与上一段完全相同, 定义一个二水平设计 $\tilde{d}$ 以及相应的 4×2^n 设计 $\tilde{d}^*$. 由 (6.2.8), d 和 $\tilde{d}$ 的定义关系 (6.2.6) 和 (6.2.7) 可以分别表示为

$$I = \omega_1 = \gamma_1 \gamma_2 \overline{\omega}_2 = \gamma_1 \gamma_2 \omega_1 \overline{\omega}_2$$

和

$$I = \gamma_1 \omega_1 = \gamma_1 \gamma_2 \overline{\omega}_2 = \gamma_2 \omega_1 \overline{\omega}_2.$$

因此, 通过上述 (i) 和 (ii), 相应的 4×2^n 设计 d^* 和 $\tilde{d}^*$ 的定义关系分别为

$$I = \omega_1 = \gamma_3 \overline{\omega}_2 = \gamma_3 \omega_1 \overline{\omega}_2$$

和

$$I = \gamma_1 \omega_1 = \gamma_3 \overline{\omega}_2 = \gamma_2 \omega_1 \overline{\omega}_2.$$

正如上一段, 现在很容易看出 $\widetilde{d}^*$ 比 d^* 有更小的 0 型低阶混杂.　　　　　　　□

表 6.5　16 个水平组合的 MA (0 型) $4^2 \times 2^n$ 设计, $1 \leqslant n \leqslant 8$

n	设计生成元
1	$T_{01}, T_{02}, 14$
2	$T_{01}, T_{02}, 14, 23$
3	$T_{01}, T_{02}, 14, 23, 234$
4	$T_{01}, T_{02}, 14, 23, 124, 234$
5	$T_{01}, T_{02}, 14, 23, 24, 124, 234$
6	$T_{01}, T_{02}, 13, 14, 23, 24, 134, 234$
7	$T_{01}, T_{02}, 13, 14, 23, 24, 124, 134, 234$
8	$T_{01}, T_{02}, 13, 14, 23, 24, 124, 134, 234, 1234$

注: 这个表中的设计分辨度都是 III. 对表 6.5–表 6.7, $T_{01} = \{1, 2, 12\}$ 和 $T_{02} = \{3, 4, 34\}$.

表 6.6　32 个水平组合的 MA (0 型) $4^2 \times 2^n$ 设计, $2 \leqslant n \leqslant 10$

n	分辨度	设计生成元
2	IV	$T_{01}, T_{02}, 5, 235$
3	IV	$T_{01}, T_{02}, 5, 235, 1245$
4	IV	$T_{01}, T_{02}, 5, 235, 1245, 1345$
5	III	$T_{01}, T_{02}, 5, 14, 235, 1245, 1345$
6	III	$T_{01}, T_{02}, 5, 14, 234, 235, 1245, 1345$
7	III	$T_{01}, T_{02}, 5, 13, 14, 234, 235, 1245, 1345$
8	III	$T_{01}, T_{02}, 5, 13, 14, 234, 235, 1234, 1245, 1345$
9	III	$T_{01}, T_{02}, 5, 13, 14, 15, 234, 235, 1234, 1245, 1345$
10	III	$T_{01}, T_{02}, 5, 13, 14, 15, 234, 235, 345, 1234, 1245, 1345$

表 6.7　64 个水平组合的 MA (0 型) $4^2 \times 2^n$ 设计, $3 \leqslant n \leqslant 7$

n	分辨度	设计生成元
3	V	$T_{01}, T_{02}, 5, 6, 123456$
4	IV	$T_{01}, T_{02}, 5, 6, 1356, 2456$
5	IV	$T_{01}, T_{02}, 5, 6, 1356, 2456, 2346$
6	IV	$T_{01}, T_{02}, 5, 6, 1356, 2456, 2346, 1235$
7	IV	$T_{01}, T_{02}, 5, 6, 1356, 2456, 2346, 1235, 1246$

6.3　$(s^r) \times s^n$ 因析设计: 预备知识

对于 $(s^r) \times s^n$ 因析设计, 有一个因子有 s^r 水平, 记作 F_0, n 个因子每个都是 s 水平, 记作 $F_1, \cdots, F_n$. 这里 $r\ (\geqslant 2)$ 是整数, s 是素数或素数幂. 特殊情况 $s = r = 2$ 是 6.2 节中讨论的 4×2^n 因析设计. 通常 s 很小, 比如 2 或 3, 但 n 很

大. 这与混合水平因析设计的一些实际应用是一致的, 其中涉及大量因子, 每个因子都有较小的水平数, 只有少量因子, 如 F_0 有较多水平. 本节和接下来两节都是根据 Mukerjee 和 Wu (2001) 展开的.

与前几章一样, 有限射影几何表示在研究 $(s^r) \times s^n$ 因析设计的正规部分时起着关键作用. 这种表示要求在这种因析设计中对 s^{r+n} 个处理组合进行适当的表示. 令 $t = (s^r - 1)/(s - 1)$, 并令 $\mathcal{R}(\cdot)$ 表示一个矩阵的行空间. 那么我们有以下引理, 该引理有助于处理 s^r-水平因子 F_0.

引理 6.3.1 令 V_r 为一个 $r \times t$ 矩阵, 其列由 PG$(r-1, s)$ 的点给出. 那么

(a) $\mathcal{R}(V_r)$ 中有 s^r 个向量;

(b) 对于任意固定的 $\alpha \in$ GF(s) 和任意 j $(1 \leqslant j \leqslant t)$, 在 $R(V_r)$ 中有 s^{r-1} 个向量, 其第 j 个元素等于 α.

证明 根据引理 2.7.2 (a), V_r 行满秩, 因此 (a) 成立. 此外, 根据 V_r 的定义, 它的任意两列都是线性无关的. 因此, 如定理 2.6.2 的证明, $\mathcal{R}(V_r)$ 中的 s^r 个向量形成一个对称正交表 OA$(s^r, t, s, 2)$. 由于 GF(s) 的每个元素在此表的每一列中都出现 s^{r-1} 次, (b) 成立. $\qquad\square$

鉴于引理 6.3.1 (a), F_0 的 s^r 个水平可以看作 $\mathcal{R}(V_r)$ 中的 s^r 个向量; 对于 4×2^n 因析设计, 这与 (6.1.1) 一致, 因为 $s = r = 2$ 且

$$\mathcal{R}(V_2) = \{(0,0,0), (0,1,1), (1,0,1), (1,1,0)\}.$$

和之前一样, 其他每个因子的 s 个水平可以用 GF(s) 中的元素表示. 因此

$$\begin{aligned}
\mathcal{X} = \{(x_1, \cdots, x_t, x_{t+1}, \cdots, x_{t+n})' &: (x_1, \cdots, x_t) \\
&\in \mathcal{R}(V_r), x_{t+1}, \cdots, x_{t+n} \in \text{GF}(s)\}
\end{aligned} \tag{6.3.1}$$

表示 $(s^r) \times s^n$ 因析设计中 s^{r+n} 个处理组合的集合. 显然, $(x_1, \cdots, x_t)$ 表示 F_0 的一个水平, x_{t+i} 表示 F_i $(1 \leqslant i \leqslant n)$ 的一个水平.

例 6.3.1 对于一个 9×3^3 因析设计, $s = 3, r = 2, n = 3, t = 4$. 考虑 PG$(1, 3)$ 上的点得到

$$V_2 = \begin{bmatrix} 1 & 0 & 1 & 1 \\ 0 & 1 & 1 & 2 \end{bmatrix}.$$

因此 $\mathcal{R}(V_2)$ 由 9 个向量组成, 即

$$(0,0,0,0), (0,1,1,2), (0,2,2,1), (1,0,1,1), (1,1,2,0),$$
$$(1,2,0,2), (2,0,2,2), (2,1,0,1), (2,2,1,0).$$

因此, 根据 (6.3.1), 一个 9×3^3 因析设计中的处理组合可以表示为 $(x_1, \cdots, x_7)'$, 其中 $(x_1, \cdots, x_4) \in \mathcal{R}(V_2)$, 且 $x_5, x_6, x_7 \in \{0, 1, 2\}$. $\qquad\square$

现在介绍 $(s^r) \times s^n$ 因析设计的正规部分. 根据定理 2.7.1, 这是通过几何方法完成的. 假设希望有一个由 s^m 个处理组合组成的部分, 其中 $r < m < r + n$. 令 P 表示 $\mathrm{PG}(m-1, s)$ 的 $(s^m - 1)/(s - 1)$ 个点的集合. 与前几章一样, 对于 P 的任何非空子集 Q, 令 $V(Q)$ 是一个矩阵, 其列由 Q 的点给出. 定义 T_0 为由 $e_1, \cdots, e_r$ 生成的 P 的 $(r-1)$-平面, 其中 $e_1, \cdots, e_m$ 是 $\mathrm{GF}(s)$ 上的 $m \times 1$ 单位向量. 由于 $r < m$, 平面 T_0 被明确定义. 此外, 容易看出

$$V(T_0) = \begin{bmatrix} V_r \\ 0 \end{bmatrix}, \tag{6.3.2}$$

其中 V_r 在引理 6.3.1 中定义, 0 是 $(m-r) \times t$ 零矩阵. 令 T 为 P 的 n-子集, 使得 T_0 和 T 不相交, 且矩阵

$$V(T_0 \cup T) = \begin{bmatrix} V(T_0) & V(T) \end{bmatrix} \tag{6.3.3}$$

行满秩. 那么 $\mathcal{R}[V(T_0 \cup T)]$ 中有 s^m 个向量. 由 (6.3.1)—(6.3.3), 每个向量的转置都属于 $\mathcal{X}$, 从而代表 $(s^r) \times s^n$ 因析设计的一个处理组合. 由此获得的 s^m 个处理组合 (或运行) 的集合给出了一个正规部分, 用 $d = d(T_0, T)$ 表示. 对于 6.2 节中考虑的 4×2^n 因析设计的特殊情况, H_m 的元素表示 $\mathrm{PG}(m-1, 2)$ 的点, $T_0 = \{1, 2, 12\}$ 表示四水平因子, T 由 H_m 中的剩余部分的 n 个元素组成, 表示 n 个二水平因子. 在本章的其余部分中, 这里介绍的正规部分简称为设计. 数字 s^m 称为设计大小.

考虑到 T_0, T 和 P 的基数, 上述构造是可能的, 当且仅当

$$\frac{s^r - 1}{s - 1} + n \leqslant \frac{s^m - 1}{s - 1}, \quad \text{即 } s^r + n(s - 1) \leqslant s^m.$$

本节和下一节都假设此条件成立. 这种构造受 Wu, Zhang 和 Wang (1992) 构造非对称正交表的方法启发. 事实上, 如果把 $d(T_0, T)$ 中 s^m 个处理组合写为行, 并且每个行的子向量 $(x_1, \cdots, x_t)$ 用表示 F_0 相应水平的单个符号替换, 那么我们得到一个强度为 2 的非对称正交表 $\mathrm{OA}(s^m, (s^r)^1 s^n)$.

例 6.3.1(续)   继续讨论 9×3^3 因析设计, 假设希望有一个 27 个处理组合的设计. 那么 $m = 3$, 且 $T_0 = \{(1, 0, 0)', (0, 1, 0)', (1, 1, 0)', (1, 2, 0)'\}$, 这符合 (6.3.2). 取 $T = \{(1, 1, 2)', (1, 2, 1)', (1, 2, 2)'\}$. 那么 T_0 和 T 不相交, 且矩阵

$$V(T_0 \cup T) = \begin{bmatrix} 1 & 0 & 1 & 1 & 1 & 1 & 1 \\ 0 & 1 & 1 & 2 & 1 & 2 & 2 \\ 0 & 0 & 0 & 0 & 2 & 1 & 2 \end{bmatrix} \tag{6.3.4}$$

行满秩. 因此, $\mathcal{R}[V(T_0 \cup T)]$ 中的向量满足要求. $\qquad\qquad\square$

为了研究上面介绍的正规部分或设计的性质, 需要把束的概念推广到当前的情形. 对于 $(s^r) \times s^n$ 因析设计, 束是形如 $b = (b_1, \cdots, b_t, b_{t+1}, \cdots, b_{t+n})'$ 的非零向量, 其中对于每个 i, $b_i \in \mathrm{GF}(s)$ 且 $b_1, \cdots, b_t$ 中最多一个是非零的.

引理 6.3.2 对于任何束 $b = (b_1, \cdots, b_t, b_{t+1}, \cdots, b_{t+n})'$ 和任意 $\alpha \in \mathrm{GF}(s)$, 集合 $\{x : x \in \mathcal{X}, b'x = \alpha\}$ 的基数为 s^{r+n-1}.

证明 首先假设 $b_1 = \cdots = b_t = 0$. 那么 $b_{t+1}, \cdots, b_{t+n}$ 中至少有一个是非零的, 比如 b_{t+1}. 因此, 与引理 2.3.1 的证明相同, 对于属于所考虑集合的任意 $x = (x_1, \cdots, x_t, x_{t+1}, \cdots, x_{t+n})'$, x_{t+1} 由 $x_{t+2}, \cdots, x_{t+n}$ 唯一确定. 由于 $x_{t+2}, \cdots, x_{t+n}$ 有 s^{n-1} 个选择, $(x_1, \cdots, x_t)$ 有 s^r 个选择, 结论成立.

接下来假设 $b_1, \cdots, b_t$ 不全为零. 不失一般性, 设 $b_1 \neq 0, b_2 = \cdots = b_t = 0$. 仍然与引理 2.3.1 的证明相同, 对于属于所考虑集合的任何 x, x_1 由 $x_{t+1}, \cdots, x_{t+n}$ 唯一决定. 现在 $x_{t+1}, \cdots, x_{t+n}$ 有 s^n 个选择. 此外, 由 (6.3.1) 和引理 6.3.1 (b), 对应于与这样的选择相关联的唯一的 x_1, $(x_1, \cdots, x_t)$ 有 s^{r-1} 个可能性. 因此, 结论成立. $\square$

基于引理 6.3.2, 属于束 b 的处理对照可以如 (2.3.4) 定义. 显然, 任意束有 $s - 1$ 个线性无关的处理对照. 此外, 与 2.3 节一样, 成比例的束导致相同的 $\mathcal{X}$ 的分割, 因此认为成比例的束是相同的. 此后, 在任何给定的上下文中, 即使没有明确说明这一点, 也只考虑不同的束.

特别地, 在束 b 中, 如果 $b_{t+1} = \cdots = b_{t+n} = 0$, 那么 $b_1, \cdots, b_t$ 中有一个是非零的. 在这种情况下, 按照定理 2.3.2 的思路并由引理 6.3.1 (b), 可以看出, 任何属于 b 的处理对照也属于 F_0 的主效应. 因此, 称束 b 本身属于 F_0 的主效应. 由于这类束有 $t = (s^r - 1)/(s - 1)$ 个, 每个束都有 $s - 1$ 个线性无关的处理对照, 这说明有 $s^r - 1$ 个线性无关的处理对照属于 F_0 的主效应. 这与 6.2 节一致, 其中对于 4×2^n 因析设计 (即 $s = r = 2$), 注意到四水平因子的主效应有 $3 (= (2^2 - 1)/(2 - 1))$ 个成分, 由 1, 2 和 12 表示. 同理, 束 b 代表 s 水平因子 F_i 的主效应, 如果对于某个 i $(1 \leqslant i \leqslant n)$, $b_{t+i} \neq 0$ 且对于每个 $j \neq t + i$, $b_j = 0$.

与上述相同意义, 任何带有 i $(\geqslant 2)$ 个非零元的束都属于一个 i-因子交互作用. 这样一个束 b 可以只包含某些 s 水平因子 $F_1, \cdots, F_n$, 或者同时包含 s^r-水平因子 F_0 和某些 $F_1, \cdots, F_n$. 在前一种情况下 $b_1 = \cdots = b_t = 0$, 在后一种情况下, $b_1, \cdots, b_t$ 中有一个非零. 按照与 6.2 节相同的术语, 这两种类型的束分别称为 0 型和 1 型.

与定理 2.7.1 (b) 一样, 一个束 b 是设计 $d = d(T_0, T)$ 的一个定义束, 如果

$$V(T_0 \cup T)b = 0. \tag{6.3.5}$$

由于 T_0 和 T 是 P 上不相交的点集, $V(T_0 \cup T)$ 的列是非零的, 且任意两列都不

成比例. 因此, d 的每个定义束至少有三个非零元, 即属于至少包含三个因子的交互作用. 因此, d 的分辨度为 III 或更高. 对于 $i \geqslant 3$, 根据 6.2 节, 令 $A_{i0}(d)$ 和 $A_{i1}(d)$ 分别表示 d 中有 i 个非零元的 0 型和 1 型 (不同的) 定义束的数量.

例 6.3.1 (续)　由 (6.3.4) 和 (6.3.5), 例中考虑的设计的定义束是

$$(1,0,0,0,1,1,0)', \quad (0,1,0,0,1,0,2)', \quad (0,0,0,1,0,1,1)', \quad (0,0,1,0,2,1,2)'.$$

它们都是 1 型的. 因此, 计算这些束中非零元的数量, 得到 $A_{30}(d) = 0$, $A_{31}(d) = 3$, $A_{40}(d) = 0$, $A_{41}(d) = 1$. □

根据 4.4 节, 在成比例的意义下, 如果存在一个非奇异变换, 将 T_0 中的每个点映射到 T_0 的某个点, 并且将 T_1 的每个点映射到 T_2 的某个点, 那么两个设计 $d(T_0, T_1)$ 和 $d(T_0, T_2)$ 是同构的. 从 (6.3.5) 可以看出, 对每个 i, 同构设计都有相同的 A_{i0} 和 A_{i1}.

现在介绍下一部分需要的一些符号和引理. 考虑 P 的任何非空子集 Q. 令 q 为 Q 的基数, 对 $i \geqslant 1$, 令 Ω_{iq} 为 $\mathrm{GF}(s)$ 上具有 i 个非零元素的 $q \times 1$ 向量的集合. 对于 $i \geqslant 1$, 定义

$$G_i(Q) = (s-1)^{-1}\#\{\lambda : \lambda \in \Omega_{iq}, V(Q)\lambda = 0\}, \tag{6.3.6}$$

其中 $\#$ 表示一个集合的基数. 此外, 当 Q 和 T_0 不相交时, 对于 $i \geqslant 1$, 定义

$$H_i(T_0, Q) = (s-1)^{-1}\#\{\lambda : \lambda \in \Omega_{iq}, V(Q)\lambda \text{非零且与} T_0 \text{的某个点成比例}\}. \tag{6.3.7}$$

显然, $G_1(Q) = G_2(Q) = 0$. 类似地, 当 Q 和 T_0 不相交时, $H_1(T_0, Q) = 0$. 此外,

$$G_i(Q) = H_i(T_0, Q) = 0, \quad i > q. \tag{6.3.8}$$

由于成比例的束是相同的, 不难看出, 对任何设计 $d = d(T_0, T)$, 由 (6.3.5)—(6.3.7) 可以得到如下重要关系:

$$A_{i0}(d) = G_i(T), \quad A_{i1}(d) = H_{i-1}(T_0, T), \quad i \geqslant 3. \tag{6.3.9}$$

引理 6.3.3　如果 T_0 和 Q 不相交, 那么

(a) $G_3(T_0 \cup Q) = C_1 + G_3(Q) + H_2(T_0, Q)$,

(b) $G_4(T_0 \cup Q) = C_2 + G_4(Q) + H_3(T_0, Q) + \dfrac{1}{2}(s^r - s)H_2(T_0, Q)$,

其中 C_1, C_2 为常数.

引理 6.3.4　令 $\overline{Q} = P - Q$ 非空. 那么

(a) $G_3(Q) = C_3 - G_3(\overline{Q})$,

(b) $G_4(Q) = C_4 + (3s - 5)G_3(\overline{Q}) + G_4(\overline{Q})$,

其中 C_3, C_4 为常数.

这些引理中的常数可能依赖于 s, r, q 和 m, 但不依赖 Q 的特定选择. 引理 6.3.3 是 Mukerjee 和 Wu (1999) 在不同背景下的一个更一般结果的特殊情形, 感兴趣的读者可参阅原始资料以了解详细信息. 对比 (6.3.6) 与 (4.3.1), 引理 6.3.4 可以从推论 4.3.2 和 4.3 节的总结段落指出的事实中直接得到.

对一个设计 $d = d(T_0, T)$, 令 $\widetilde{T} = P - (T_0 \cup T)$. $\widetilde{T}$ 的基数是

$$f = (s^m - s^r)/(s-1) - n.$$

对于 $f = 0$, 只有一个设计; 对于 $f = 1$, 所有设计都是同构的. 因此, 之后只考虑 $f \geqslant 2$. 此外, 为了避免平凡性, 设 $n \geqslant 3$. 由上述两个引理, 以下结果成立.

引理 6.3.5 对一个 $(s^r) \times s^n$ 因析设计, 令 $d = d(T_0, T)$ 是一个大小为 s^m 的设计, $\widetilde{T} = P - (T_0 \cup T)$. 那么

(a) $A_{30}(d) = C_1 - G_3(T_0 \cup \widetilde{T})$,

(b) $A_{31}(d) = C_2 + G_3(T_0 \cup \widetilde{T}) - G_3(\widetilde{T})$,

(c) $A_{40}(d) = C_3 + (3s-5)G_3(T_0 \cup \widetilde{T}) + G_4(T_0 \cup \widetilde{T})$,

(d) $A_{41}(d) = C_4 - \dfrac{1}{2}(s^r+5s-10)\{G_3(T_0\cup\widetilde{T}) - G_3(\widetilde{T})\} - G_4(T_0\cup\widetilde{T}) + G_4(\widetilde{T})$,

其中 C_1, C_2, C_3, C_4 是常数.

证明 由于 $T_0 \cup \widetilde{T} = P - T$, (a) 和 (c) 可以直接从 (6.3.9) 和引理 6.3.4 得到. 接下来由 (6.3.9) 和引理 6.3.3, 得

$$A_{31}(d) = H_2(T_0, T) = C + G_3(T_0 \cup T) - G_3(T),$$

$$A_{41}(d) = H_3(T_0, T) = C + G_4(T_0 \cup T) - G_4(T) - \frac{1}{2}(s^r - s)H_2(T_0, T)$$

$$= C + G_4(T_0 \cup T) - G_4(T) - \frac{1}{2}(s^r - s)\{G_3(T_0 \cup T) - G_3(T)\},$$

其中 C 为常数. 因此, 回顾 $\widetilde{T}$ 的定义, (b) 和 (d) 可以根据引理 6.3.4 得到. $\square$

从引理 6.3.5 的证明来看, 很明显, 其中所涉及的常数可能取决于 s, r, n 和 m, 但不取决于 T 的特定选择. 在实践中比较重要的近饱和情况下, 其对应于相对较小的 f, 处理 $\widetilde{T}$ 比 T 容易得多. 因此, 上述引理极大地促进了对 MA 设计的研究. 这将在下一节中介绍.

6.4 最小低阶混杂 $(s^r) \times s^n$ 因析设计

首先考虑 0 型束比 1 型束更重要的情况. 如 6.2 节所述, 这在实践中很常见. 这两种类型的束同样重要的情况也将在本节后面简要讨论.

关于 $(s^r) \times s^n$ 因析设计, 考虑大小为 s^m 的设计 d_1 和 d_2. 设 u 是最小整数, 使得 $(A_{u0}(d_1), A_{u1}(d_1)) \neq (A_{u0}(d_2), A_{u1}(d_2))$. 如定义 6.2.1, 如果 $A_{u0}(d_1) < A_{u0}(d_2)$, 或 $A_{u0}(d_1) = A_{u0}(d_2)$ 但 $A_{u1}(d_1) < A_{u1}(d_2)$, 那么称 d_1 比 d_2 有更小的 0 型低阶混杂. 一个 0 型 MA 设计不存在比它有更小 0 型低阶混杂的设计.

定义以下设计分类:

$$D_1 = \{d = d(T_0, T) : d \text{ 最大化 } G_3(T_0 \cup \widetilde{T})\},$$

$$D_2 = \{d : d \in D_1, d \text{ 在 } D_1 \text{ 上最大化 } G_3(\widetilde{T})\},$$

$$D_3 = \{d : d \in D_2, d \text{ 在 } D_2 \text{ 上最小化 } G_4(T_0 \cup \widetilde{T})\},$$

$$D_4 = \{d : d \in D_3, d \text{ 在 } D_3 \text{ 上最小化 } G_4(\widetilde{T})\}.$$

那么, 从引理 6.3.5 可以直接得到以下有用结果.

定理 6.4.1　对于任意 i $(1 \leqslant i \leqslant 4)$, 在同构意义下, 假设 d 是属于 D_i 的唯一设计, 那么 d 是 0 型 MA 设计.

推论 6.4.1　令 $f = 2$. 那么 $d = d(T_0, T)$ 是 0 型 MA 设计, 只要对于某个 $h_1 \notin T_0, h_0 \in T_0$ 和 $\alpha(\neq 0) \in \mathrm{GF}(s)$, $\widetilde{T} = P - (T_0 \cup T)$ 的形式为

$$\widetilde{T} = \{h_1, h_1 + \alpha h_0\}. \tag{6.4.1}$$

证明　由于 $f = 2$, 由 (6.3.8) 和引理 6.3.3 (a), 得

$$G_3(T_0 \cup \widetilde{T}) = C + H_2(T_0, \widetilde{T}), \tag{6.4.2}$$

其中 C 是常数. 由于 T_0 是一个平面, 且 T_0 和 $\widetilde{T}$ 不相交, 由 (6.3.7), 如果 $\widetilde{T}$ 具有 (6.4.1) 的形式, 那么 $H_2(T_0, \widetilde{T})$ 等于 1, 否则为 0. 注意到所有 $\widetilde{T}$ 形如 (6.4.1) 的设计都是同构的, 根据定理 6.4.1 (取 $i = 1$) 和 (6.4.2), 结论成立. □

对于 $f = 2$ 和 $m - r \geqslant 2$, 并非所有设计都有如 (6.4.1) 那样的 $\widetilde{T}$. $\widetilde{T}$ 的另一个选择是 $\{h_1, h_2\}$, 其中 $h_1 \notin T_0, h_2 \notin T_0$ 且 $V(T_0 \cup \{h_1, h_2\})$ 的秩为 $r + 2$. 因此, 即使对于 $f = 2$, 也可以根据 0 型 MA 准则来区分设计. 这与对称因析设计的情况形成鲜明的对比, 如 4.4 节所述, 当 $f = 2$ 时, 所有设计在 MA 准则下都是等价的. 在定理 6.4.1 中令 $i = 1$ 可以得出推论 6.4.2.

推论 6.4.2　令 $f = (s^w - s^r)/(s - 1)$, 其中 $w > r$. 如果 $T_0 \cup \widetilde{T}$ 是 P 的一个 $(w - 1)$-平面, 其中 $\widetilde{T} = P - (T_0 \cup T)$, 那么 $d = d(T_0, T)$ 是一个 0 型 MA 设计.

证明　对于上述 f, $T_0 \cup \widetilde{T}$ 的基数等于 $(s^w - 1)/(s - 1)$, 这与 P 的 $(w - 1)$-平面的基数相同. 因此, 由 (6.3.6), $G_3(T_0 \cup \widetilde{T})$ 达到最大当且仅当 $T_0 \cup \widetilde{T}$ 是 P 的一

个 $(w-1)$-平面; 参见引理 4.4.3. 由于所有 $\widetilde{T}$ 的此类选择都产生同构设计, 由定理 6.4.1 (取 $i = 1$) 可以得出结论. □

作为定理 6.4.1 的结果, Mukerjee 和 Wu (2001) 也给出了以下结论. 其证明较长, 因此省略了. 回想前面, T_0 是由 $e_1, \cdots, e_r$ 张成的 $(r-1)$-平面, 其中 $e_1, \cdots, e_m$ 是 GF(s) 上 $m \times 1$ 单位向量.

定理 6.4.2 令 $s = 2$, $f = 2^w - 2^r - u$, 其中 $w > r$, $1 \leqslant u \leqslant 3$. 设 $h_{r+1}, \cdots, h_w$ 是 P 的任意 $w - r$ 个点, 满足 w 个点 $e_1, \cdots, e_r, h_{r+1}, \cdots, h_w$ 是线性无关的, 并令 T_1 是这 w 个点张成的 P 的 $(w-1)$-平面. 令 $\widetilde{T} = T_1 - (T_0 \cup Q)$, 其中

(a) $Q = \{h_{r+1}\}$, 如果 $u = 1$;

(b) $Q = \{h_{r+1}, e_1 + h_{r+1}\}$, 如果 $u = 2, w = r + 1$;

(c) $Q = \{h_{r+1}, h_{r+2}\}$, 如果 $u = 2, w > r + 1$;

(d) $Q = \{h_{r+1}, e_1 + h_{r+1}, e_2 + h_{r+1}\}$, 如果 $u = 3, w = r + 1$;

(e) $Q = \{h_{r+1}, h_{r+2}, e_1 + h_{r+1} + h_{r+2}\}$, 如果 $u = 3, w = r + 2$;

(f) $Q = \{h_{r+1}, h_{r+2}, h_{r+3}\}$, 如果 $u = 3, w > r + 2$,

那么 $d = d(T_0, T)$ 是一个 0 型 MA 设计, 其中 $T = P - (T_0 \cup \widetilde{T})$.

例 6.4.1 对于 4×2^{25} 因析设计, 假设需要一个 32 个处理组合的设计. 那么 $s = r = 2$, $n = 25, m = 5$ 且 $f = 32 - 4 - 25 = 3$. 由于 $f = 3 = 2^3 - 2^2 - 1$, 定理 6.4.2 中 $w = 3, u = 1$ 的情况适用. 取 $h_3 = e_1 + e_2 + e_3$. 那么 e_1, e_2 和 h_3 是线性无关的, 并且

$$T_1 = \{e_1, e_2, e_3, e_1 + e_2, e_1 + e_3, e_2 + e_3, e_1 + e_2 + e_3\}, \quad T_0 = \{e_1, e_2, e_1 + e_2\}.$$

根据定理 6.4.2 (a), $Q = \{h_3\} = \{e_1 + e_2 + e_3\}$, 因此 $\widetilde{T} = T_1 - (T_0 \cup Q) = \{e_3, e_1 + e_3, e_2 + e_3\}$. 这里 $P \equiv \mathrm{PG}(4, 2)$. 因此 $d(T_0, T)$ 是一个 0 型 MA 设计, 其中 $T = \mathrm{PG}(4, 2) - (T_0 \cup \widetilde{T})$, T_0 和 $\widetilde{T}$ 如上所示. □

现在讨论一些有用的特殊情况. 考虑 4×2^n 因析设计, $s = r = 2$, 对 $f = 3, 4, 9, 10, 11, 12$ 的情况, 0 型 MA 设计由推论 6.4.2 或定理 6.4.2 给出. 这是很明显的, 因为 $4 = 2^3 - 2^2$, $9 = 2^4 - 2^2 - 3$, 等等. 对 $f = 5, 6, 7$ 和 8 的情况, 0 型 MA 设计可以直接从定理 6.4.1 获得. 表 6.8 列出了这些 0 型 MA 设计的集合 $\widetilde{T} = P - (T_0 \cup T)$, 并说明了它们是如何获得的. 使用紧记号, 因为 $r = s = 2$, 表 6.8 中 $T_0 = \{1, 2, 12\}$. 因此, 如果给定 m, 那么对于本表所涵盖的任意 f, 对应于 0 型 MA 设计的集合 T 很容易得到, 即 $T = P - (T_0 \cup \widetilde{T})$.

特别地, 如果在表 6.8 的设置中 $m = 5$, 即设计大小为 32, 则 $f = 2^5 - 2^2 - n = 28 - n$. 因此, 表 6.8 给出了 $16 \leqslant n \leqslant 25$ 范围内 0 型 MA 4×2^n 设计, 补充了 $4 \leqslant n \leqslant 9$ 情形的表 6.3.

表 6.8　0 型 MA 4×2^n 部分因析设计的集合 $\widetilde{T}$

f	$\widetilde{T}$	来源
3	$\{3, 13, 23\}$	定理 6.4.2(a)
4	$\{3, 13, 23, 123\}$	推论 6.4.2
5	$\{3, 13, 23, 123, 4\}$	定理 6.4.1($i = 1$)
6	$\{3, 13, 4, 14, 34, 134\}$	定理 6.4.1($i = 2$)
7	$\{3, 13, 4, 14, 24, 34, 134\}$	定理 6.4.1($i = 2$)
8	$\{3, 13, 23, 4, 14, 24, 34, 134\}$	定理 6.4.1($i = 2$)
9	$\{3, 23, 123, 4, 14, 24, 34, 134, 234\}$	定理 6.4.2(e)
10	$\{3, 13, 23, 123, 4, 14, 24, 34, 134, 234\}$	定理 6.4.2(c)
11	$\{3, 13, 23, 123, 4, 14, 24, 124, 34, 134, 234\}$	定理 6.4.2(a)
12	$\{3, 13, 23, 123, 4, 14, 24, 124, 34, 134, 234, 1234\}$	推论 6.4.2

注: $T_0 = \{1, 2, 12\}$.

对于 8×2^n 因析设计, 如果 $5 \leqslant f \leqslant 8$, 则 0 型 MA 设计可以由推论 6.4.2 或定理 6.4.2 给出. 而对于 $f = 3$ 或 4, 此类设计分别由 $T_0 = \{1, 2, 12, 3, 13, 23, 123\}$ 和 $\widetilde{T} = \{4, 14, 24\}$ 或 $\widetilde{T} = \{4, 14, 24, 34\}$ 给出; 分别源于定理 6.4.1 中 $i = 1$ 或 3 的情形.

转到 9×3^n 因析设计, 由推论 6.4.2 可以得到 $f = 9[= (3^3 - 3^2)/(3 - 1)]$ 的 0 型 MA 设计. 另一方面, 由定理 6.4.1 中 $i = 1$ 得到的表 6.9 给出了 $3 \leqslant f \leqslant 8$ 范围内此类设计的集合 $\widetilde{T} = P - (T_0 \cup T)$. 在表 6.9 的设置中, $T_0 = \{1, 2, 12, 12^2\}$. 因此, 如果给定 m, 那么对于本表所涵盖的任何 f, 容易得到与 0 型 MA 设计对应的集合 $T = P - (T_0 \cup \widetilde{T})$.

为了说明, 回顾例 6.3.1. 这里 $s = 3, r = 2, n = 3, m = 3$ 且 $f = (3^3 - 3^2)/(3 - 1) - 3 = 6$. 对 $f = 6$, 表 6.9 显示 $\widetilde{T} = \{3, 13, 23, 123, 13^2, 23^2\}$. 这里 $P = \text{PG}(2, 3)$. 因此, 对应于 0 型 MA 设计的集合 T 由 $P - (T_0 \cup \widetilde{T}) = \{123^2, 12^2 3, 12^2 3^2\}$ 给出. 现在, 由 (6.3.4) 可以得到, 本例前面考虑的设计是 0 型 MA 设计.

表 6.9　0 型 MA 9×3^n 部分因析设计的集合 $\widetilde{T}$

f	$\widetilde{T}$
3	$\{3, 12^2 3, 12^2 3^2\}$
4	$\{3, 12^2 3, 12^2 3^2, 23^2\}$
5	$\{3, 13^2, 23, 12^2 3, 12^2 3^2\}$
6	$\{3, 13, 23, 123, 13^2, 23^2\}$
7	$\{3, 13, 23, 123, 13^2, 23^2, 123^2\}$
8	$\{3, 13, 23, 123, 13^2, 23^2, 123^2, 12^2 3^2\}$

注: $T_0 = \{1, 2, 12, 12^2\}$.

在结束本节之前, 简单讨论一下 0 型和 1 型束同样重要的情况. 此时考虑整体最小低阶混杂设计是合适的, 其定义如下. 对于 $(s^r) \times s^n$ 因析设计, 考虑大小为 s^m 的设计 d_1 和 d_2. 设 u 为使得 $A_{u0}(d_1) + A_{u1}(d_1) \neq A_{u0}(d_2) + A_{u1}(d_2)$ 的最小整数. 如果 $A_{u0}(d_1) + A_{u1}(d_1) < A_{u0}(d_2) + A_{u1}(d_2)$, 那么称 d_1 比 d_2 有更小的

整体低阶混杂. 如果没有其他设计比它有更小的整体低阶混杂, 则称该设计为最小整体低阶混杂 (MOA) 设计.

引理 6.4.1 对于 $(s^r) \times s^n$ 因析设计, 设 $d = d(T_0, T)$ 是一个大小为 s^m 的设计, 且 $\widetilde{T} = P - (T_0 \cup T)$. 那么

(a) $A_{30}(d) + A_{31}(d) = C_1 - G_3(\widetilde{T})$,

(b) $A_{40}(d) + A_{41}(d) = C_2 + (3s - 5)G_3(\widetilde{T}) + G_4(\widetilde{T}) - \dfrac{1}{2}(s^r - s)H_2(T_0, \widetilde{T})$,

其中 C_1, C_2 为常数.

证明 (a) 的证明可以由引理 6.3.5 (a) 和 (b) 直接得到. 由引理 6.3.5 (c) 和 (d), 得

$$A_{40}(d) + A_{41}(d) = C - \frac{1}{2}(s^r - s)G_3(T_0 \cup \widetilde{T}) + \frac{1}{2}(s^r + 5s - 10)G_3(\widetilde{T}) + G_4(\widetilde{T}),$$

其中 C 为常数. 将引理 6.3.3 (a) 应用于右边的第二项, 则 (b) 得证. □

从上述引理中可以获得类似定理 6.4.1 的结论, 并用它来得出进一步的结果. 例如, 在 $f = 2$ 的情况下, 可以看到 $d = d(T_0, T)$ 是一个 MOA 设计当且仅当 $\widetilde{T} = P - (T_0 \cup T)$ 形如 (6.4.1) 式. 对于 4×2^n 因析设计, 表 6.10 给出了 $3 \leqslant f \leqslant 12$ 范围上 MOA 设计的集合 $\widetilde{T}$. 表中还指明了引理 6.4.1 推导此类设计所需的部分. 在表 6.10 中, $T_0 = \{1, 2, 12\}$. 如果给定 m, 那么对于本表所涵盖的任何 f, 可以像以前一样轻松获得对应于 MOA 设计的集合 T. 表 6.10 和表 6.8 的比较显示, 在大多数情况下, MOA 准则和 0 型 MA 准则会产生不同的结果.

表 6.10　MOA 4×2^n 部分因析设计的集合 $\widetilde{T}$

f	$\widetilde{T}$	引理 6.4.1 所需部分
3	$\{3, 4, 34\}$	(a)
4	$\{3, 4, 34, 13\}$	(a),(b)
5	$\{3, 4, 34, 14, 134\}$	(a),(b)
6	$\{3, 4, 34, 13, 14, 134\}$	(a),(b)
$7(m = 4)$	$\{3, 4, 34, 13, 14, 134, 24\}$	(a)
$7(m \geqslant 5)$	$\{3, 4, 34, 5, 35, 45, 345\}$	(a)
$8(m = 4)$	$\{3, 4, 34, 13, 14, 134, 23, 24\}$	(a)
$8(m \geqslant 5)$	$\{3, 4, 34, 5, 35, 45, 345, 13\}$	(a),(b)
$9(m = 4)$	$\{3, 4, 34, 13, 14, 134, 23, 24, 234\}$	(a)
$9(m \geqslant 5)$	$\{3, 4, 34, 5, 35, 45, 345, 14, 134\}$	(a),(b)
10	$\{3, 4, 34, 5, 35, 45, 134, 135, 145, 1345\}$	(a),(b)
11	$\{3, 4, 34, 5, 35, 45, 345, 134, 135, 145, 1345\}$	(a),(b)
12	$\{3, 4, 34, 5, 35, 45, 345, 13, 14, 134, 15, 1345\}$	(a),(b)

注: $T_0 = \{1, 2, 12\}$.

我们进一步指出, 对于推论 6.4.1、推论 6.4.2、定理 6.4.2 和表 6.8、表 6.9 中的任意 0 型 MA 设计, 矩阵 $V(T_0 \cup T)$ 都如设想的那样是行满秩的. 表 6.10 中给出的任意 MOA 设计也是如此.

6.5　$(s^{r_1}) \times (s^{r_2}) \times s^n$ 因析设计

如 6.3 节所述, 混合水平因析设计通常涉及多个因子, 每个因子都有较低水平, 只有相当少的因子有较高水平. 从这个角度出发, 本节考虑 $(s^{r_1}) \times (s^{r_2}) \times s^n$ 正规部分因析设计. 这样的因析设计有一个因子有 s^{r_1} 个水平, 记为 F_{01}, 一个因子有 s^{r_2} 个水平, 记为 F_{02}, 另外 n 个因子有 s 个水平, 记为 $F_1, \cdots, F_n$. 这里 $r_1(\geqslant 2), r_2(\geqslant 2)$ 是整数, $s(\geqslant 2)$ 是素数或素数幂, 其特殊情况 $s = r_1 = r_2 = 2$ 涵盖了 6.2 节中讨论的 $4^2 \times 2^n$ 因析设计.

本节的研究紧密衔接前两节. 对于 $i = 1, 2$, 令 $t_i = (s^{r_i} - 1)/(s-1)$, V_{r_i} 是 $r_i \times t_i$ 矩阵, 其列由 $\mathrm{PG}(r_i - 1, s)$ 的点给出. 那么, 根据引理 6.3.1, 类似于 (6.3.1) 式,

$$\mathcal{X} = \{(x_1, \cdots, x_{t_1}, x_{t_1} + 1, \cdots, x_{t_1} + t_2, x_{t_1} + t_2 + 1, \cdots, x_{t_1} + t_2 + n)' :$$

$$(x_1, \cdots, x_{t_1}) \in \mathcal{R}(V_{r_1}), (x_{t_1} + 1, \cdots, x_{t_1} + t_2) \in \mathcal{R}(V_{r_2}),$$

$$x_{t_1} + t_2 + 1, \cdots, x_{t_1} + t_2 + n \in \mathrm{GF}(s)\} \quad (6.5.1)$$

表示一个 $(s^{r_1}) \times (s^{r_2}) \times s^n$ 因析设计中 $s^{r_1+r_2+n}$ 个处理组合的集合. 这里 $(x_1, \cdots, x_{z_1})$ 代表 F_{01} 的一个水平, $(x_{t_1+1}, \cdots, x_{t_1+t_2})$ 代表 F_{02} 的一个水平, $x_{t_1+t_2+i}$ 代表 $F_i\ (1 \leqslant i \leqslant n)$ 的一个水平.

例 6.5.1　对于一个 $4^2 \times 2^3$ 因析设计, $s = 2, r_1 = r_2 = 2, n = 3, t_1 = t_2 = 3$, 如 6.3 节, $\mathcal{R}(V_2) = \{(0,0,0), (0,1,1), (1,0,1), (1,1,0)\}$. 因此, 根据 (6.5.1), $4^2 \times 2^3$ 因析设计中的处理组合可以用 $(x_1, \cdots, x_9)'$ 表示, 其中 $(x_1, x_2, x_3) \in \mathcal{R}(V_2)$, $(x_4, x_5, x_6) \in \mathcal{R}(V_2)$ 且 $x_7, x_8, x_9 \in \{0, 1\}$. □

对于一个 $(s^{r_1}) \times (s^{r_2}) \times s^n$ 因析设计, 一个束是一个形如

$$b = (b_1, \cdots, b_{t_1}, b_{t_1+1}, \cdots, b_{t_1+t_2}, b_{t_1+t_2+1}, \cdots, b_{t_1+t_2+n})'$$

的非零向量, 其中对于所有的 i, 有 $b_i \in \mathrm{GF}(s)$, $b_1, \cdots, b_{t_1}$ 中最多有一个非零, 且 $b_{t_1+1}, \cdots, b_{t_1+t_2}$ 中最多有一个非零. 成比例的束认为是相同的. 与 6.3 节一样, 对一个有 i 个非零元的束, 如果 $i = 1$, 那么它属于主效应, 如果 $i \geqslant 2$, 那么它属于 i 因子的交互作用. 对于任何属于交互作用的束 b, 会出现以下三种情况之一:

(0) 它只包含 $F_1, \cdots, F_n$ 中的某些, 即 $b_1 = \cdots = b_{t_1+t_2} = 0$;

(1) 它包含 F_{01} 和 F_{02} 中的一个以及 $F_1, \cdots, F_n$ 中的某些, 即 $b_1, \cdots, b_{t_1}$ 中有一个是非零的, 且 $b_{t_1+1} = \cdots = b_{t_1+t_2} = 0$ 或者 $b_{t_1+1}, \cdots, b_{t_1+t_2}$ 中有一个是非零约, 且 $b_1 = \cdots = b_{t_1} = 0$;

(2) 它同时包含 F_{01} 和 F_{02}, 且可能包含 $F_1, \cdots, F_n$ 中的某些, 即 $b_1, \cdots, b_{t_1}$ 中有一个非零, 且 $b_{t_1+1}, \cdots, b_{t_1+t_2}$ 中也有一个非零.

沿用 6.2 节的术语, 这三种类型的束分别称为 0 型、1 型和 2 型.

现在将正规部分的概念推广到 $(s^{r_1}) \times (s^{r_2}) \times s^n$ 因析设计. 假设需要一个有 s^m 个处理组合的部分因析设计, 其中 $r_1 + r_2 \leqslant m < r_1 + r_2 + n$. 设 P 表示 $\mathrm{PG}(m-1, s)$ 上 $(s^m - 1)/(s-1)$ 个点的集合, 对于 P 的任何非空子集 Q, 令矩阵 $V(Q)$ 如 6.3 节所定义的那样. 令 T_{01} 和 T_{02} 为 P 的 $(r_1 - 1)$-平面和 $(r_2 - 1)$-平面, 分别由 $e_1, \cdots, e_{r_1}$ 和 $e_{r_1+1}, \cdots, e_{r_1+r_2}$ 张成, 其中 $e_1, \cdots, e_m$ 是 $\mathrm{GF}(s)$ 上的 $m \times 1$ 单位向量. 由于 $r_1 + r_2 \leqslant m$, T_{01} 和 T_{02} 都有明确定义. 此外, 类似 (6.3.2) 式,

$$V(T_{01}) = \begin{bmatrix} V_{r_1} \\ 0 \end{bmatrix}, \tag{6.5.2}$$

其中, 0 是 $(m - r_1) \times t_1$ 的零矩阵, 并且

$$V(T_{02}) = \begin{bmatrix} 0^{(1)} \\ V_{r_2} \\ 0^{(2)} \end{bmatrix}, \tag{6.5.3}$$

其中, $0^{(1)}$ 和 $0^{(2)}$ 分别是 $r_1 \times t_2$ 和 $(m - r_1 - r_2) \times t_2$ 的零矩阵. 设 T 为 P 的一个 n-子集, 使得 T_{01}, T_{02} 和 T 是不相交的, 且矩阵

$$V(T_{01} \cup T_{02} \cup T) = \begin{bmatrix} V(T_{01}) & V(T_{02}) & V(T) \end{bmatrix} \tag{6.5.4}$$

行满秩. 那么 $\mathcal{R}[V(T_{01} \cup T_{02} \cup T)]$ 中有 s^m 个向量. 由 (6.5.1)—(6.5.4), 其中每个向量的转置都属于 $\mathcal{X}$, 从而表示 $(s^{r_1}) \times (s^{r_2}) \times s^n$ 因析设计的一个处理组合. 由此获得的 s^m 个处理组合 (或运行) 的集合给出了这种因析设计的一个正规部分, 用 $d = d(T_{01}, T_{02}, T)$ 表示. 对于 $4^2 \times 2^n$ 因析设计的特殊情况 (即 $s = r_1 = r_2 = 2$), H_m 的元素表示 $\mathrm{PG}(m-1, 2)$ 的点; $T_{01} = \{1, 2, 12\}$, $T_{02} = \{3, 4, 34\}$ 表示两个四水平因子; T 由 H_m 剩余部分的 n 个元素组成, 表示 n 个二水平因子. 同样, 本节从这里开始, 正规部分因析设计简称为设计.

考虑到 T_{01}, T_{02}, T 和 P 的基数, 上述构造是可能的当且仅当 $r_1 + r_2 \leqslant m$, 且

$$\frac{s^{r_1} - 1}{s - 1} + \frac{s^{r_2} - 1}{s - 1} + n \leqslant \frac{s^m - 1}{s - 1}, \quad 即 \quad s^{r_1} + s^{r_2} + n(s - 1) - 1 \leqslant s^m.$$

本节假设这些条件成立. 这种构造受到 Wu, Zhang 和 Wang (1992) 的方法的启发.

束 b 是 $d = d(T_{01}, T_{02}, T)$ 的一个定义束, 如果

$$V(T_{01} \cup T_{02} \cup T)b = 0. \tag{6.5.5}$$

与 6.3 节一样, 任意满足 (6.5.5) 的束至少有三个非零元, 即 d 的分辨度为 III 或更高. 对于 $i \geqslant 3$, 令 $A_{i0}(d)$, $A_{i1}(d)$ 和 $A_{i2}(d)$ 分别表示 0 型、1 型和 2 型的包含 i 个非零元的 d 的 (不同的) 定义束的个数. 在当前设置中, 在成比例的意义下, 如果存在一个非奇异变换, 将 T_{0j} 的每个点映射到 T_{0j} $(j = 1, 2)$ 的某个点, 将 T_1 的每个点映射到 T_2 的某个点, 那么称设计 $d(T_{01}, T_{02}, T_1)$ 和 $d(T_{01}, T_{02}, T_2)$ 是同构的. 此外, 如果 $r_1 = r_2$, 那么当存在一个非奇异变换, 在成比例的意义下, 将 T_{01} 的每个点映射到 T_{02} 的某个点, 将 T_{02} 的每个点映射到 T_{01} 的某个点, 并且将 T_1 的每个点映射到 T_2 的某个点时, 那么这两个设计也是同构的. 从 (6.5.5) 可以看出, 同构设计对每个 i 具有相同的 A_{i0}, A_{i1} 和 A_{i2}.

例 6.5.2　使用射影几何表示, 回顾例 6.2.1 所考虑的 16 个处理组合的 $4^2 \times 2^3$ 设计 d_1. 那么 $s = r_1 = r_2 = 2$, $n = 3, m = 4$ 且 $d_1 = d(T_{01}, T_{02}, T)$, 其中, $T_{01} = \{(1, 0, 0, 0)', (0, 1, 0, 0)', (1, 1, 0, 0)'\}$, $T_{02} = \{(0, 0, 1, 0)', (0, 0, 0, 1)', (0, 0, 1, 1)'\}$, $T = \{(1, 0, 0, 1)', (0, 1, 1, 0)', (0, 1, 1, 1)'\}$. 显然, T_{01}, T_{02} 和 T 是不相交的, 矩阵

$$V(T_{01} \cup T_{02} \cup T) = \begin{bmatrix} 1 & 0 & 1 & 0 & 0 & 0 & 1 & 0 & 0 \\ 0 & 1 & 1 & 0 & 0 & 0 & 0 & 1 & 1 \\ 0 & 0 & 0 & 1 & 0 & 1 & 0 & 1 & 1 \\ 0 & 0 & 0 & 0 & 1 & 1 & 1 & 0 & 1 \end{bmatrix} \tag{6.5.6}$$

行满秩. 因此, 由 $\mathcal{R}[V(T_{01} \cup T_{02} \cup T)]$ 可以得到设计 d_1. 根据 (6.5.5) 和 (6.5.6), d_1 的定义束是

$$(1, 0, 0, 0, 1, 0, 1, 0, 0)', (0, 1, 0, 1, 0, 0, 0, 1, 0)', (0, 1, 0, 0, 0, 1, 0, 0, 1)',$$
$$(0, 0, 1, 0, 0, 1, 1, 1, 0)', (0, 0, 1, 1, 0, 0, 1, 0, 1)', (0, 0, 0, 0, 1, 0, 0, 1, 1)',$$
$$(1, 0, 0, 0, 0, 0, 1, 1, 1)',$$

这与例 6.2.1 中展示的 d_1 的定义关系一致. 在上面列出的束中, 最后两个是 1 型的, 其余是 2 型的. 因此, 计算这些束中非零元的数量, 得到 $A_{30}(d_1) = 0$, $A_{31}(d_1) = 1$, $A_{32}(d_1) = 3$, $A_{40}(d_1) = 0$, $A_{41}(d_1) = 1$, $A_{42}(d_1) = 2$, $A_{50}(d_1) = A_{51}(d_1) = A_{52}(d_1) = 0$. 这也与例 6.2.1 一致.　　　　□

正如 6.2 节所讨论的, 我们假设 0 型束最重要, 2 型束最不重要. 那么, 考虑 0 型 MA 设计是合适的, 其定义如下. 对于 $(s^{r_1}) \times (s^{r_2}) \times s^n$ 因析设计, 考虑大小都是 s^m 的设计 d_1 和 d_2. 设 u 是使得 $(A_{u0}(d_1), A_{u1}(d_1), A_{u2}(d_1)) \neq (A_{u0}(d_2), A_{u1}(d_2), A_{u2}(d_2))$ 的最小整数. 与定义 6.2.2 一样, 如果 (i) $A_{u0}(d_1) < A_{u0}(d_2)$, 或 (ii) $A_{u0}(d_1) = A_{u0}(d_2)$, 但 $A_{u1}(d_1) < A_{u1}(d_2)$, 或 (iii) $A_{u0}(d_1) = A_{u0}(d_2)$, $A_{u1}(d_1) = A_{u1}(d_2)$, 但 $A_{u2}(d_1) < A_{u2}(d_2)$, 那么称 d_1 比 d_2 有更小的 0 型低阶混杂. 如果没有其他设计比它有更小的 0 型低阶混杂, 那么称该设计是一个 0 型 MA 设计.

再次考虑补集有助于 0 型 MA 设计的研究. 为了达到这一目的, 需要引入一些记号. 对于任意基数为 q 的非空集合 $Q(\subset P)$, 通过 (6.3.6) 定义 $G_i(Q)$. 此外, 如果 Q 和 T_{01} 不相交或 Q 和 T_{02} 不相交, 通过将 (6.3.7) 式的 T_0 分别替换为 T_{01} 或 T_{02}, 定义 $H_i(T_{01}, Q)$ 或 $H_i(T_{02}, Q)$. 进一步, 如果 Q, T_{01} 和 T_{02} 都不相交, 对于 $i \geqslant 1$, 定义

$$K_i(T_{01}, T_{02}, Q) = (s-1)^{-1} \#\{\lambda : \lambda \in \Omega_{iq}, \ 存在非零 \ \alpha_j \in \mathrm{GF}(s),$$
$$h_j \in T_{0j}(j=1,2), \ 使得 \ V(Q)\lambda = \alpha_1 h_1 + \alpha_2 h_2\}.$$

注意到如果 $i > q$, 有 $K_i(T_{01}, T_{02}, Q) = 0$.

考虑设计 $d = d(T_{01}, T_{02}, T)$, 由 (6.5.5), 类似 (6.3.9) 式, 有

$$\begin{aligned}
A_{i0}(d) &= G_i(T), \quad A_{i1}(d) = H_{i-1}(T_{01}, T) + H_{i-1}(T_{02}, T), \\
A_{i2}(d) &= K_{i-2}(T_{01}, T_{02}, T), \quad 对 \ i \geqslant 3.
\end{aligned} \tag{6.5.7}$$

设 $\widetilde{T} = P - (T_{01} \cup T_{02} \cup T)$. $\widetilde{T}$ 的基数等于

$$f = (s^m - s^{r_1} - s^{r_2} + 1)/(s-1) - n.$$

令

$$\begin{aligned}
\Psi_1(T_{01}, T_{02}, \widetilde{T}) &= K_1(T_{01}, T_{02}, \widetilde{T}) - G_3(\widetilde{T}), \\
\Psi_2(T_{01}, T_{02}, \widetilde{T}) &= 2G_4(\widetilde{T}) + H_3(T_{01}, \widetilde{T}) + H_3(T_{02}, \widetilde{T}).
\end{aligned}$$

由于当 $f = 0$ 时只有一个设计, 以后假设 $f \geqslant 1$. 另外, 为了避免平凡性, 设 $n \geqslant 2$.

引理 6.5.1 对于 $(s^{r_1}) \times (s^{r_2}) \times s^n$ 因析设计, 令 $d = d(T_{01}, T_{02}, T)$ 为一个大小为 s^m 的设计. 那么

(a) $A_{30}(d) = C_1 - G_3(T_{01} \cup T_{02} \cup \widetilde{T})$,

(b) $A_{31}(d) = C_2 + G_3(T_{01} \cup T_{02} \cup \widetilde{T}) + \Psi_1(T_{01}, T_{02}, \widetilde{T})$,

(c) $A_{32}(d) = C_3 - K_1(T_{01}, T_{02}, \widetilde{T})$,

(d) $A_{40}(d) = C_4 + (3s-5)G_3(T_{01} \cup T_{02} \cup \widetilde{T}) + G_4(T_{01} \cup T_{02} \cup \widetilde{T})$,

(e) $A_{41}(d) = C_5 - (3s-5)\{G_3(T_{01} \cup T_{02} \cup \widetilde{T}) + \Psi_1(T_{01}, T_{02}, \widetilde{T})\}$
$$- \frac{1}{2}(s^{r_1} + s^{r_2} - 2s)K_1(T_{01}, T_{02}, \widetilde{T}) - 2G_4(T_{01} \cup T_{02} \cup \widetilde{T})$$
$$+ \Psi_2(T_{01}, T_{02}, \widetilde{T}),$$

(f) $A_{42}(d) = C_6 + (s^{r_1} + s^{r_2} + s - 5)K_1(T_{01}, T_{02}, \widetilde{T}) + K_2(T_{01}, T_{02}, \widetilde{T}),$

其中 $C_1, \cdots, C_6$ 是常数.

引理 6.5.1 中的常数可能取决于 s, r_1, r_2, n 和 m, 但不取决于 T 的特定选择. 该引理的证明用到 (6.5.7). 证明在 Mukerjee 和 Wu (2001) 中可见, 这里省略. 下面定义以下设计分类:

$$\Delta_1 = \{d = d(T_{01}, T_{02}, T) : d \ \text{最大化} \ G_3(T_{01} \cup T_{02} \cup \widetilde{T})\},$$

$$\Delta_2 = \{d : d \in \Delta_1, d \ \text{在} \ \Delta_1 \ \text{上最小化} \ \Psi_1(T_{01}, T_{02}, \widetilde{T})\},$$

$$\Delta_3 = \{d : d \in \Delta_2, d \ \text{在} \ \Delta_2 \ \text{上最大化} \ K_1(T_{01}, T_{02}, \widetilde{T})\},$$

$$\Delta_4 = \{d : d \in \Delta_3, d \ \text{在} \ \Delta_3 \ \text{上最小化} \ G_4(T_{01} \cup T_{02} \cup \widetilde{T})\},$$

$$\Delta_5 = \{d : d \in \Delta_4, d \ \text{在} \ \Delta_4 \ \text{上最小化} \ \Psi_2(T_{01}, T_{02}, \widetilde{T})\},$$

$$\Delta_6 = \{d : d \in \Delta_5, d \ \text{在} \ \Delta_5 \ \text{上最小化} \ K_2(T_{01}, T_{02}, \widetilde{T})\}.$$

回顾 0 型 MA 设计的定义, 引理 6.5.1 产生了以下结果, 此结果是搜索此类设计的一个有用工具.

定理 6.5.1   对于任何 i $(1 \leqslant i \leqslant 6)$, 在同构的意义下, 假设 d 是属于 Δ_i 的唯一设计. 那么 d 是一个 0 型 MA 设计.

上述结果类似于定理 6.4.1, 当 $i = 1$ 时有以下推论.

推论 6.5.1   令 $f = 1$. 如果对于某个 $h_j \in T_{0j}(j = 1, 2)$, $\alpha(\neq 0) \in \mathrm{GF}(s)$, $\widetilde{T} = P - (T_{01} \cup T_{02} \cup T)$ 形如 $\widetilde{T} = \{h_1 + \alpha h_2\}$, 那么 $d = d(T_{01}, T_{02}, T)$ 是一个 0 型 MA 设计.

推论 6.5.2   令 $f = (s^w - s^{r_1} - s^{r_2} + 1)/(s - 1)$, 其中 $w \geqslant r_1 + r_2$. 如果 $T_{01} \cup T_{02} \cup \widetilde{T}$ 是 P 的一个 $(w - 1)$-平面, 其中 $\widetilde{T} = P - (T_{01} \cup T_{02} \cup T)$, 那么 $d = d(T_{01}, T_{02}, T)$ 是一个 0 型 MA 设计.

如果 $m > r_1 + r_2$, 对于 $f = 1$, 不是所有设计都有类似推论 6.5.1 中那样的 $\widetilde{T}$, 因此, 即使对于 $f = 1$, 基于 0 型 MA 准则区分设计也是可能的. 一般地, 当 f 很小时, 定理 6.5.1 大大简化了 0 型 MA 设计的识别. 作为一个特定应用, 考虑 $4^2 \times 2^n$ 因析设计. 那么 $s = r_1 = r_2 = 2$, 并且推论 6.5.1 和推论 6.5.2 分别解决了 $f = 1$ 和 $f = 9$ 的情况. 对于 $2 \leqslant f \leqslant 8$, 表 6.11 给出了 0 型 MA 设计的集合 $\widetilde{T} = P - (T_{01} \cup T_{02} \cup T)$, 并指明这些设计是如何通过定理 6.5.1 获得的. 此表使用与表 6.8 和表 6.10 相同的符号. 因此, 在本表中, $T_{01} = \{1, 2, 12\}$, $T_{02} = \{3, 4, 34\}$, 从而, 如果给定 m, 那么对于表所涵盖的任何 f, 可以很容易地获得对应于 0 型 MA 设计的集合 T, 即 $T = P - (T_{01} \cup T_{02} \cup \widetilde{T})$. 对于推论 6.5.1、推论 6.5.2 和

表 6.11 所给出的任何 MA 设计, 可以看出矩阵 $V(T_{01} \cup T_{02} \cup T)$ 行满秩.

表 6.11　0 型 MA $4^2 \times 2^n$ 部分因析设计的集合 $\widetilde{T}$

f	$\widetilde{T}$	定理 6.5.1 中的 i
2	$\{13, 23\}$	1
3	$\{13, 23, 123\}$	1
4	$\{13, 23, 14, 24\}$	4
5	$\{13, 23, 14, 24, 1234\}$	2
6	$\{13, 23, 123, 14, 24, 1234\}$	2
7	$\{13, 23, 123, 14, 24, 134, 1234\}$	2
8	$\{13, 23, 123, 14, 24, 124, 134, 1234\}$	1

注: $T_{01} = \{1, 2, 12\}$ 和 $T_{02} = \{3, 4, 34\}$.

作为说明, 考虑为一个 $4^2 \times 2^6$ 因析试验寻找 16 个处理组合的 0 型 MA 设计的问题. 那么 $s = 2, r_1 = r_2 = 2, n = 6, m = 4$, 且 $f = (2^4 - 2^2 - 2^2 + 1) - 6 = 3$. 对于 $f = 3$, 表 6.11 表明 $\widetilde{T} = \{13, 23, 123\}$. 这里 $P \equiv \mathrm{PG}(3, 2)$. 因此, 对应于 0 型 MA 设计的集合 T 由 $T = P - (T_{01} \cup T_{02} \cup \widetilde{T}) = \{14, 24, 124, 134, 234, 1234\}$ 给出.

特别地, 如果在表 6.11 的设定中 $m = 5$, 即试验大小为 32, 则 $f = (2^5 - 2^2 - 2^2 + 1) - n = 25 - n$. 表 6.11 给出了 $17 \leqslant n \leqslant 23$ 范围内 $4^2 \times 2^n$ 因析设计的 0 型 MA 设计, 因此补充了表 6.6 中的范围 $2 \leqslant n \leqslant 10$.

为结束本章, 我们提一些其他的相关研究. Zhang 和 Shao(2001) 得到了混合水平 MA 设计的进一步结果. Mukerjee, Chan 和 Fang (2000) 注意到 0 型、1 型等类型的束之间的区别, 将最大估计容量准则推广到了混合水平设计, 同时, 依照第 5 章的想法, 观察到其结果往往与 MA 准则下的结果一致.

练　习

6.1 说明通过将替换方法应用于任何强度为 2 的二水平正交表获得的四水平列与该表其余的二水平列是正交的.

6.2 推导出例 6.2.1 中 $4^2 \times 2^3$ 设计 d_2 的定义关系, 并用它来证实例 6.2.1 中的 A_{ij} 值.

6.3 从基本原理证明例 6.2.1 中的 $4^2 \times 2^3$ 设计 d_1 是 0 型 MA 设计.

6.4 对于 $k = 3$, 证明定理 6.2.1(b). 由此表明对于一般 $k \geqslant 2$ 的证明.

6.5 使用定理 6.2.1(b), 说明定义关系 (6.2.3) 的设计 d_2 不是 0 型 MA 设计.

6.6 考虑一个大小为 2^m 的 4×2^n 设计 d^*. 假设 d^* 由 $T_0 = \{\gamma_1, \gamma_2, \gamma_3\}$ 以及 H_m 的 n 个其他元素 $c_1, \cdots, c_n$ 表示, 其中 $\gamma_1 = 1, \gamma_2 = 2, \gamma_3 = 12$. 假设

(i) $\gamma_3, c_1, \cdots, c_n$ 中的每一个都出现在 d^* 的定义关系 $\mathrm{DR}(d^*)$ 的某个字中,

(ii) 集合 $\{\gamma_1, \gamma_2, c_1, \cdots, c_n\}$ 包含 m 个独立元素.

试证明: (a) $\sum_{i \geq 3} i A_i(d^*) = (n+2)2^{n+1-m} - C$, 其中 $A_i(d^*) = A_{i0}(d^*) + A_{i1}(d^*)$, C 是 $DR(d^*)$ 中包含 γ_3 的字的数量. (提示: 使用 (6.2.5) 前面的讨论和 (3.2.2).)

(b) 如果 γ_1 和 γ_2 都没有出现在 $DR(d^*)$ 的任何字中, 则 $C = 2^{n+1-m}$, 否则 $C = 2^{n-m}$.

6.7 在适当的假设下, 将练习 6.6 的结果推广到大小为 2^m 的 $4^2 \times 2^n$ 设计.

6.8 定义 6.2.1 中给出的 MA 准则称为 0 型, 因为它优先比较了 A_{u0} 的值. 对于 4×2^n 设计, 如果在定义中 A_{u0} 和 A_{u1} 的角色互换, 则导出的准则称为 1 型 MA. 第三个选择是使用 6.4 节引入的整体最小低阶混杂准则.

(a) 描述这两个备选准则之一更有意义的情形.

(b) 考虑有 16 个处理组合的 4×2^7 设计, 证明设计 $d(T_0, 3, 4, 14, 23, 34, 123, 134)$ 比设计 $d(T_0, 3, 4, 13, 14, 23, 24, 124)$ 有更小的 1 型低阶混杂. 哪个设计有更小的整体低阶混杂?

6.9 对于一般 p 的 $4^p \times 2^n$ 设计, 将类型 j 的字的定义推广到 $0 \leq j \leq p$. 基于推广的定义, 对于 $4^p \times 2^n$ 设计定义 0 型 MA 准则.

6.10 使用定义和组合理论证明引理 6.3.3(a).

6.11 考虑 $17 \leq n \leq 19$ 的 4×2^n 因析设计, 当设计大小为 32 时, 使用定理 6.4.2 得到 0 型 MA 设计.

6.12 使用定义和组合理论证明引理 6.5.1(c).

6.13 证明推论 6.5.1.

第 7 章   分区组对称因析设计

本章研究因析试验的分区组设计. 当试验单元不是齐性的时候, 区组设计是有用的. 首先考虑二水平全因析设计的简单情况. 然后, 处理一般对称部分因析设计的分区组问题, 并得到有限射影几何表示. 接着讨论各种最优性准则, 并研究利用补集的方法来寻找最优设计. 最后给出一些设计表.

7.1   全因析试验的最优分区组设计

前几章研究的设计将选定的处理组合完全随机地分配到试验单元. 只有当试验单元是齐性的时候, 这种分配才合适. 然而, 这种齐性并不总是能得到保证, 特别是当试验大小相对较大时. 那么, 一个实用的设计策略是将试验单元划分为齐性组, 称为区组, 并将随机化分别限制在每个区组内. 因此, 设计不仅应该决定试验中包含的处理组合, 还应该决定对区组的划分. 区组通常由试验单元的自然分组形成, 如材料的批次、土地的分块、时间段等. 本章讨论对称因析试验的分区组设计, 假设区组和处理效应具有可加性.

当期望通过分区组把试验单元划分到齐性组时, 区组之间可能会有显著的异质性. 因此, 区组效应甚至可能与因子主效应一样有潜在的重要性. 另外, 尽管区组效应可能非常重要, 但试验者对此并不感兴趣, 感兴趣的只是根据效应分层原则排序的因子效应. 现在的一个主要问题是区组的存在多大程度上会影响因子效应的估计. 区组效应和因子效应之间的区别对于制定本章将讨论的设计准则至关重要.

根据 Sun, Wu 和 Chen (1997), 本节考虑为二水平全因析试验寻找最优分区组设计的简单问题. 与 3.1 节一样, 任何因子效应都简记为 $i_1 \cdots i_g$.

例 7.1.1   为了说明这些想法, 考虑将 2^5 全因析设计分为 8 $(= 2^3)$ 个区组的问题. 从三个独立的因子效应开始, 比如

$$b_1 = 135, \quad b_2 = 235, \quad b_3 = 1234. \tag{7.1.1}$$

对于任何处理组合, 都有 2^3 $(= 8)$ 种可能性, 取决于 b_1, b_2 和 b_3 出现的是正号还是负号. 这导致将 2^5 个处理组合分为八类, 每类的大小为 4. 可以将如此形成的每一类分配到一个区组, 以获得八个区组. 显然, 同一区组中的处理组合对任何 b_i $(i = 1, 2, 3)$ 都具有相同的符号. 因此, 代表 b_1, b_2, b_3 的处理对照也是区组间的

对照. 因此, 这些因子效应与区组纠缠或混杂. 在存在区组效应的情况下, 它们无法估计. 事实上, 很容易看出, 这不仅发生在 b_1, b_2, b_3 上, 也发生在由它们生成的因子效应上. 换句话说, 因子效应

$$b_1 b_2 = (135)(235) = 12, \qquad b_1 b_3 = (135)(1234) = 245,$$
$$b_2 b_3 = (235)(1234) = 145, \quad b_1 b_2 b_3 = (135)(235)(1234) = 34 \tag{7.1.2}$$

也与区组混杂.

剩余的因子效应会发生什么? 可以看到对这些因子效应中任何一个来说, 在任何区组内都有一半的处理组合是正号, 另外一半是负号. 因此, 即使在区组效应存在的情况下, 它们仍然是可估的, 也就是说, 它们与区组不混杂.

下一节将在一般背景下对混杂现象进行更严格的解释. 在例 7.1.1 中, 共有七个混杂的因子效应, 如 (7.1.1) 和 (7.1.2) 所示. 加上单位元 I, 它们形成了一个群, 称为区组定义对照子群. 该群是分区组设计与 2^{n-k} 设计的 (处理) 定义对照子群的对应物. 一般来说, 与 2^{n-k} 设计一样, 可以基于效应分层原则, 将最小低阶混杂 (MA) 准则应用于区组定义对照子群. 正式地, 对于分区组设计 d, 设 $\beta_i(d)$ 为区组定义对照子群中长度为 i 的字数, 即 $\beta_i(d)$ 是与区组混杂的 i 阶因子效应的个数. 我们可以使用字长型 $(\beta_1(d), \beta_2(d), \beta_3(d), \cdots)$ 来刻画 d 的性质. 显然, 要求 $\beta_1(d) = 0$. 基于顺序最小化 $\beta_2(d), \beta_3(d), \cdots$ 的 MA 准则可以用来对分区组设计排序. 根据此准则选出的最优设计称为最小低阶混杂分区组设计. 如此, 前几章中给出的 MA 设计的所有工具和结论都可以在这里使用. 由于一个 2^5 设计分 2^3 个区组的区组定义对照子群等价于一个 2^{5-3} 设计的 (处理) 定义对照子群, 由 (7.1.1)、(7.1.2) 以及定理 3.2.2 ($n = 5$) 的证明, 我们知道例 7.1.1 中的分区组设计是 MA 设计, 因为它的字长型为 $(0, 2, 4, 1, 0)$.

由于 2^n 设计分 2^k 个区组, 这在数学上等价于 2^{n-k} 设计, 不需要单独列出全因析设计的最优分区组设计表. 这些表可以在 Sun, Wu 和 Chen (1997) 中找到. 但有一些差异值得注意. 首先, 因为 $\beta_i(d)$ 有一个直观的解释, 即为分区组而 "牺牲" 的 i 阶因子效应的数量, 所以, MA 准则对分区组问题有很强的依据. 在 2^{n-k} 设计 d 中, 与 $\beta_i(d)$ 相对应的是 $A_i(d)$, 见 (2.5.3). 在效应分层原则下, 基于严格的模型假设, $A_i(d)$ 的含义更加复杂, 参见 2.5 节. 其次, 虽然允许 $\beta_2(d) > 0$, 但不允许 $A_2(d) > 0$. 后者意味着两个主效应混杂, 而前者只意味着一些两因子交互作用与区组混杂.

之前的讨论表明, 可以对分区组全因析设计给出可估性的直接定义. 如果 E 是使得所有 E 阶或更低阶的因子效应都可估 (即不与区组混杂) 的最大整数, 那么称此类设计有 E 阶可估性. 例如, 例 7.1.1 中的设计有 $E = 1$, 因为两个长度为 2 的字出现在 (7.1.2) 中. 显然, $E + 1$ 等于使 $\beta_R(d) > 0$ 的最小的整数 R. 对于

2^{n-k} 设计, R 是设计的分辨度. 那么, 在这种情况下我们为什么不使用分辨度的概念呢? 回顾定理 2.5.1 中总结的分辨度的含义. 对于分辨度为 III 的设计, 在假设所有交互作用缺失的条件下, 主效应都可估, 而对于分辨度为 IV 的设计, 在三阶及以上的交互作用都缺失的弱假设下, 同样的可估性仍成立. 因此, 从可估性的角度来看, 分辨度为 III 和 IV 只在交互作用缺失的假设上有所不同. 在分区组的情况下, 二者都对应于 $E = 1$. 在 E 和 R 下的思想主要区别在于, 前者不需要任何关于因子效应缺失的假设, 而后者需要. 如果必须建立它们之间的联系, 可以说分 2^k 个区组的 2^n 设计的 E 阶可估性对应于 2^{n-k} 设计的分辨度 $2E + 1$ 或 $2E + 2$.

为了表述简单, 到现在为止, 我们把讨论限制在二水平的情况. 由于把区组定义对照子群从 $s = 2$ 推广到一般素数幂 s 是直接的, 显然, MA 准则和可估阶数的概念可以更自然地用于 s^n 分区组设计. 为了避免重复, 这里没有讨论推广的情况. 本章的剩余部分致力于一般的 s 水平部分因析分区组设计. 由于存在两个字长型, 一个来自部分的选择, 另一个来自分区组, 它们的研究更加复杂困难. 有效处理这个问题需要使用第 2 章中提到的数学工具.

7.2 分区组部分因析设计

考虑一个对称 s^n 因析设计, 其中 s 是素数或素数幂. 与第 2 章一样, 处理组合用 GF(s) 上的 $n \times 1$ 向量 x 表示. 同样, 一个 s^{n-k} 设计由 $d(B) = \{x : Bx = 0\}$ 给出, 其中 B 是 GF(s) 上行满秩的 $k \times n$ 矩阵. 假设希望在 s^r 个区组中进行试验, 每个区组大小为 s^{n-k-r}, 其中 $k + r < n$. 这可以通过以下方式实现. 设 B_0 是在 GF(s) 上定义的另一个矩阵, 其阶数为 $r \times n$, 使得

$$\text{rank} \begin{pmatrix} B \\ B_0 \end{pmatrix} = k + r, \tag{7.2.1}$$

并令 Λ_r 是 GF(s) 上的 $r \times 1$ 向量的集合. 用 Λ_r 中 s^r 个向量表示 s^r 个区组. 对于任意 $\lambda \in \Lambda_r$, 把满足

$$Bx = 0, \quad B_0x = \lambda \tag{7.2.2}$$

的处理组合 x 放在 λ 表示的区组中. (7.2.2) 的第一个方程表示试验中包含的处理组合, 而第二个方程表示处理组合分配到区组的情况. 对于 $s = 2$, 如例 7.1.1 中考虑的那样, 任何不同正负号的形式都对应于某个 λ. 由 (7.2.1) 可知, $(k+r) \times n$ 矩阵 $[B' \ B_0']'$ 行满秩. 因此, 由 (7.2.2) 容易看到, 每个区组的大小为期望的 s^{n-k-r}, 参见引理 2.3.1. 因此 (7.2.2) 在大小相等的 s^r 个区组中定义了 s^{n-k} 设计, 或者简记为 (s^{n-k}, s^r) 分区组设计, 用 $d(B, B_0)$ 表示.

例 7.2.1 令 $s = 2, n = 6, k = 2, r = 2$. 矩阵

$$B = \begin{bmatrix} 1 & 1 & 1 & 0 & 1 & 0 \\ 0 & 1 & 1 & 1 & 0 & 1 \end{bmatrix}, \quad B_0 = \begin{bmatrix} 1 & 0 & 1 & 1 & 0 & 0 \\ 1 & 1 & 0 & 1 & 0 & 0 \end{bmatrix} \tag{7.2.3}$$

满足 (7.2.1) 中秩的条件. 以 $(1,1)'$ 表示的区组为例. 由 (7.2.2) 和 (7.2.3), 该区组包含的处理组合 $x = (x_1, \cdots, x_6)'$ 满足

$$x_1 + x_2 + x_3 + x_5 = 0, \quad x_2 + x_3 + x_4 + x_6 = 0$$

和

$$x_1 + x_3 + x_4 = 1, \quad x_1 + x_2 + x_4 = 1.$$

容易看出, 这些处理组合是 $(0,1,1,0,0,0)', (0,0,0,1,0,1)',\ (1,0,0,0,1,0)'$ 和 $(1,1,1,1,1,1)'$. 类似地, $(0,0)', (0,1)'$ 和 $(1,0)'$ 表示的区组的处理组合分别为

$$\{(0,0,0,0,0,0)', (0,1,1,1,0,1)', (1,1,1,0,1,0)', (1,0,0,1,1,1)'\},$$

$$\{(1,1,0,1,0,0)', (1,0,1,0,0,1)', (0,0,1,1,1,0)', (0,1,0,0,1,1)'\}$$

和

$$\{(1,0,1,1,0,0)', (1,1,0,0,0,1)', (0,1,0,1,1,0)', (0,0,1,0,1,1)'\}.$$

例 7.2.2 令 $s = 3, n = 4, k = 1, r = 2$. 矩阵

$$B = \begin{bmatrix} 1 & 1 & 1 & 1 \end{bmatrix}, \quad B_0 = \begin{bmatrix} 1 & 1 & 0 & 0 \\ 1 & 0 & 1 & 0 \end{bmatrix} \tag{7.2.4}$$

满足 (7.2.1) 中秩的条件. 同前所述, 由 $(2,2)'$ 表示的区组包含的处理组合 $x = (x_1, \cdots, x_4)'$ 满足

$$x_1 + x_2 + x_3 + x_4 = 0, \quad x_1 + x_2 = 2, \quad x_1 + x_3 = 2.$$

因此, 这个区组由 $\{(0,2,2,2)', (1,1,1,0)', (2,0,0,1)'\}$ 给出. 同理, 可以获得其他区组.

(s^{n-k}, s^r) 分区组设计 $d(B, B_0)$ 中的定义束和别名的概念与 s^{n-k} 设计 $d(B)$ 中的概念相同. 换句话说, $d(B)$ 的定义束也是 $d(B, B_0)$ 的定义束, 从而在 $d(B)$ 中相互别名的束在 $d(B, B_0)$ 中仍然如此. 与 2.4 节一样, $d(B, B_0)$ 中属于任意定义束的处理对照均不可估. 考虑到区组效应, 现在探究 $d(B, B_0)$ 的其他束的可估性的相关情况. 回想一下, 这些束被分组到别名集.

考虑 $d(B)$, 或等价地, $d(B, B_0)$ 的任意别名集 $\mathcal{A}$. 对于任意束 $b \in \mathcal{A}$, 根据 (2.4.16), 定义集合

$$V_j(b, B) = \{x : b'x = \alpha_j \text{ 且 } Bx = 0\}, \quad 0 \leqslant j \leqslant s - 1, \tag{7.2.5}$$

其中, $\alpha_0, \alpha_1, \cdots, \alpha_{s-1}$ 是 GF(s) 的元素. 如注 2.4.1 所述, 对每个 j, $V_j(b, B)$ 的基数为 s^{n-k-1}. 令 $\mathcal{R}(\cdot)$ 表示矩阵的行空间. 可以得到以下结果, 这在后续中很有用.

引理 7.2.1 (a) 对于每个 $b \in \mathcal{A}$, 或者

$$b' \in \mathcal{R}\begin{pmatrix} B \\ B_0 \end{pmatrix} - \mathcal{R}(B) \tag{7.2.6}$$

或者

$$b' \notin \mathcal{R}\begin{pmatrix} B \\ B_0 \end{pmatrix}. \tag{7.2.7}$$

(b) 如果 (7.2.6) 成立, 那么对于每个 $b \in \mathcal{A}$, $d(B, B_0)$ 的每个区组被包含在集合 $V_j(b, B)$ $(0 \leqslant j \leqslant s - 1)$ 中的一个内.

(c) 如果 (7.2.7) 成立, 那么对于每个 $b \in \mathcal{A}$ 和每个 j $(0 \leqslant j \leqslant s - 1)$, $d(B, B_0)$ 的每个区组与 $V_j(b, B)$ 有 $s^{n-k-r-1}$ 个共同的处理组合.

证明 (a) 考虑 $\mathcal{A}$ 中的任意两个束. 那么

$$(b - b^*)' \in \mathcal{R}(B) \tag{7.2.8}$$

对这两个束的某些表示 b 和 b^* 成立, 参见 (2.4.9). 由于 b 不是定义束, 所以它不属于 $\mathcal{R}(B)$. 因此, b 一定满足 (7.2.6) 或 (7.2.7). 类似地, b^* 也满足 (7.2.6) 或 (7.2.7). 此外, 由 (7.2.8), b 满足 (7.2.6) 当且仅当 b^* 也满足. (a) 得证.

(b) 如果 (7.2.6) 成立, 那么对每个 $b \in \mathcal{A}$, 由 (7.2.2) 显然可见, 对同一区组的所有处理组合 x, $b'x$ 保持不变. 由于这些处理组合也满足 $Bx = 0$, (b) 可以由 (7.2.5) 得到.

(c) 如果 (7.2.7) 成立, 那么由 (7.2.1), 对每个 $b \in \mathcal{A}$, $(k + r + 1) \times n$ 矩阵 $(B' \ B_0' \ b)'$ 都行满秩. 因此 (c) 可以由 (7.2.2) 和 (7.2.5) 直接得出. $\quad\square$

现在考虑属于别名集 $\mathcal{A}$ 中的束 b 的任意处理对照 L. 根据 (2.4.18), L 中只包含 $d(B, B_0)$ 的处理组合的那部分形如

$$L(B) = \sum_{j=0}^{s-1} l_j \left\{ \sum_{x \in V_j(b, B)} \tau(x) \right\}, \tag{7.2.9}$$

其中, $\tau(x)$ 是处理组合 x 的效应并且 $l_0, l_1, \cdots, l_{s-1}$ 是不全为零的实数, 满足

$$l_0 + l_1 + \cdots + l_{s-1} = 0. \tag{7.2.10}$$

如果 (7.2.6) 成立, 那么由引理 7.2.1(b), 每个区组被包含在集合 $V_j(b, B)$ 中的一个内. 因此, 由 (7.2.9), 对应于 $L(B)$ 的观测对照的期望包含区组效应, 这使得 $L(B)$ 的估计无效. 另外, 如果 (7.2.7) 成立, 那么由引理 7.2.1(c), 每个区组与 $V_j(b, B)$ $(0 \leqslant j \leqslant s-1)$ 有 $s^{n-k-r-1}$ 个共同的处理组合. 因此, 由 (7.2.9) 和 (7.2.10), 在对应于 $L(B)$ 的观测对照的期望中, 区组效应抵消了, 也就是说, 即使在区组效应存在的情况下, 这种对照也能估计 $L(B)$. 从上面提到的几点来看, 以下结果是显而易见的:

(I) 对任意别名集 $\mathcal{A}$, 如果 (7.2.6) 成立, 那么在区组效应存在的条件下, 属于 $\mathcal{A}$ 的任意束的处理对照在 $d(B, B_0)$ 中不可估. 在这个意义上, 称别名集 $\mathcal{A}$ 以及其中的所有束与区组混杂.

(II) 对任意别名集 $\mathcal{A}$, 如果 (7.2.7) 成立, 那么即使存在区组效应, 定理 2.4.2 也适用于 $\mathcal{A}$, 即任何束 $b \in \mathcal{A}$ 在 $d(B, B_0)$ 中是可估的, 当且仅当 $\mathcal{A}$ 中所有其他的束都是可忽略的. 从这个意义上说, 称别名集 $\mathcal{A}$ 以及其中的所有束都不与区组混杂.

容易看出, 有 $(s^r - 1)/(s-1)$ 个别名集满足 (7.2.6), 从而与区组混杂. 由于总共有 $(s^{n-k} - 1)/(s-1)$ 个别名集, 因此剩余 $(s^{n-k} - s^r)/(s-1)$ 个别名集满足 (7.2.7), 从而不与区组混杂.

例 7.2.2 (续)　这里 $s = 3, r = 2$. 从而有四个别名集与区组混杂. 由 (7.2.4) 和 (7.2.6), 它们是

$$\{(1,1,0,0)', (0,0,1,1)', (1,1,2,2)'\}, \quad \{(1,0,1,0)', (0,1,0,1)', (1,2,1,2)'\},$$

$$\{(0,1,2,0)', (1,2,0,1)', (1,0,2,1)'\}, \quad \{(1,0,0,2)', (0,1,1,2)', (1,2,2,0)'\}.$$

上述别名集都不包含主效应束, 即所有包含主效应束的别名集都满足 (7.2.7). 此外, 从 (7.2.4) 容易看出, 主效应束都不与少于三个因子的其他束别名. 因此, 根据上述 (II), 当三个或更多因子的交互作用缺失时, 这个分区组设计的每个主效应束都是可估的.　　　　　　　　　　　　　　　　　　　　　　　　　　　　　　　　$\square$

现在将分辨度的概念推广到分区组设计. 对于分区组设计 $d(B, B_0)$, 令 R 为所有定义束中非零元的最小个数. 此外, 令 $\theta+1$ 为所有与区组混杂, 即满足 (7.2.6) 的束中非零元的最小个数. 如果没有区组, 那么设计的分辨度由 R 给出. 在同样的思想下, Mukerjee 和 Wu (1999) 将分区组设计 $d(B, B_0)$ 的分辨度定义为 R^*, 其中

$$R^* = \begin{cases} \min(R, 2\theta + 1), & R是奇数, \\ \min(R, 2\theta + 2), & R是偶数. \end{cases} \quad (7.2.11)$$

如果 $R^* \leqslant 2$, 则 $R \leqslant 2$ 或 $\theta = 0$, 即 (不分区组) 设计 $d(B)$ 的分辨度最多为 II, 或一个主效应束与 $d(B, B_0)$ 中的区组混杂. 因此, 即使在所有交互作用均缺失的条件下, 分辨度为 I 或 II 的分区组设计仍无法确保属于主效应的所有处理对照可估. 所以, 我们只关注分辨度为 III 或更高的设计. 注意 7.1 节中可估阶数的概念不能在这里推广, 因为对一个束, 如果只是不与区组混杂, 它可能不可估; 如上面 (II) 看到的, 其别名情况在这方面也发挥了作用.

使用与定理 2.4.3 相同的方法, 从上述结论 (II) 中不难得到以下类似于定理 2.5.1 的结果.

定理 7.2.1 当 $1 \leqslant f \leqslant \frac{1}{2}(R^* - 1)$ 时, 在所有包含 $R^* - f$ 或更多因子的因子效应缺失的情况下, 分辨度为 $R^*(\geqslant \text{III})$ 的 (s^{n-k}, s^r) 分区组设计使所有包含 f 或更少因子的处理对照可估.

定理 7.2.1 进一步证实了 (7.2.11). 对于例 7.2.2 中的分区组设计, $R = \text{IV}$, 可以验证 $\theta = 1$. 因此, $R^* = \text{IV}$, 从定理 7.2.1 中可以清楚地看出, 为什么在三个或更多因子交互作用缺失的情况下, 每个主效应束在该设计中都可估.

7.3 射影几何表示

与 s^{n-k} 设计一样, 用射影几何表示有助于分区组设计的研究和制表. 根据 Mukerjee 和 Wu (1999) 以及 Chen 和 Cheng (1999), 这种表示在下面的定理 7.3.1 中给出. 这将定理 2.7.1 推广到当前情形. 给定有限射影几何的任意一个非空点集 Q, 仍记 $V(Q)$ 为其列由 Q 中点给出的矩阵.

定义 7.3.1 称 $\text{PG}(n-k-1, s)$ 的一个有序子集对 (T_0, T) 为一个 $(r-1, n)$ 分区组对, 如果 (a) T_0 是一个 $(r-1)$-平面, (b) T 的基数为 n, (c) T_0 和 T 不相交, 且 (d) $V(T)$ 行满秩.

定理 7.3.1 给定任意分辨度为 III 或更高的 (s^{n-k}, s^r) 分区组设计 $d(B, B_0)$, 存在 $\text{PG}(n-k-1, s)$ 的一个 $(r-1, n)$ 分区组子集对 (T_0, T), 使得

(a) 对于每个 $\lambda \in \Lambda_r$, 一个处理组合 x 出现在 λ 表示的 $d(B, B_0)$ 的区组中, 当且仅当对于 GF(s) 上某个 $(n-k) \times 1$ 向量 ξ, 有

$$x' = \xi'V(T) \quad 且 \quad \lambda' = \xi'V(T_0^*), \quad (7.3.1)$$

其中, T_0^* 是 T_0 的 r 个线性无关的点的集合;

(b) 任意束 b 是 $d(B, B_0)$ 的一个定义束, 当且仅当 $V(T)b = 0$;

　　(c) 任意两个束在 $d(B, B_0)$ 中互相别名, 当且仅当对这两个束的某个表示 b 和 b^*, 有 $V(T)(b - b^*) = 0$;

　　(d) 任意不是定义束的束 b, 其与 $d(B, B_0)$ 中的区组混杂当且仅当 $V(T)b$ 非零且与 T_0 的某个点成比例.

　　反之, 给定 $\mathrm{PG}(n-k-1, s)$ 的任何 $(r-1, n)$ 分区组子集对 (T_0, T), 存在分辨度为 III 或更高的 (s^{n-k}, s^r) 分区组设计 $d(B, B_0)$, 使得 (a)—(d) 成立.

　　证明　考虑分辨度为 III 或更高的 (s^{n-k}, s^r) 分区组设计 $d(B, B_0)$. 由于 $k \times n$ 矩阵 B 行满秩, 存在一个定义在 $\mathrm{GF}(s)$ 上的 $(n-k) \times n$ 矩阵 G, 使得

$$\mathrm{rank}(G) = n - k \quad 且 \quad BG' = 0, \tag{7.3.2}$$

即 B 和 G 的行空间是互为正交补的. 定义 $(n-k) \times r$ 矩阵

$$G_0 = GB_0'. \tag{7.3.3}$$

则有以下事实:

　　(i) G 的任意两列都是线性无关的;

　　(ii) G_0 的 r 列是线性无关的;

　　(iii) G 的列不是由 G_0 的列张成的.

　　与定理 2.7.1 一样, 由 (7.3.2), 事实 (i) 显而易见, 因为 $d(B, B_0)$ 的分辨度为 III 或更高. 在练习 7.6 和练习 7.7 中, 要求读者证明 (ii) 和 (iii).

　　根据 (i), G 的 n 个列表示 $\mathrm{PG}(n-k-1, s)$ 的点. 令 T 为这 n 个点的集合. 类似地, 根据 (ii), G_0 的 r 个列表示 $\mathrm{PG}(n-k-1, s)$ 的线性无关的点. 令 T_0^* 为这 r 个点的集合, T_0 为 T_0^* 的点生成的 $(r-1)$-平面. 从而根据 (iii), T_0 和 T 不相交, 且由 (7.3.2), $V(T) = G$ 行满秩. 因此 (T_0, T) 是 $\mathrm{PG}(n-k-1, s)$ 的一个 $(r-1, n)$ 分区组子集对.

　　对上述 T_0, T_0^* 和 T, 不难验证 (a)—(d) 成立. 由 (7.3.2), (b) 和 (c) 显然成立, 请读者在练习 7.8 和练习 7.9 中证明 (a) 和 (d).

　　逆命题可以通过逆转上述步骤来证明. 　　　　　　　　　　　　　　　□

　　为了说明定理 7.3.1, 回顾例 7.2.1 中的分区组设计. 可以看出, 该设计的分辨度为 IV. 此设计的矩阵 B 和 B_0 在 (7.2.3) 中给出. 因此

$$G = \begin{bmatrix} 1 & 0 & 0 & 0 & 1 & 0 \\ 0 & 1 & 0 & 0 & 1 & 1 \\ 0 & 0 & 1 & 0 & 1 & 1 \\ 0 & 0 & 0 & 1 & 0 & 1 \end{bmatrix}$$

满足 (7.3.2), 由 (7.3.3), 有

$$G_0 = \begin{bmatrix} 1 & 0 & 1 & 1 \\ 1 & 1 & 0 & 1 \end{bmatrix}'.$$

G 和 G_0 的列分别代表 T 和 T_0^* 的点. 因此, $T_0 = \{(1,0,1,1)', (1,1,0,1)', (0,1,1,0)'\}$ 且 (T_0, T) 是的 $(r-1, n)$ 分区组子集对, 其中 $r = 2, n = 6$. 现在对 $(1,1)'$ 表示的区组证明定理 7.3.1(a). 因为 $V(T_0^*) = G_0$, $\lambda = (1,1)'$, (7.3.1) 中关于 ξ 的第二个方程的解为 $(0,1,1,0)', (0,0,0,1)', (1,0,0,0)'$ 和 $(1,1,1,1)'$. 由于 $V(T) = G$, (7.3.1) 中的第一个方程表明, 该区组由处理组合 $(0,1,1,0,0,0)', (0,0,0,1,0,1)', (1,0,0,0,1,0)'$ 和 $(1,1,1,1,1,1)'$ 组成. 这与前面在例 7.2.1 中直接从 (7.2.2) 得出的结果一致. 类似地, 使用上述 T_0, T_0^* 和 T, 对于其他区组, 可以证明 (a), 以及 (b)—(d).

考虑 T_0 和 T 的基数, 根据定理 7.3.1, 给定 s, n, k 和 r, 分辨度为 III 或更高的 (s^{n-k}, s^r) 分区组设计存在, 当且仅当

$$\frac{s^r - 1}{s - 1} + n \leqslant \frac{s^{n-k} - 1}{s - 1}, \quad 即 \ s^r + n(s-1) \leqslant s^{n-k}. \tag{7.3.4}$$

令 $m = n - k$, 可见 (7.3.4) 与 6.3 节中 s^m 个处理组合的 $(s^r) \times s^n$ 因析设计中的相应条件相同. 事实上, (7.3.1) 表明, 在 (s^{n-k}, s^r) 分区组设计中, 可以把区组看作 s^r-水平因子的水平, 从而分区组设计在形式上对应一个有 s^{n-k} 个处理组合的 $(s^r) \times s^n$ 因析设计. 然而, 这两种背景之间有一个主要区别. 在 6.3 节, 对 s^r-水平因子本身是感兴趣的, 但在分区组设计中对区组效应不感兴趣. 因此, 如下节所见, 分区组设计的设计准则与上一章不同.

给定一个分辨度至少为 III 的 s^{n-k} 设计 $d(B)$, 可以使用定理 7.3.1 寻找 $d(B)$ 的最大可能的分区组, 并使得到的分区组设计的分辨度为 III 或更高. 这可以通过以下两步完成:

(i) 根据定理 2.7.1, 用 $\mathrm{PG}(n-k-1, s)$ 的 n 个点的集合 T 表示 $d(B)$, 使得 $V(T)$ 行满秩.

(ii) 给定 T, 找到最大的 r, 使得 $\mathrm{PG}(n-k-1, s)$ 中 T 的补集包含一个 $(r-1)$-平面, 记为 T_0, 则 (T_0, T) 是一个 $(r-1, n)$ 分区组子集对. 如定理 7.3.1 设想的那样, 对应于 (T_0, T) 的分区组设计的分辨度为 III 或更高, 并给出了一个 $d(B)$ 的最大可能的分区组.

以下例子来自 Mukerjee 和 Wu (1999), 其详细讨论了最大分区组问题.

例 7.3.1 令 $s = 2, k = 1$, 为了避免平凡性, 假设 $n \geqslant 4$. 那么由 (7.3.4) 得

$$r \leqslant n - 2. \tag{7.3.5}$$

令 T_0 是由坐标之和为零的点组成的 $PG(n-2,2)$ 的 $(n-3)$-平面, 例如, 对于 $n=4$, $T_0 = \{(1,1,0)', (1,0,1)', (0,1,1)'\}$. 具有最大分辨度 n 的 2^{n-1} 设计 $d^{(1)}$ 由 $PG(n-2,2)$ 的点集 $T^{(1)} = \{e_1, \cdots, e_{n-1}, y\}$ 表示, 其中 $e_1, \cdots, e_{n-1}$ 是 $GF(2)$ 上 $n-1$ 维的单位向量, $y = e_1 + \cdots + e_{n-1}$. 如果 n 是偶数, 那么 T_0 和 $T^{(1)}$ 不相交. 由于 T_0 是一个 $(n-3)$-平面, 对于 $d^{(1)}$ 来说, (7.3.5) 的上界是可以达到的, 也就是说, 对于偶数 n, $d^{(1)}$ 可以划分到 2^{n-2} 个区组中, 从而得到的分区组设计的分辨度仍然为 III 或更高.

然而, 对于奇数 n, $y \in T_0$, 即 T_0 和 $T^{(1)}$ 相交. 尽管如此, 假设 $PG(n-2,2)$ 中 $T^{(1)}$ 的补集包含一个 $(n-3)$-平面, 记作 $\widehat{T}$. 显然, $\widehat{T}$ 的点与 $y (\notin \widehat{T})$ 一起张成 $PG(n-2,2)$. 这说明对于某些 $q_1, \cdots, q_{n-1} \in \widehat{T}$, $e_i = y + q_i$, $1 \leqslant i \leqslant n-1$. 由于 n 是奇数, $n-1$ 个点 $q_i (= e_i + y)$, $1 \leqslant i \leqslant n-1$ 是线性无关的. 但这是不可能的, 因为它们属于一个 $(n-3)$-平面. 因此, 对于奇数 n, $d^{(1)}$ 不能划分到 2^{n-2} 个区组中使得生成的分区组设计的分辨度仍为 III 或更高. 但是这种情况下, $d^{(1)}$ 可能划分到 2^{n-3} 个区组中使得生成的分区组设计具有所需的分辨度. 为此, 考虑由 $PG(n-2,2)$ 的点组成的 $(n-4)$-平面 T_0', 这些点最后一个坐标值为零, 所有其他坐标之和为零, 注意到 T_0' 和 $T^{(1)}$ 是不相交的.

有趣的是, 对于奇数 n, 具有第二高分辨度 $n-1$ 的 2^{n-1} 设计 $d^{(2)}$ 可以达到 (7.3.5) 的上界. 这是因为 $d^{(2)}$ 由集合 $T^{(2)} = \{e_1, \cdots, e_{n-1}, e_1 + \cdots + e_{n-2}\}$ 表示, 且对于奇数 n, T_0 和 $T^{(2)}$ 是不相交的. 　　　□

7.4　设 计 准 则

从现在开始, 只考虑分辨度为 III 或更高的分区组设计, 即假设条件 (7.3.4) 成立. 根据定理 7.3.1, 任何此类设计都等价于满足定理 (a)—(d) 的一个分区组子集对 (T_0, T). 因此, 设计本身可以用 $d(T_0, T)$ 表示. 给定一个分区组设计 $d = d(T_0, T)$, 对于 $1 \leqslant i \leqslant n$, 令 $A_i(d)$ 表示有 i 个非零元的 (不同) 定义束的数量; 同时, 令 $A_i^*(d)$ 表示有 i 个非零元的 (不同) 束的数量, 这些束不是定义束, 但与区组混杂. 因此, 得到两个字长型

$$W(d) = (A_1(d), A_2(d), A_3(d), \cdots, A_n(d))$$

和

$$W^*(d) = (A_1^*(d), A_2^*(d), A_3^*(d), \cdots, A_n^*(d)),$$

其中, $A_1(d) = A_2(d) = A_1^*(d) = 0$, 因为设计的分辨度为 III 或更高. 注意, 在当前情形下, $A_i^*(d)$ 与 7.1 节的 $\beta_i(d)$ 相对应.

在效应分层原则下, 一个好的设计旨在, 对于较小的 i 保持 $A_i(d)$ 和 $A_i^*(d)$ 较小. 为此, 如 2.5 节所述, 可以关于 $W(d)$ 或 $W^*(d)$ 分别定义 MA 准则. 由此产生的设计分别称为 MA (W) 或 MA (W^*) 设计. 然而, 通常情况下, 没有一个设计既是 MA(W) 又是 MA (W^*) 的. 下面的例 7.4.1 说明了这一点. 沿着前几章的思路, 在成比例的意义下, 如果存在一个非奇异变换, 将 T_{01} 的每个点映射到 T_{02} 的某个点, 将 T_1 的每个点映射到 T_2 的某个点, 则称这两个 (s^{n-k}, s^r) 分区组设计 $d(T_{01}, T_1)$ 和 $d(T_{02}, T_2)$ 同构. 从定理 7.3.1 来看, 很明显, 同构设计具有相同的 $W(d)$ 和 $W^*(d)$.

例 7.4.1 令 $s = 3, n = 4, k = r = 1$. 在同构的意义下, 有五个分区组设计. 它们是 $d_i = d(T_{0i}, T_i), 1 \leqslant i \leqslant 5$, 其中

$$T_1 = T_2 = \{1, 2, 3, 123\}, \quad T_3 = T_4 = T_5 = \{1, 2, 3, 12\},$$

$$T_{01} = \{12^2\}, \quad T_{02} = \{12\}, \quad T_{03} = \{12^2 3\}, \quad T_{04} = \{13\}, \quad T_{05} = \{12^2\},$$

这里对有限射影几何的点使用紧记号. 由定理 7.3.1(b) 和 (d), 可以验证

$$W(d_1) = (0, 0, 0, 1), \quad W^*(d_1) = (0, 1, 2, 0),$$

$$W(d_2) = (0, 0, 0, 1), \quad W^*(d_2) = (0, 2, 0, 1),$$

$$W(d_3) = (0, 0, 1, 0), \quad W^*(d_3) = (0, 0, 3, 0),$$

$$W(d_4) = (0, 0, 1, 0), \quad W^*(d_4) = (0, 1, 1, 1),$$

$$W(d_5) = (0, 0, 1, 0), \quad W^*(d_5) = (0, 3, 0, 0).$$

因此, d_1 和 d_2 是 MA (W) 设计, 而 d_3 是 MA (W^*) 设计. 没有一个设计对 $W(d)$ 和 $W^*(d)$ 都是 MA 的.   □

类似的例子比比皆是. 因此, 寻找同时是 MA (W) 和 MA (W^*) 的设计是不现实的. 作为一种解决办法, Sun, Wu 和 Chen (1997) 以及 Mukerjee 和 Wu (1999) 考虑了容许性的概念.

定义 7.4.1 给定 s, n, k 和 r, 称分区组设计 d 是容许的, 如果不存在其他分区组设计 d', 其关于两个字长型中的一个至少和 d 一样好, 且关于另一个字长型比 d 好, 即关于下面的 (i)—(iv), (i) 和 (iv) 不同时成立, (ii) 和 (iii) 不同时成立, (iii) 和 (iv) 也不同时成立.

(i) $A_i(d') = A_i(d), 1 \leqslant i \leqslant n$;

(ii) $A_i^*(d') = A_i^*(d), 1 \leqslant i \leqslant n$;

(iii) 存在正整数 u, 使得对于 $i < u, A_i(d') = A_i(d)$ 且 $A_u(d') < A_u(d)$;

(iv) 存在正整数 u^*, 使得对于 $i < u^*, A_i^*(d') = A_i^*(d)$ 且 $A_{u^*}^*(d') < A_{u^*}^*(d)$.

例 7.4.1 中只有 d_1 和 d_3 是容许设计. 与 d_1 比较表明, d_2 是不容许的. 类似地, 与 d_3 比较可知, d_4 和 d_5 也是不容许的.

下面的定理 7.4.1 给出了上面定义的容许性的一个简单的充分条件. 考虑一个 (s^{n-k}, s^r) 分区组设计 $d(T_0, T)$, 其中 (T_0, T) 是 PG$(n-k-1, s)$ 的一个 $(r-1, n)$ 分区组子集对. 令

$$N = \frac{s^r - 1}{s - 1} + n, \quad K = \frac{s^r - 1}{s - 1} + k,$$

那么 $N - K = n - k$, 且 $T_0 \cup T$ 是 PG$(N - K - 1, s)$ 的一个含有 N 个点的集合. 此外, 和 $V(T)$ 一样, $V(T_0 \cup T)$ 行满秩. 因此, 根据定理 2.7.1, $T_0 \cup T$ 代表分辨度为 III 或更高的 s^{N-K} 设计 (不分区组).

定理 7.4.1 一个 (s^{n-k}, s^r) 分区组设计 $d(T_0, T)$ 在定义 7.4.1 意义下是容许的, 如果 $T_0 \cup T$ 是一个 MA 的 s^{N-K} 设计.

这个定理在 Mukerjee 和 Wu (1999) 一文中有证明, 在此省略. 读者可以验证, 在例 7.4.1 中, 设计 d_1 和 d_3 满足定理 7.4.1 的条件, 而其他设计不满足. 在近饱和的情况下应用这个定理特别容易, 其中

$$f = \frac{s^{N-K} - 1}{s - 1} - N = \frac{s^{n-k} - s^r}{s - 1} - n \tag{7.4.1}$$

较小, 并且考虑补集有助于理解由 $T_0 \cup T$ 表示的 s^{N-K} 设计.

例 7.4.2 (a) 令 $s = 2, n = 8, k = 4, r = 2$. 考虑一个 $(r - 1, n)$ 分区组子集对 (T_0, T), 其中

$$T_0 = \{1, 2, 12\}, \quad T = \{23, 123, 14, 24, 124, 134, 234, 1234\}.$$

这里, $N = 11, K = 7, f = 4$, 且 PG$(3, 2)$ 上 $T_0 \cup T$ 的补集是 $\widetilde{T} = \{3, 4, 34, 13\}$. 显然, 根据表 3.1 中 $f = 4$, 由 $T_0 \cup T$ 表示的 2^{11-7} 设计是 MA 设计. 因此, 根据定理 7.4.1, $(2^{8-4}, 2^2)$ 分区组设计 $d(T_0, T)$ 是容许的.

(b) 令 $s = 3, n = 6, k = 3, r = 2$. 考虑一个 $(r - 1, n)$ 分区组子集对 (T_0, T), 其中

$$T_0 = \{1, 2, 12, 12^2\}, \quad T = \{23, 23^2, 123, 123^2, 12^2 3, 12^2 3^2\}.$$

这里, $N = 10, K = 7, f = 3$, PG$(2, 3)$ 中 (T_0, T) 的补集是 $\widetilde{T} = \{3, 13, 13^2\}$. 因此, 定理 4.4.1 表明, 由 (T_0, T) 表示的 3^{10-7} 设计是 MA 设计. 根据定理 7.4.1, $(3^{6-3}, 3^2)$ 分区组设计 $d(T_0, T)$ 是容许的. $\qquad\square$

根据前几章的思想, 分区组设计的字长型可以用上例中考虑的补集 $\widetilde{T}$ 来表示. 由定理 7.3.1(b) 和 (d), 注意到对一个 (s^{n-k}, s^r) 分区组设计 $d = d(T_0, T)$,

$$A_i(d) = G_i(T), \quad A_i^*(d) = H_i(T_0, T), \quad 1 \leqslant i \leqslant n, \tag{7.4.2}$$

其中, $G_i(T)$ 和 $H_i(T_0, T)$ 分别如同 (6.3.6) 和 (6.3.7). 令 $\widetilde{T}$ 为 $\mathrm{PG}(n-k-1, s)$ 中 $T_0 \cup T$ 的补集. 那么由引理 6.3.3(a) 和引理 6.3.4(a), 得

$$A_3(d) = G_3(T) = C_1 - G_3(T_0 \cup \widetilde{T}) = C_2 - G_3(\widetilde{T}) - H_2(T_0, \widetilde{T}), \qquad (7.4.3)$$

$$A_2^*(d) = H_2(T_0, T) = C_3 + G_3(T_0 \cup T) - G_3(T)$$

$$= C_4 - G_3(\widetilde{T}) + G_3(T_0 \cup \widetilde{T}) = C_5 + H_2(T_0, \widetilde{T}), \qquad (7.4.4)$$

其中 $C_1, \cdots, C_5$ 为常数. 顺便提一下, 上一章引理 6.3.3 是对一个特定的 $(r-1)$-平面和集合 Q 阐述的, 但是对任意的 $(r-1)$-平面 T_0, 只要 Q 和 T_0 不相交, 结论仍然成立. 如果 $V(\widetilde{T})$ 行满秩, 那么 $(T_0, \widetilde{T})$ 是一个 $(r-1, f)$ 分区组对, 且 $\widetilde{d} = d(T_0, \widetilde{T})$ 是一个 (s^{f-k^*}, s^r) 分区组设计, 其中 $k^* = f - (n-k)$, f 见 (7.4.1). 在这种情况下, 使用 (7.4.2), 可以将 (7.4.3) 和 (7.4.4) 分别表示为

$$A_3(d) = C_6 - A_3(\widetilde{d}) - A_2^*(\widetilde{d}) \qquad (7.4.5)$$

和

$$A_2^*(d) = C_7 + A_2^*(\widetilde{d}), \qquad (7.4.6)$$

其中 C_6, C_7 为常数. 注意, $\widetilde{d}$ 可视为设计 d 的补设计. (7.4.3)—(7.4.6) 中的常数可能取决于 s, n, k 和 r, 但不取决于 (T_0, T) 的特定选择. 对于 $A_4(d)$ 和 $A_3^*(d)$, (7.4.5) 和 (7.4.6) 的对应部分可以用 (7.4.2), 引理 6.3.3 和引理 6.3.4 通过一些代数运算获得. 当然, 一般的 $A_i(d)$ 和 $A_i^*(d)$ 的相应表达式更复杂. 对于二水平因析设计, 可参考 Chen 和 Cheng (1999), 他们采用了类似于第 4 章的编码理论方法.

对于二水平因析设计, Chen 和 Cheng (1999) 提出了一个设计准则, 该准则把两个字长型 $W(d)$ 和 $W^*(d)$ 结合在一起, 然后将 MA 准则应用于组合后的字长型. 由于 $A_1(d) = A_2(d) = A_1^*(d) = 0$, 实质上, 他们的准则要求顺序最小化

$$A_3^{\mathrm{comb}}(d) = 3A_3(d) + A_2^*(d), \quad A_4^{\mathrm{comb}}(d) = A_4(d),$$

$$A_5^{\mathrm{comb}}(d) = 10A_5(d) + A_3^*(d), \qquad (7.4.7)$$

等等. 这是受估计容量思想的启发而应用于分区组设计的. 例如, 类似于定理 5.1.2, Chen 和 Cheng (1999) 指出, 有 $\binom{n}{2} - A_3^{\mathrm{comb}}(d)$ 个两因子交互作用 (2fi), 既不与主效应别名, 也不与区组混杂. 当 $A_4^{\mathrm{comb}}(d)$ 较小时, 这些 2fi 往往均匀分布在相关别名集上. 如果 $A_3^{\mathrm{comb}}(d) = A_4^{\mathrm{comb}}(d) = 0$, 那么任何 2fi 都不与区组混杂, 也不与任何主效应或其他 2fi 别名. 他们进一步观察得到, 在这种情况下, $A_5^{\mathrm{comb}}(d)$ 等于与低阶因子效应别名或与区组混杂的三因子交互作用的数量.

下一个例子说明了在探索基于 (7.4.7) 的 MA 准则时补集方法的使用. 我们参考 Cheng 和 Mukerjee (2001) 关于分区组设计估计容量的结果, 以及 Cheng 和 Tang (2005) 从其他角度对 (7.4.7) 的某些变化进行的讨论.

例 7.4.3　令 $s = 2, n = 9, k = 5$. 在同构意义下, 有四个分区组设计, 对应于

$$\text{(a) } T_0 = \{1, 2, 12\}, \ \widetilde{T} = \{3, 13, 23\},$$

$$\text{(b) } T_0 = \{1, 2, 12\}, \ \widetilde{T} = \{3, 4, 34\},$$

$$\text{(c) } T_0 = \{1, 2, 12\}, \ \widetilde{T} = \{3, 4, 13\},$$

$$\text{(d) } T_0 = \{1, 2, 12\}, \ \widetilde{T} = \{3, 4, 134\},$$

其中, $\widetilde{T}$ 是 PG(3,2) 中 $T_0 \cup T$ 的补集. 通过 (7.4.3)、(7.4.4) 和 (7.4.7), 最小化 $A_3^{\text{comb}}(d)$ 等价于最大化 $3G_3(\widetilde{T}) + 2H_2(T_0, \widetilde{T})$. 对于上述的 (a)—(d), $(G_3(\widetilde{T}), H_2(T_0, \widetilde{T}))$ 等于 $(0, 3), (1, 0), (0, 1)$ 和 $(0, 0)$. 因此, 在同构意义下, (a) 中的设计是最小化 $A_3^{\text{comb}}(d)$ 的唯一设计. 因此, 这是关于 (7.4.7) 中的组合字长型的 MA 设计. □

Chen 和 Cheng (1999) 建议将 $W(d)$ 和 $W^*(d)$ 结合起来的同时, 文献中也提出了基于两个字长型相互交替的准则. Sitter, Chen 和 Feder (1997) 提出

$$W_{\text{int}}^{(1)}(d) = (A_3(d), A_2^*(d), A_4(d), A_3^*(d), A_5(d), A_4^*(d), \cdots). \tag{7.4.8}$$

另外, Cheng 和 Wu (2002) 考虑

$$W_{\text{int}}^{(2)}(d) = (A_3(d), A_4(d), A_2^*(d), A_5(d), A_6(d), A_3^*(d), A_7(d), \cdots) \tag{7.4.9}$$

和

$$W_{\text{int}}^{(3)}(d) = (A_3(d), A_2^*(d), A_4(d), A_5(d), A_3^*(d), A_6(d), A_7(d), \cdots). \tag{7.4.10}$$

Chen 和 Cheng (1999) 也提到了 (7.4.10). MA 准则可以像往常一样应用到 (7.4.8)—(7.4.10) 中的任何一个. 在这三个准则中, $A_i(d)$ ($i \geqslant 3$) 和 $A_i^*(d)$ ($i \geqslant 2$) 的排序都遵循通常的效应分层原则. 在序列 $(A_3(d), A_4(d), \cdots)$ 中何处插入 $A_i^*(d)$ 取决于对分区组设计效应分层原则的解释. 例如, 考虑对 $W_{\text{int}}^{(2)}(d)$ 的合理性解释. 任何对 $A_4(d)$ 有贡献的束导致三对别名的 2fi 束, 而对 $A_2^*(d)$ 有贡献的束都导致一个 2fi 束与区组混杂. 从这个角度来看, $A_4(d)$ 比 $A_2^*(d)$ 更严重. 类似的讨论说明 $A_6(d)$ 比 $A_3^*(d)$ 更严重. 再有, $A_2^*(d)$ 比 $A_5(d)$ 更严重, 因为后者不会导致任何 2fi 束与主效应束或其他 2fi 束别名. 类似的讨论说明 $A_3^*(d)$ 比 $A_7(d)$ 更严重. 另外, 在 $W_{\text{int}}^{(1)}(d)$ 和 $W_{\text{int}}^{(3)}(d)$ 中, 从不同的角度来看, 认为 $A_2^*(d)$ 比 $A_4(d)$ 更严重. 详情见上面提到的三篇论文.

不难验证, 根据 (7.4.7)—(7.4.10) 中任何一个得到的 MA 设计在定义 7.4.1 的意义上是容许的. 这些将 $W(d)$ 和 $W^*(d)$ 结合或互相交替的方法是否会生成相同的 MA 设计? 这一点发生在例 7.4.3 中, 其中 (a) 中的设计, 前面已看到它在 (7.4.7) 下具有 MA, 且唯一地最大化 $G_3(\widetilde{T}) + H_2(T_0, \widetilde{T})$. 因此, 通过 (7.4.3), 它唯一地最小化 $A_3(d)$, 从而在 (7.4.8)—(7.4.10) 下也是 MA 设计. 然而, 有大量例子表明, 一般情况并非如此. 练习 7.12 中给出了一个这样的例子.

7.5 分区组设计表的说明和使用

本章附录列出了 $s = 2$ 和 3 的容许分区组设计表. 这些表格改编自 Sun, Wu 和 Chen (1997) 与 Cheng 和 Wu (2002). 仿效这些作者, 除了 $W(d)$ 和 $W^*(d)$ 外, 在表格中还引入了 C1 和 C2 准则, 采用了更复杂的容许性定义, 其中 C1 和 C2 分别是纯净主效应和纯净 2fi 束的数量. 沿续 3.4 节的思想, 如果一个主效应或 2fi 束既不与区组混杂, 也不与任何其他主效应或 2fi 束别名, 则称其为纯净的. 与 4.5 节不同, 这里的 C2 指的是 2fi 束, 而不是 2fi 本身. 这一变化对于借用 Cheng 和 Wu (2002) 的三水平分区组设计表至关重要.

一个好的设计, 除了达到关于 $W(d)$ 和 $W^*(d)$ 的低阶混杂较小, 应该使 C1 和 C2 较大. 从这个角度来看, 称区组设计 d_1 为容许的, 如果不存在其他分区组设计 d_2 关于 $W(d)$, $W^*(d)$, C1 和 C2 中的每一个都至少与 d_1 一样好, 并且关于这四个准则中的一个或者多个优于 d_1.

为了说明, 回顾例 7.4.1. 对于此例中的设计 $d_1, \cdots, d_5$, 数对 (C1, C2) 等于 $(4,5), (4,6), (1,6), (1,5)$ 和 $(1,6)$. 结合例 7.4.1 中 $d_1, \cdots, d_5$ 的字长型, 根据上述定义, 很明显 d_1, d_2 和 d_3 是容许的. 回顾前面, 根据定义 7.4.1, d_1 和 d_3 是容许的. 除了 $W(d)$ 和 $W^*(d)$ 外, 考虑 C1 和 C2 导致 d_2 也是容许的, 这是因为 d_2 比 d_1 有更高的 C2, 比 d_3, d_4, d_5 有更高的 C1.

本章附录列出了六张容许分区组设计表. 表 7A.1—表 7A.4 给出了 $s = 2$ 时的 16, 32, 64 和 128 个处理组合的设计. 表 7A.5 和表 7A.6 给出了 $s = 3$ 的 27 和 81 个处理组合的设计. 表 7A.5 是完整的, 即它列出了所有非同构的 27 个处理组合的容许分区组设计. 在表 7A.5 中省略了 $n = 11, 12$ 的情况, 因为这些设计在同构意义下是唯一的. 其他表格显示的是挑选出来的容许设计.

表 7A.1—表 7A.6 考虑了分辨度为 III 或更高的设计. 相应地, 任何设计都是通过 $\mathrm{PG}(n - k - 1, s)$ 的一个 $(r-1, n)$ 分区组子集对 (T_0, T) 来描述的. 给定 n, k 和 r, 表中的第 i 个可容许设计用 $n\text{-}k/B r.i$ 表示, 其中 B 表示它是一个分区组设计. 与第 3 章和第 4 章的设计表一样, T 包含 $\mathrm{PG}(n - k - 1, s)$ 的独立点 $1, 2, \cdots, m$, 其中 $m = n - k$, 并且只有 T 中附加的 k 个点显示在表格的列 T_{add}

下. 此外, 在列 T_0^* 下仅显示 T_0 的 r 个独立点. 为便于展示, 有限射影几何的点通过其序号在表中展示, 二水平和三水平设计的编号方案分别见表 3A.1 和表 4A.1. 对每个列出的设计, 显示字长型 $W(d)$ 和 $W^*(d)$ 以及 C1 和 C2. 由于对每个设计 $A_1(d) = A_2(d) = A_1^*(d) = 0$, 在 $W(d)$ 下显示 $A_3(d), \cdots, A_n(d)$, 在 $W^*(d)$ 下显示 $A_2^*(d), \cdots, A_n^*(d)$. 以下例子说明了设计表的使用.

例 7.5.1　令 $s = 3, n = 4, k = r = 1$. 表 7A.5 列出了三个非同构的容许分区组设计, 即 4-1/B1.1, 4-1/B1.2 和 4-1/B1.3. 考虑 4-1/B1.1, 对这个设计, T_{add} 列和 T_0^* 列分别显示序号为 8 和 4 的点. 表 4A.1 中显示的编号方案将这些点识别为 123 和 12^2. 由于 T 还包含 PG$(2,3)$ 的独立点 $1, 2, 3$, 得到 $T = \{1, 2, 3, 123\}$ 且 $T_0 = \{12^2\}$. 因此, 4-1/B1.1 与例 7.4.1 中考虑的 d_1 相同. 类似地, 4-1/B1.2 和 4-1/B1.3 分别与该例中的 d_2 和 d_3 相同. 这与本节前面关于 d_1, d_2 和 d_3 的内容一致.

练　　习

7.1 求出例 7.2.2 中的所有区组.

7.2 在例 7.2.1 中, 求出与区组混杂的别名集.

7.3 证明有 $(s^r - 1)/(s - 1)$ 个别名集满足 (7.2.6).

7.4 证明例 7.2.1 中的分区组设计的分辨度为 IV.

7.5 证明定理 7.2.1.

7.6 参考定理 7.3.1 的证明. 假设 G 的一个列是由 G_0 的列生成的.

(a) 根据 (7.3.3), 得 $G(e - B_0' \delta_0) = 0$, 其中 δ_0 是某个 $r \times 1$ 向量, e 是一个 $n \times 1$ 单位向量, 都定义在 GF(s) 上.

(b) 使用 (7.3.2) 得出

$$e' = \mathcal{R} \left(\begin{array}{c} B \\ B_0 \end{array} \right).$$

考虑到 (7.2.6), 说明这是不可能的, 因为 e 代表一个主效应束且 $d(B, B_0)$ 的分辨度为 III 或更高. 从而推断证明定理 7.3.1 中事实 (iii) 的正确性.

7.7 再次参考定理 7.3.1 的证明. 使用 (7.2.1) 和练习 7.6 中类似的方法来确定证明中的事实 (ii).

7.8 为了验证定理 7.3.1(a), 只需证明 (7.2.2) 和 (7.3.1) 是等价的. 提示: 使用 (7.3.2), (7.3.3) 和 $V(T) = G, V(T_0^*) = G_0$ 证明.

7.9 注意到任意束 b 满足 (7.2.6), 当且仅当 $b = B'\delta + B_0'\delta_0$ 对某向量 δ 和 $\delta_0 (\neq 0)$ 成立. 因此, 使用 (7.3.2) 和 (7.3.3) 来验证定理 7.3.1(d).

7.10 对于例 7.2.2 中的分区组设计, 求出定理 7.3.1 中设想的集合 T_0 和 T, 并从基本原理验证定理的 (a)—(d).

7.11 对于 $s \geqslant 3$ 和 $n \geqslant 3$, 考虑任意分辨度为 III 或更高的 s^{n-1} 设计.

(a) 在同构的意义下, 说明设计由 $\mathrm{PG}(n-2, s)$ 上的点集 $T = \{e_1, \cdots, e_{n-1}, y\}$ 表示, 其中 $e_1, \cdots, e_{n-1}$ 是 $\mathrm{GF}(s)$ 上 $n-1$ 维单位向量, $y = (y_1, \cdots, y_{n-1})'$ 是某个其他点.

(b) 不失一般性, 假设 $y_1 \neq 0$. 因为 $s \geqslant 3$, 存在 $\alpha \ (\neq 0) \in \mathrm{GF}(s)$ 使得 $\alpha \neq y_1^{-1}(y_2 + \cdots + y_{n-1})$. 证明 $n-2$ 个点 $e_1 + \alpha e_i, 2 \leqslant i \leqslant n-1$ 是线性无关的.

(c) 证明由 (b) 中 $n-2$ 个点生成的 $(n-3)$-平面与 T 不相交. 因此得出结论, s^{n-1} 设计可以划分为 s^{n-2} 个区组, 使得由此生成的分区组设计分辨度也为 III 或更高.

7.12 在同构意义下, 列举分辨度为 III 或更高的所有 $(2^{5-1}, 2^1)$ 分区组设计. 验证这些设计都不同时关于 $W(d)$ 和 $W^*(d)$ 是 MA 设计. 识别定义 7.4.1 意义下的容许设计. 证明不能从 (7.4.7)—(7.4.10) 中产生相同的 MA 设计.

7.13 证明例 7.4.1 中的设计 d_1 和 d_3 满足定理 7.4.1 的条件.

7.14 为 $A_4(d)$ 和 $A_3^*(d)$ 推导出 (7.4.5) 和 (7.4.6) 中的对应等式.

附录 7A　二水平和三水平容许分区组设计表

表 7A.1　筛选的 16 个处理组合的二水平容许分区组设计

设计	T_{add}	$W(d)$	T_0^*	$W^*(d)$	C1	C2
5-1/B1.1	15	0 0 1	3	1 1 0 0	5	9
5-1/B1.2	7	0 1 0	11	0 2 0 0	5	4
5-1/B1.3	3	1 0 0	13	0 1 1 0	2	7
5-1/B2.1	15	0 0 1	3 5	3 3 0 0	5	7
5-1/B2.2	7	0 1 0	13 14	2 4 0 0	5	4
5-1/B2.3	3	1 0 0	5 15	2 3 1 0	2	5
5-1/B3.1	7	0 1 0	9 10 12	10 0 4 0	5	0
6-2/B1.1	7 11	0 3 0 0	13	0 4 0 0 0	6	0
6-2/B1.2	3 13	1 1 1 0	6	1 2 1 0 0	3	5
6-2/B1.3	3 13	1 1 1 0	5	2 1 0 1 0	3	6
6-2/B1.4	3 5	2 1 0 0	14	0 2 2 0 0	1	5
6-2/B2.1	7 11	0 3 0 0	13 14	3 8 0 0 1	6	0
6-2/B2.2	3 13	1 1 1 0	10 15	4 5 2 1 0	3	4
6-2/B2.3	3 13	1 1 1 0	5 9	6 3 0 3 0	3	6
6-2/B3.1	7 11	0 3 0 0	5 6 9	15 0 12 0 1	6	0
7-3/B1.1	7 11 13	0 7 0 0 0	14	0 7 0 0 0 1	7	0
7-3/B1.2	3 5 14	2 3 2 0 0	9	1 4 2 0 1 0	2	1
7-3/B1.3	3 5 14	2 3 2 0 0	10	2 2 2 2 0 0	2	2
7-3/B1.4	3 5 10	3 2 1 1 0	12	1 3 3 1 0 0	0	3
7-3/B1.5	3 5 10	3 2 1 1 0	6	2 3 1 1 1 0	0	4
7-3/B1.6	3 5 9	3 3 0 0 1	14	0 4 4 0 0 0	0	0
7-3/B1.7	3 5 6	4 3 0 0 0	15	0 3 4 0 0 1	1	6
7-3/B2.1	7 11 13	0 7 0 0 0	3 5	9 0 12 0 3 0	7	0
7-3/B2.2	3 5 14	2 3 2 0 0	9 15	5 10 4 2 3 0	2	0
7-3/B2.3	3 5 14	2 3 2 0 0	10 13	6 7 6 4 0 1	2	2
7-3/B2.4	3 5 6	4 3 0 0 0	9 14	5 8 4 4 3 0	1	4
7-3/B3.1	7 11 13	0 7 0 0 0	3 5 9	21 0 28 0 7 0	7	0
8-4/B1.1	7 11 13 14	0 14 0 0 0 1	3	4 0 8 0 4 0 0	8	0
8-4/B1.2	3 5 9 14	3 7 4 0 1 0	15	1 7 4 0 3 1 0	1	0
8-4/B1.3	3 5 9 14	3 7 4 0 1 0	6	3 3 4 4 1 1 0	1	1
8-4/B1.4	3 5 6 15	4 6 4 0 0 1	9	2 4 4 4 2 0 0	2	0
8-4/B1.5	3 5 6 7	7 7 0 0 1 0	9	1 3 4 4 3 1 0	1	6
8-4/B2.1	7 11 13 14	0 14 0 0 0 1	3 5	12 0 24 0 12 0 0	8	0
8-4/B2.2	3 5 9 14	3 7 4 0 1 0	6 10	9 9 12 12 3 3 0	1	1
8-4/B2.3	3 5 10 12	4 5 4 2 0 0	11 13	7 14 10 8 7 2 0	0	0
8-4/B2.4	3 5 6 15	4 6 4 0 0 1	9 14	8 12 8 12 8 0 0	2	0
8-4/B2.5	3 5 6 9	5 5 2 2 1 0	10 13	7 13 10 10 7 1 0	0	2
8-4/B3.1	7 11 13 14	0 14 0 0 0 1	3 5 9	28 0 56 0 28 0 0	8	0
9-5/B1.1	3 5 9 14 15	4 14 8 0 4 1 0	6	4 4 8 8 4 4 0 0	0	0
9-5/B1.2	3 5 10 12 15	6 9 9 6 0 0 1	6	3 7 6 6 7 3 0 0	0	0
9-5/B1.3	3 5 6 9 14	6 10 8 4 2 1 0	15	2 8 8 4 6 4 0 0	0	0

续表

设计	T_{add}	$W(d)$	T_0^*	$W^*(d)$	C1	C2
9-5/B1.4	3 5 6 9 10	7 9 6 6 3 0 0	13	2 7 9 6 4 3 1 0	0	0
9-5/B2.1	3 5 9 14 15	4 14 8 0 4 1 0	6 10	12 12 24 24 12 12 0 0	0	0
9-5/B2.2	3 5 10 12 15	6 9 9 6 0 0 1	6 11	9 21 18 18 21 9 0 0	0	0

表 7A.2 筛选的 32 个处理组合的二水平容许分区组设计

设计	T_{add}	$W(d)$	T_0^*	$W^*(d)$	C1	C2
6-1/B1.1	31	0 0 0 1	7	0 2 0 0 0	6	15
6-1/B1.2	15	0 0 1 0	19	0 1 1 0 0	6	15
6-1/B1.3	7	0 1 0 0	27	0 0 2 0 0	6	9
6-1/B2.1	31	0 0 0 1	13 14	1 4 1 0 0	6	14
6-1/B2.2	15	0 0 1 0	21 22	1 3 2 0 0	6	14
6-1/B2.3	7	0 1 0 0	11 30	0 4 2 0 0	6	9
6-1/B3.1	31	0 0 0 1	21 22 25	3 8 3 0 0	6	12
6-1/B3.2	7	0 1 0 0	13 14 27	3 8 2 0 1	6	8
6-1/B3.3	3	1 0 0 0	15 22 28	3 7 3 0 1	3	9
6-1/B4.1	31	0 0 0 1	3 5 9 17	15 0 15 0 0	6	0
6-1/B4.2	7	0 1 0 0	3 5 9 17	15 0 14 0 1	6	0
7-2/B1.1	7 27	0 1 2 0 0	13	0 2 2 0 0 0	7	15
7-2/B1.2	7 11	0 3 0 0 0	29	0 0 4 0 0 0	7	6
7-2/B1.3	3 29	1 0 1 1 0	14	0 2 2 0 0 0	4	18
7-2/B1.4	3 13	1 1 1 0 0	22	0 1 2 1 0 0	4	12
7-2/B1.5	3 5	2 1 0 0 0	30	0 0 2 2 0 0	2	11
7-2/B2.1	7 27	0 1 2 0 0	21 30	1 6 4 0 1 0	7	14
7-2/B2.2	7 27	0 1 2 0 0	13 14	2 5 4 0 0 1	7	15
7-2/B2.3	7 11	0 3 0 0 0	19 30	0 7 4 0 0 1	7	6
7-2/B2.4	3 29	1 0 1 1 0	22 26	1 5 5 1 0 0	4	17
7-2/B2.5	3 28	1 1 0 0 1	13 22	0 6 6 0 0 0	4	12
7-2/B3.1	7 27	0 1 2 0 0	14 22 29	5 12 6 2 3 0	7	12
7-2/B3.2	7 25	0 2 0 1 0	21 22 28	5 12 5 4 2 0	7	8
7-2/B3.3	3 29	1 0 1 1 0	18 23 27	5 11 7 3 2 0	4	13
7-2/B4.1	7 25	0 2 0 1 0	3 5 9 17	21 0 33 0 6 0	7	0
7-2/B4.2	7 11	0 3 0 0 0	3 5 9 17	21 0 32 0 7 0	7	0
8-3/B1.1	7 11 29	0 3 4 0 0 0	19	0 3 4 0 0 1 0	8	13
8-3/B1.2	7 11 19	0 6 0 0 0 1	29	0 0 8 0 0 0 0	8	0
8-3/B1.3	7 11 13	0 7 0 0 0 0	30	0 0 7 0 0 0 1	8	7
8-3/B1.4	3 13 22	1 2 3 1 0 0	25	0 3 3 1 1 0 0	5	13
8-3/B1.5	3 5 30	2 1 2 2 0 0	15	0 3 4 0 0 1 0	3	18
8-3/B1.6	3 12 21	2 1 2 2 0 0	26	0 2 4 2 0 0 0	2	16
8-3/B2.1	7 11 29	0 3 4 0 0 0	19 30	1 10 8 0 3 2 0	8	12
8-3/B2.2	7 11 29	0 3 4 0 0 0	5 9	6 3 6 6 0 3 0	8	13
8-3/B2.3	3 13 22	1 2 3 1 0 0	25 28	2 8 7 3 3 1 0	5	13
8-3/B2.4	3 5 30	2 1 2 2 0 0	23 25	1 8 10 2 1 2 0	3	17
8-3/B3.1	7 11 29	0 3 4 0 0 0	14 17 18	8 16 11 12 8 0 1	8	8
8-3/B3.2	7 11 29	0 3 4 0 0 0	18 23 30	9 12 16 12 3 4 0	8	10

设计	T_{add}	$W(d)$	T_0^*	$W^*(d)$	C1	C2
8-3/B3.3	7 11 29	0 3 4 0 0 0	5 6 9	15 6 12 16 1 6 0	8	13
8-3/B3.4	3 13 22	1 2 3 1 0 0	17 26 31	7 17 13 9 8 2 0	5	10
8-3/B3.5	3 5 30	2 1 2 2 0 0	9 15 18	7 16 14 10 7 2 0	3	13
8-3/B3.6	3 12 21	2 1 2 2 0 0	10 27 30	8 14 13 14 6 0 1	2	14
8-3/B3.7	3 5 24	3 1 0 2 1 0	15 18 20	7 15 14 12 7 1 0	0	10
8-3/B4.1	7 11 21	0 5 0 2 0 0	3 5 9 17	28 0 65 0 26 0 1	8	0
8-3/B4.2	7 11 19	0 6 0 0 0 1	3 5 9 17	28 0 64 0 28 0 0	8	0
9-4/B1.1	7 11 19 29	0 6 8 0 0 1 0	30	0 4 8 0 0 4 0 0	9	8
9-4/B1.2	7 11 13 30	0 7 7 0 0 0 1	17	1 3 4 4 3 1 0 0	9	14
9-4/B1.3	7 11 13 30	0 7 7 0 0 0 1	3	3 1 4 4 1 3 0 0	9	15
9-4/B1.4	7 11 13 14	0 14 0 0 0 1 0	19	0 4 0 8 0 4 0 0	9	8
9-4/B1.5	3 13 21 26	1 5 6 2 1 0 0	28	0 5 5 2 2 1 1 0	6	9
9-4/B1.6	3 13 21 25	1 7 4 0 3 0 0	30	0 3 7 4 0 1 1 0	6	12
9-4/B1.7	3 5 9 30	3 3 4 4 1 0 0	15	0 5 7 0 0 3 1 0	2	15
9-4/B1.8	3 5 6 31	4 3 3 4 0 0 1	9	1 3 4 4 3 1 0 0	3	20
9-4/B1.9	3 5 6 31	4 3 3 4 0 0 1	7	3 5 0 0 5 3 0 0	3	21
9-4/B1.10	3 5 6 24	5 3 0 4 3 0 0	15	0 3 7 4 0 1 1 0	0	18
9-4/B2.1	7 11 19 29	0 6 8 0 0 1 0	5 30	4 8 16 8 4 8 0 0	9	8
9-4/B2.2	7 11 13 30	0 7 7 0 0 0 1	17 31	3 13 8 8 13 3 0 0	9	12
9-4/B2.3	7 11 13 30	0 7 7 0 0 0 1	17 18	5 7 12 12 7 5 0 0	9	13
9-4/B2.4	7 11 13 30	0 7 7 0 0 0 1	3 5	9 3 12 12 3 9 0 0	9	15
9-4/B2.5	3 5 6 31	4 3 3 4 0 0 1	9 17	3 9 12 12 9 3 0 0	3	18
9-4/B2.6	3 5 6 31	4 3 3 4 0 0 1	9 14	5 11 8 8 11 5 0 0	3	19
9-4/B3.1	7 11 19 29	0 6 8 0 0 1 0	5 9 30	12 16 32 24 12 16 0 0	9	8
9-4/B3.2	7 11 13 30	0 7 7 0 0 0 1	17 18 20	13 15 28 28 15 13 0 0	9	11
9-4/B3.3	7 11 13 30	0 7 7 0 0 0 1	3 5 9	21 7 28 28 7 21 0 0	9	15
9-4/B3.4	7 11 21 25	0 9 0 6 0 0 0	13 14 31	9 27 18 27 21 9 0 1	9	0
9-4/B3.5	7 11 13 19	0 10 0 4 0 1 0	25 26 28	10 24 18 32 18 8 2 0	9	2
9-4/B3.6	3 5 6 31	4 3 3 4 0 0 1	9 14 18	9 23 24 24 23 9 0 0	3	15
9-4/B4.1	7 11 21 25	0 9 0 6 0 0 0	3 5 9 17	36 0 117 0 78 0 9 0	9	0
9-4/B4.2	7 11 13 19	0 10 0 4 0 1 0	3 5 9 17	36 0 116 0 80 0 8 0	9	0

表 7A.3　筛选的 64 个处理组合的二水平容许分区组设计

设计	T_{add}	$W(d)$	T_0^*	$W^*(d)$	C1	C2
7-1/B1.1	63	0 0 0 0 1	7	0 1 1 0 0 0	7	21
7-1/B1.2	31	0 0 0 1 0	39	0 0 2 0 0 0	7	21
7-1/B1.3	15	0 0 1 0 0	51	0 0 1 1 0 0	7	21
7-1/B1.4	7	0 1 0 0 0	59	0 0 0 2 0 0	7	15
7-1/B2.1	63	0 0 0 0 1	7 25	0 3 3 0 0 0	7	21
7-1/B2.2	31	0 0 0 1 0	41 46	0 3 2 1 0 0	7	21
7-1/B2.3	7	0 1 0 0 0	27 45	0 0 6 0 0 0	7	15
7-1/B3.1	63	0 0 0 0 1	7 25 42	0 7 7 0 0 0	7	21
7-1/B3.2	7	0 1 0 0 0	30 45 56	0 7 6 0 0 1	7	15
7-1/B4.1	63	0 0 0 0 1	3 5 24 40	6 9 9 6 0 0	7	15

设计	T_{add}	$W(d)$	T_0^*	$W^*(d)$	C1	C2
7-1/B4.2	31	0 0 0 1 0	3 12 21 33	5 12 7 4 2 0	7	16
7-1/B4.3	15	0 0 1 0 0	3 5 24 41	5 12 7 3 3 0	7	16
7-1/B5.1	31	0 0 0 1 0	3 5 9 17 33	21 0 35 0 6 0	7	0
7-1/B5.2	7	0 1 0 0 0	3 5 9 17 33	21 0 34 0 7 0	7	0
8-2/B1.1	15 51	0 0 2 1 0 0	21	0 1 2 1 0 0 0	8	28
8-2/B1.2	7 59	0 1 0 2 0 0	29	0 0 4 0 0 0 0	8	22
8-2/B1.3	7 27	0 1 2 0 0 0	45	0 0 2 2 0 0 0	8	22
8-2/B1.4	7 11	0 3 0 0 0 0	61	0 0 0 4 0 0 0	8	13
8-2/B2.1	15 51	0 0 2 1 0 0	21 42	0 4 5 2 1 0 0	8	28
8-2/B2.2	7 59	0 1 0 2 0 0	25 53	0 4 4 4 0 0 0	8	22
8-2/B2.3	7 57	0 1 1 0 1 0	26 44	0 3 6 3 0 0 0	8	22
8-2/B2.4	7 56	0 2 0 0 0 1	27 45	0 0 12 0 0 0 0	8	16
8-2/B3.1	15 51	0 0 2 1 0 0	41 42 61	2 8 10 6 1 0 1	8	26
8-2/B3.2	7 59	0 1 0 2 0 0	37 46 54	1 10 10 4 1 2 0	8	21
8-2/B4.1	15 51	0 0 2 1 0 0	5 9 18 34	7 18 15 10 8 2 0	8	21
8-2/B4.2	7 59	0 1 0 2 0 0	5 9 18 35	7 18 14 12 7 2 0	8	17
8-2/B4.3	7 57	0 1 1 0 1 0	3 12 21 37	7 18 14 11 9 1 0	8	17
8-2/B5.1	7 59	0 1 0 2 0 0	3 5 9 17 33	28 0 69 0 26 0 1	8	0
8-2/B5.2	7 56	0 2 0 0 0 1	3 5 9 17 33	28 0 68 0 28 0 0	8	0
9-3/B1.1	7 27 45	0 1 4 2 0 0 0	51	0 1 4 2 0 1 0 0	9	30
9-3/B1.2	7 25 43	0 2 3 1 1 0 0	52	0 1 3 3 1 0 0 0	9	24
9-3/B1.3	7 27 43	0 2 4 0 0 1 0	53	0 0 4 4 0 0 0 0	9	24
9-3/B1.4	7 11 13	0 7 0 0 0 0 0	62	0 0 0 7 0 0 0 1	9	15
9-3/B2.1	7 27 45	0 1 4 2 0 0 0	49 63	0 6 8 5 4 0 0 1	9	30
9-3/B2.2	7 25 43	0 2 3 1 1 0 0	49 60	0 6 8 5 3 1 1 0	9	24
9-3/B2.3	7 27 43	0 2 4 0 0 1 0	13 62	0 4 12 4 0 4 0 0	9	24
9-3/B2.4	7 11 53	0 3 2 0 2 0 0	45 59	0 4 11 6 0 2 1 0	9	21
9-3/B3.1	7 27 45	0 1 4 2 0 0 0	35 53 62	2 14 17 8 8 6 1 0	9	28
9-3/B3.2	7 27 45	0 1 4 2 0 0 0	49 50 60	3 13 14 11 11 3 0 1	9	29
9-3/B3.3	7 27 45	0 1 4 2 0 0 0	49 50 52	6 10 9 16 12 2 1 0	9	30
9-3/B3.4	7 25 43	0 2 3 1 1 0 0	37 46 49	2 14 16 9 9 5 1 0	9	22
9-3/B3.5	7 27 43	0 2 4 0 0 1 0	49 50 60	2 14 16 8 10 6 0 0	9	24
9-3/B4.1	7 27 45	0 1 4 2 0 0 0	3 13 17 37	9 27 26 23 25 9 0 1	9	23
9-3/B4.2	7 27 45	0 1 4 2 0 0 0	3 5 9 48	12 20 25 36 18 4 5 0	9	24
9-3/B5.1	7 11 61	0 3 0 4 0 0 0	3 5 9 17 33	36 0 123 0 80 0 9 0	9	0
9-3/B5.2	7 11 49	0 4 0 2 0 1 0	3 5 9 17 33	36 0 122 0 82 0 8 0	9	0

表 7A.4　筛选的 128 个处理组合的二水平容许分区组设计

设计	T_{add}	$W(d)$	T_0^*	$W^*(d)$	C1	C2
8-1/B1.1	127	0 0 0 0 0 1	15	0 0 2 0 0 0 0	8	28
8-1/B1.2	63	0 0 0 0 1 0	71	0 0 1 1 0 0 0	8	28
8-1/B1.3	31	0 0 0 1 0 0	103	0 0 0 2 0 0 0	8	28
8-1/B1.4	7	0 1 0 0 0 0	123	0 0 0 0 2 0 0	8	22
8-1/B2.1	127	0 0 0 0 0 1	15 51	0 0 6 0 0 0 0	8	28

续表

设计	T_{add}	$W(d)$	T_0^*	$W^*(d)$	C1	C2
8-1/B2.2	31	0 0 0 1 0 0	39 108	0 0 5 0 1 0 0	8	28
8-1/B2.3	15	0 0 1 0 0 0	51 85	0 0 3 3 0 0 0	8	28
8-1/B3.1	127	0 0 0 0 0 1	15 51 85	0 0 1 4 0 0 0 0	8	28
8-1/B3.2	7	0 1 0 0 0 0	27 45 120	0 0 1 3 0 0 0 1	8	22
8-1/B4.1	127	0 0 0 0 0 1	3 12 49 84	2 8 10 8 2 0 0	8	26
8-1/B4.2	63	0 0 0 0 1 0	7 25 42 65	1 10 11 4 3 1 0	8	27
8-1/B4.3	31	0 0 0 1 0 0	3 13 52 85	1 10 11 4 2 2 0	8	27
8-1/B4.4	15	0 0 1 0 0 0	3 21 41 77	1 10 11 3 3 2 0	8	27
8-1/B5.1	127	0 0 0 0 0 1	3 5 9 48 81	8 16 14 16 8 0 0	8	20
8-1/B5.2	63	0 0 0 0 1 0	3 5 24 40 73	7 18 15 12 9 1 0	8	21
8-1/B5.3	31	0 0 0 1 0 0	3 12 21 33 68	7 18 15 12 8 2 0	8	21
8-1/B5.4	15	0 0 1 0 0 0	3 5 24 40 73	7 18 15 11 9 2 0	8	21
8-1/B6.1	127	0 0 0 0 0 1	3 5 9 17 33 65	28 0 70 0 28 0 0	8	0
8-1/B6.2	31	0 0 0 1 0 0	3 5 9 17 33 65	28 0 70 0 27 0 1	8	0
9-2/B1.1	31 103	0 0 0 3 0 0 0	43	0 0 3 0 1 0 0 0	9	36
9-2/B1.2	15 115	0 0 1 1 1 0 0	53	0 0 2 2 0 0 0 0	9	36
9-2/B1.3	15 51	0 0 2 1 0 0 0	85	0 0 1 2 1 0 0 0	9	36
9-2/B1.4	7 27	0 1 2 0 0 0 0	109	0 0 0 2 2 0 0 0	9	30
9-2/B1.5	7 11	0 3 0 0 0 0 0	125	0 0 0 0 4 0 0 0	9	21
9-2/B2.1	31 103	0 0 0 3 0 0 0	43 85	0 0 9 0 3 0 0 0	9	36
9-2/B2.2	15 113	0 0 2 0 0 1 0	54 90	0 0 6 6 0 0 0 0	9	36
9-2/B2.3	7 27	0 1 2 0 0 0 0	45 120	0 0 5 6 0 0 1 0	9	30
9-2/B3.1	31 103	0 0 0 3 0 0 0	41 46 85	0 6 9 9 3 0 0 1	9	36
9-2/B3.2	15 113	0 0 2 0 0 1 0	19 54 90	0 4 14 6 0 4 0 0	9	36
9-2/B4.1	31 103	0 0 0 3 0 0 0	3 13 37 84	2 14 18 12 7 6 1 0	9	34
9-2/B4.2	15 115	0 0 1 1 1 0 0	5 18 35 73	2 14 18 11 9 5 1 0	9	34
9-2/B4.3	15 113	0 0 2 0 0 1 0	6 19 35 74	2 14 18 10 10 6 0 0	9	34
9-2/B4.4	15 51	0 0 2 1 0 0 0	3 20 41 69	2 14 18 10 9 6 1 0	9	34
9-2/B5.1	31 103	0 0 0 3 0 0 0	7 9 18 33 66	9 27 27 27 24 9 0 1	9	27
9-2/B5.2	15 115	0 0 1 1 1 0 0	3 5 24 40 73	9 27 27 26 26 8 0 1	9	27
9-2/B5.3	15 51	0 0 2 1 0 0 0	5 9 18 34 67	9 27 27 25 26 9 0 1	9	27
9-2/B6.1	31 103	0 0 0 3 0 0 0	3 5 9 17 33 65	36 0 126 0 81 0 9 0	9	0
9-2/B6.2	7 121	0 1 0 1 0 1 0	3 5 9 17 33 65	36 0 125 0 83 0 8 0	9	0

表 7A.5　27 个水平组合三水平容许分区组设计的完全列表

设计	T_{add}	$W(d)$	T_0^*	$W^*(d)$	C1	C2
4-1/B1.1	8	0 1	4	1 2 0	4	5
4-1/B1.2	8	0 1	3	2 0 1	4	6
4-1/B1.3	3	1 0	9	0 3 0	1	6
4-1/B2.1	8	0 1	4 7	6 4 2	4	4
4-1/B2.2	3	1 0	6 7	6 3 3	1	3
5-2/B1.1	3 9	1 3 0	13	1 6 0 2	2	0
5-2/B1.2	3 9	1 3 0	6	2 3 3 1	2	1
5-2/B1.3	3 6	2 1 1	8	2 2 5 0	0	4

续表

设计	T_{add}	$W(d)$	T_0^*	$W^*(d)$	C1	C2
5-2/B1.4	3 6	2 1 1	7	1 5 2 1	0	3
5-2/B1.5	3 4	4 0 0	6	1 3 3 2	1	7
5-2/B2.1	3 9	1 3 0	6 7	10 9 12 5	2	1
5-2/B2.2	3 6	2 1 1	4 8	10 8 14 4	0	4
6-3/B1.1	3 9 13	2 9 0 2	6	3 6 9 6 3	0	0
6-3/B1.2	3 6 11	4 3 6 0	8	2 8 9 4 4	0	0
6-3/B1.3	3 6 7	3 6 3 1	9	2 9 6 7 3	0	0
6-3/B1.4	3 4 6	5 3 3 2	7	2 7 9 7 2	0	0
6-3/B2.1	3 9 13	2 9 0 2	6 7	15 18 36 30 9	0	0
6-3/B2.2	3 6 7	3 6 3 1	4 8	15 17 39 27 10	0	0
7-4/B1.1	3 10 11 13	5 15 9 8 3	8	3 15 15 24 21 3	0	0
7-4/B1.2	4 8 10 11	7 10 12 9 2	9	3 13 20 21 20 4	0	0
7-4/B1.3	3 4 9 13	8 9 9 14 0	6	3 12 21 24 15 6	0	0
7-4/B2.1	3 10 11 13	5 15 9 8 3	4 7	21 30 90 96 69 18	0	0
8-5/B1.1	3 8 9 10 11	8 30 24 32 24 3	13	4 24 30 64 84 24 13	0	0
8-5/B1.2	3 4 9 11 13	11 21 30 38 15 6	8	4 21 39 58 78 33 10	0	0
8-5/B2.1	3 8 9 10 11	8 30 24 32 24 3	4 7	28 48 180 256 276 144 40	0	0
9-6/B1.1	3 8 9 10 11 13	12 54 54 96 108 27 13	4	9 18 81 144 207 162 90 18	0	0
9-6/B1.2	3 4 8 9 10 11	15 42 69 96 93 39 10	13	6 30 66 144 222 150 93 18	0	0
9-6/B1.3	4 9 10 11 12 13	16 39 69 106 78 48 8	3	6 29 69 144 212 165 84 20	0	0
9-6/B2.1	3 8 9 10 11 13	12 54 54 96 108 27 13	4 7	36 72 324 576 828 648 360 72	0	0
10-7/B1.1	3 6 7 8 10 11 12	21 72 135 240 315 189 103 18	4	9 36 117 306 495 576 414 198 36	0	0
10-7/B1.2	3 4 6 7 8 10 11	22 68 138 250 290 213 92 20	9	8 40 114 296 520 552 425 196 36	0	0

表 7A.6　筛选的 81 个处理组合的三水平容许分区组设计

设计	T_{add}	$W(d)$	T_0^*	$W^*(d)$	C1	C2
5-1/B1.1	22	0 0 1	9	0 2 1 0	5	20
5-1/B1.2	8	0 1 0	18	0 1 2 0	5	14
5-1/B2.1	22	0 0 1	3 24	1 7 3 1	5	19
5-1/B2.2	8	0 1 0	4 20	1 7 2 2	5	13
5-1/B3.1	22	0 0 1	3 6 15	10 10 15 4	5	10
5-1/B3.2	8	0 1 0	3 6 15	10 10 14 5	5	8

续表

设计	T_{add}	$W(d)$	T_0^*	$W^*(d)$	C1	C2
6-2/B1.1	8 18	0 2 2 0	21	0 3 4 1 1	6	18
6-2/B1.2	8 17	0 3 0 1	27	0 2 6 0 1	6	15
6-2/B1.3	3 23	1 0 3 0	24	0 3 3 3 0	3	24
6-2/B2.1	8 18	0 2 2 0	3 20	2 12 10 8 4	6	18
6-2/B2.2	8 17	0 3 0 1	4 19	2 12 9 10 3	6	13
6-2/B2.3	3 23	1 0 3 0	4 24	3 10 9 12 2	3	24
6-2/B2.4	3 23	1 0 3 0	6 17	2 11 12 7 4	3	22
6-2/B3.1	8 18	0 2 2 0	3 6 15	15 20 43 28 11	6	11
6-2/B3.2	8 17	0 3 0 1	4 6 15	15 20 42 30 10	6	12
6-2/B3.3	3 23	1 0 3 0	4 6 15	15 19 45 27 11	3	12
7-3/B1.1	8 17 27	0 5 6 1 1	36	0 5 10 3 7 2	7	15
7-3/B1.2	8 17 20	0 6 3 4 0	21	0 5 9 6 4 3	7	18
7-3/B2.1	8 17 27	0 5 6 1 1	6 15	6 11 31 33 19 8	7	15
7-3/B2.2	8 17 27	0 5 6 1 1	4 22	3 20 25 27 28 5	7	14
7-3/B2.3	8 17 20	0 6 3 4 0	7 16	6 11 30 36 16 9	7	18
7-3/B3.1	8 17 27	0 5 6 1 1	3 6 15	21 35 100 99 76 20	7	11
7-3/B3.2	8 17 20	0 6 3 4 0	3 6 15	21 35 99 102 73 21	7	12
8-4/B1.1	8 17 27 36	0 10 16 4 8 2	37	0 8 20 8 28 16 1	8	8
8-4/B1.2	8 17 20 21	0 11 12 10 4 3	27	2 4 18 16 26 12 3	8	16
8-4/B1.3	8 17 20 21	0 11 12 10 4 3	9	1 7 15 18 23 15 2	8	15
8-4/B1.4	8 17 20 40	0 12 8 16 0 4	7	2 4 17 20 20 16 2	8	16
8-4/B2.1	8 17 27 36	0 10 16 4 8 2	4 22	4 32 50 72 112 40 14	8	8
8-4/B2.2	8 17 20 21	0 11 12 10 4 3	4 27	8 20 58 80 100 44 14	8	16
8-4/B2.3	8 17 20 21	0 11 12 10 4 3	3 24	7 20 64 76 91 56 10	8	14
8-4/B2.4	8 17 20 21	0 11 12 10 4 3	4 24	5 29 49 86 91 53 11	8	13
8-4/B2.5	8 17 20 40	0 12 8 16 0 4	4 27	7 20 63 80 85 60 9	8	15
8-4/B2.6	8 17 20 40	0 12 8 16 0 4	4 24	4 32 48 80 100 48 12	8	12
8-4/B3.1	8 17 27 36	0 10 16 4 8 2	3 6 15	28 56 200 264 304 160 41	8	8
8-4/B3.2	8 17 20 21	0 11 12 10 4 3	3 6 16	28 56 199 268 298 164 40	8	12
8-4/B3.3	8 17 20 40	0 12 8 16 0 4	3 6 15	28 56 198 272 292 168 39	8	12
9-5/B1.1	8 17 27 36 37	0 18 36 12 36 18 1	38	0 12 36 18 84 72 9 12	9	0
9-5/B1.2	3 9 18 20 25	1 18 27 28 27 18 2	19	2 8 27 47 68 54 32 5	6	7
9-5/B1.3	3 9 18 20 25	1 18 27 28 27 18 2	22	1 10 30 37 73 60 25 7	6	6
9-5/B1.4	3 9 18 20 21	1 20 20 36 25 16 3	24	2 8 25 54 60 56 34 4	6	9
9-5/B1.5	3 9 18 20 21	1 20 20 36 25 16 3	25	1 10 28 44 65 62 27 6	6	8
9-5/B2.1	8 17 27 36 37	0 18 36 12 36 18 1	3 20	9 30 117 162 291 234 99 30	9	0
9-5/B2.2	3 9 18 20 25	1 18 27 28 27 18 2	13 17	8 39 87 206 270 219 119 24	6	7
9-5/B2.3	3 9 18 20 25	1 18 27 28 27 18 2	10 17	7 40 93 196 265 240 103 28	6	6
9-5/B2.4	3 9 18 20 25	1 18 27 28 27 18 2	13 22	6 44 90 186 290 216 114 26	6	5
9-5/B2.5	3 9 18 20 21	1 20 20 36 25 16 3	6 15	10 28 109 188 272 224 117 24	6	9
9-5/B2.6	3 9 18 20 21	1 20 20 36 25 16 3	8 17	7 40 91 203 257 242 105 27	6	8
9-5/B2.7	3 9 18 20 21	1 20 20 36 25 16 3	10 22	6 44 88 193 282 218 116 25	6	7
9-5/B3.1	8 17 27 36 37	0 18 36 12 36 18 1	3 7 16	36 84 360 594 912 720 369 84	9	0
9-5/B3.2	3 9 18 20 25	1 18 27 28 27 18 2	4 6 15	36 83 360 603 896 729 369 83	6	6
9-5/B3.3	3 9 18 20 21	1 20 20 36 25 16 3	4 6 15	36 83 358 610 888 731 371 82	6	7

续表

设计	T_{add}	$W(d)$	T_0^*	$W^*(d)$	C1	C2
10-6/B1.1	8 17 27 36 37 38	0 30 72 30 120 90 10 12	3	3 12 39 102 165 192 138 66 12	10	0
10-6/B2.1	8 17 27 36 37 38	0 30 72 30 120 90 10 12	3 6	12 48 156 408 660 768 552 264 48	10	0
10-6/B3.1	3 6 18 21 24 35	2 28 57 65 100 78 27 7	4 8 15	45 118 602 1203 2245 2420 1857 823 164	5	0
10-6/B3.2	3 9 18 19 24 25	2 30 48 80 90 78 30 6	4 6 15	45 118 600 1212 2230 2430 1857 820 165	4	2
10-6/B3.3	3 9 13 18 20 34	2 31 48 74 94 87 18 10	4 6 15	45 118 599 1212 2236 2426 1848 832 161	4	4
10-6/B3.4	3 9 13 18 20 21	2 34 36 89 94 72 30 7	4 6 15	45 118 596 1224 2221 2426 1863 820 164	4	4
10-6/B3.5	3 6 7 18 22 38	5 28 48 68 100 87 21 7	4 8 15	45 115 602 1212 2242 2420 1848 829 164	4	5
10-6/B3.6	3 6 7 9 12 27	8 34 48 62 88 87 24 13	4 8 15	45 112 596 1212 2248 2432 1848 826 158	2	16

第 8 章　部分因析裂区设计

本章考虑部分因析裂区设计. 当某些因子的水平难以改变时, 导致将处理组合完全随机地分配给试验单元是不可行的, 这时可以使用部分因析裂区设计. 本章讨论这类设计的特性并给出有限射影几何表示. 在选择最优设计时, 推广了最小低阶混杂准则, 同时给出了最优设计表.

8.1　设计的描述和特征

在第 2 章引入并在第 3—5 章中详细研究的正规 s^{n-k} 设计具有以下重要特征:

(a) 所有因子具有相同地位;

(b) 任何基于此类设计的试验都是将 s^{n-k} 个处理组合完全随机地分配给试验单元.

当然, (b) 只有在试验单元具有齐性时才合适. 否则, 必须采用限制性随机化, 如上一章所讨论的分区组.

现在讨论如下情况: (a) 不成立, 且即使试验单元是齐性的, (b) 也不合适. 考虑一个包含因子 $F_1, \cdots, F_n$ 的 s^n 因析设计, 其中每个因子都是 s 水平, s 是素数或素数幂. 假设在 n 个因子中, 有 $n_1 (1 \leqslant n_1 < n)$ 个因子的水平难以改变或改变需要昂贵的费用. 不失一般性, 设这些因子为 $F_1, \cdots, F_{n_1}$. 剩余的 $n_2 (= n - n_1)$ 个因子的水平容易改变. 将水平难以改变的因子 $F_1, \cdots, F_{n_1}$ 称为整区 (WP) 因子, 其余因子称为子区 (SP) 因子, 其原因将在后续解释. 显然, 这些因子不再具有相同的地位, 即 (a) 不成立. 另外, 像 (b) 中那样完全随机的分配也是不可取的, 因为这可能带来 WP 因子太多的水平变化, 从而使试验过于昂贵或不可行. 这种情况下, 部分因析裂区 (FFSP) 设计是一种实用的选择. 这些设计充分考虑了 WP 因子和 SP 因子之间的区别, 并具有以下两个特征, 这两个特征都以降低试验费用为目标:

(i) 它们不仅包括固定数量的处理组合, 而且还包括固定数量的 WP 因子设置;

(ii) 它们允许一个两阶段随机化, 而不是完全的随机化.

在 (i) 中, 一个 "WP 因子设置" 是指 WP 因子的一个水平组合. 在之后使用的术语 "SP 因子设置" 也有类似的含义. 下一节可以看到, FFSP 设计的关于同构和估计效率的其他显著特征都是源于上述 (i) 和 (ii) 的. 在 Box 和 Jones (1992) 中可以找到关于裂区设计在工业试验中使用的启发性讨论. Huang, Chen 和 Voelkel (1998), Bingham 和 Sitter (1999a, 2001) 以及其他文献指出了裂区设计的进一步实际应用.

接着上面, 现在对 FFSP 设计进行更全面的介绍. 延续第 2 章的思想, 只考虑正规 FFSP 设计. 和以前一样, 一个处理组合 x 是 GF(s) 上的一个 $n \times 1$ 向量. 假设试验单元是齐性的且不考虑分区组.

假设可利用的资源允许对总共 $s^{n_1+n_2-k_1-k_2}$ 个处理组合进行试验. 此外, 要求这些处理组合包括 $s^{n_1-k_1}$ 个固定数量的 WP 因子设置, 其中 $0 \leqslant k_1 < n_1$, $0 \leqslant k_2 < n_2$ 且 $k_1 + k_2 \geqslant 1$. 符合上述条件的一个 FFSP 设计由

$$d(B) = \{x : Bx = 0\} \tag{8.1.1}$$

给出, 其中

$$B = \begin{bmatrix} B_{11} & 0 \\ B_{21} & B_{22} \end{bmatrix} \tag{8.1.2}$$

是 GF(s) 上的矩阵, B_{11}, B_{21} 和 B_{22} 分别为 $k_1 \times n_1$, $k_2 \times n_1$ 和 $k_2 \times n_2$ 矩阵, 满足

$$\text{rank}(B_{11}) = k_1, \quad \text{rank}(B_{22}) = k_2. \tag{8.1.3}$$

如果 $k_1 = 0$ 或 $k_2 = 0$, 则不会出现 (8.1.2) 中相应的行的分块以及 (8.1.3) 中相应的秩条件.

事实上, (8.1.1) 在形式上类似于描述 s^{n-k} 设计的方程 (2.4.1), 但是重要的新特征是 B 必须有 (8.1.2) 的结构并满足 (8.1.3). 称一个由 (8.1.1)—(8.1.3) 确定的设计为一个 $s^{(n_1+n_2)-(k_1+k_2)}$ FFSP 设计.

定理 8.1.1 一个 $s^{(n_1+n_2)-(k_1+k_2)}$ FFSP 设计具有以下性质:

(a) 设计总共包括 $s^{(n_1+n_2)-(k_1+k_2)}$ 个处理组合;

(b) 这些处理组合包括 $s^{n_1-k_1}$ 个 WP 因子设置;

(c) 每个这样的 WP 因子设置都与 $s^{n_2-k_2}$ 个 SP 因子设置一起出现.

证明 根据 (8.1.2) 和 (8.1.3), B 的 $k_1 + k_2$ 行是线性无关的. 因此, 由 (8.1.1) 和引理 2.3.2 中相同的论证可以得到 (a) 成立.

为了证明 (b) 和 (c), 将任意处理组合 x 划分为 $x = (x^{(1)\prime}, x^{(2)\prime})\prime$, 其中 $x^{(i)}$ 有 n_i 个元素 $(i = 1, 2)$. 显然, $x^{(1)}$ 的元素代表 WP 因子的水平, 而 $x^{(2)}$ 的元素代表 SP 因子的水平. 假设 k_1 和 k_2 都是正数. 那么根据 (8.1.2), (8.1.1) 成立当且仅当

$$B_{11} x^{(1)} = 0 \tag{8.1.4}$$

和

$$B_{22}x^{(2)} = -B_{21}x^{(1)} \tag{8.1.5}$$

成立. 由于 B_{11} 的阶数是 $k_1 \times n_1$, (8.1.3) 中第一个秩条件意味着, 对于 $x^{(1)}$, (8.1.4) 有 $s^{n_1-k_1}$ 个解, (b) 得证. 给定 $x^{(1)}$ 的任意解, 根据 (8.1.3) 中第二个秩条件, 对于 $x^{(2)}$, (8.1.5) 有 $s^{n_2-k_2}$ 个解, (c) 得证. 容易看出, 当 $k_1 = 0$ 或 $k_2 = 0$ 时, 类似的证明方法同样有效. □

方程 (8.1.5) 表明, 在一个 FFSP 设计中, 不同的 WP 因子设置可以与不同的 SP 因子设置一起出现. 从以下例子也可以明显看到这一点.

例 8.1.1   令 $s = 2, n_1 = 2, n_2 = 4, k_1 = 0, k_2 = 2$, 考虑 $2^{(2+4)-(0+2)}$ FFSP 设计 $d_0 = d(B_0)$, 其中

$$B_0 = \begin{bmatrix} 1 & 1 & 1 & 0 & 1 & 0 \\ 1 & 0 & 1 & 1 & 0 & 1 \end{bmatrix}. \tag{8.1.6}$$

这里 $k_1 = 0$, 因此 (8.1.2) 中前 k_1 行和 (8.1.3) 中的第一个秩条件均不会出现. 因此, (8.1.6) 与 (8.1.2) 一致, 矩阵 B_{21} 和 B_{22} 分别由 (8.1.6) 的前 $n_1 (= 2)$ 列和后 $n_2 (= 4)$ 列给出. 显然, (8.1.3) 中的第二个秩条件满足. 由 (8.1.1) 和 (8.1.6) 得, d_0 由 16 个处理组合 $x = (x_1, \cdots, x_6)'$ 组成, 并满足

$$x_5 = x_1 + x_2 + x_3, \quad x_6 = x_1 + x_3 + x_4. \tag{8.1.7}$$

因此, 很容易看出, 与定理 8.1.1 一致, d_0 包含 WP 因子 F_1 和 F_2 的四个水平设置, 并且每个这样的设置与 SP 因子 $F_3, \cdots, F_6$ 的四个水平设置一起出现. 例如, WP 因子设置 $(0,0)$ 与 SP 因子设置 $(0,0,0,0), (0,1,0,1), (1,0,1,1)$ 和 $(1,1,1,0)$ 一起出现. 类似地, WP 因子设置 $(0,1)$ 与 SP 因子设置 $(0,0,1,0), (0,1,1,1), (1,0,0,1), (1,1,0,0)$ 一起出现, 等等. □

现在介绍 $s^{(n_1+n_2)-(k_1+k_2)}$ FFSP 设计的两阶段随机化. 按如下方式进行:

(i) 随机选择 $s^{n_1-k_1}$ 个 WP 因子设置中任意一个.

(ii) 和相关的 $s^{n_2-k_2}$ 个 SP 因子设置进行试验. 在此过程中, 将 WP 因子固定在 (i) 中选择的设置上, 仅随机化 SP 因子设置.

(iii) 重复步骤 (i) 和 (ii), 直到完成所有 $s^{n_1-k_1}$ 个 WP 因子设置.

两阶段随机化具有成本效益, 因为它在改变 WP 因子设置时很节省. 在这种随机化下, $s^{n_1-k_1}$ 个 WP 因子设置中的每一个都定义了一个整区 (WP). 任意 WP 包含 $s^{n_2-k_2}$ 个处理组合, 每个处理组合代表一个子区 (SP), 其中子区通过改变 SP 因子设置获得. 这解释了术语 "WP 因子" 和 "SP 因子" 的由来.

8.2 设 计 准 则

根据 (8.1.1), 对一个 FFSP 设计 $d(B)$, 其定义束、定义对照子群以及别名的概念仍与 2.4 节相同. 分辨度、字长型和最小低阶混杂 (MA) 的概念也与 2.5 节相同.

例如, 考虑例 8.1.1 中的设计 d_0. 由 (8.1.6) 可以得到, d_0 具有定义关系

$$I = 1235 = 1346 = 2456. \tag{8.2.1}$$

因此, 它的分辨度为 IV, 字长型为 $(0,0,0,3,0,0)$.

FFSP 设计同构的概念与 s^{n-k} 设计相似, 另外的要求是考虑 WP 因子和 SP 因子之间的区别. 称两个 $2^{(n_1+n_2)-(k_1+k_2)}$ FFSP 设计是同构的, 如果一个设计的定义对照子群可以通过置换 WP 因子标签和 (或) SP 因子标签从另一个设计的定义对照子群获得. 虽然这是沿用 3.1 节中相应定义的思想, 但是必须分别考虑 WP 因子和 SP 因子的标签的置换. 对于 s 水平 FFSP 设计, 同构的更一般定义将在下一节给出.

例 8.2.1 在例 8.1.1 的参数设置下, 考虑 $2^{(2+4)-(0+2)}$ FFSP 设计 $d_1 = d(B_1)$, 其中

$$B_1 = \begin{bmatrix} 1 & 1 & 1 & 0 & 1 & 0 \\ 1 & 1 & 0 & 1 & 0 & 1 \end{bmatrix}.$$

这个设计的定义关系为

$$I = 1235 = 1246 = 3456. \tag{8.2.2}$$

观察发现, (8.2.1) 和 (8.2.2) 可以通过互换字母 2 和 3 从彼此获得. 因此, 如果它们是一般的 2^{n-k} 设计, 那么 d_0 和 d_1 是同构的. 然而, 它们是 FFSP 设计, 并且分别对应于 WP 因子和 SP 因子的字母 2 和 3 不可互换, 因此, d_0 和 d_1 不是同构的. 根据定理 3.2.1, 可以知道这两个设计都是 MA 设计. □

由于 WP 因子和 SP 因子不能交换, 在上一个例子中观察到的现象在 FFSP 设计中并不罕见. 因此, 需要另外的准则来区分非同构的 MA 设计. 两阶段随机化在这方面提供了一个新思路. 为了便于进一步说明, 首先介绍一些简单的概念. 如果一个束只包含 WP 因子 (即后 n_2 项为零), 则称该束为 WP 型, 否则为 SP 型. 注意到 WP 型束不包含任何 SP 因子, 而 SP 型束可以包含两种类型的因子. 如果一个别名集包含至少一个 WP 型束, 则称其为 WP 别名集, 如果仅包含 SP 型束, 则称其为 SP 别名集. 例如, 从 (8.2.1) 中很容易看出, 设计 d_0 的所有三个定义束都是 SP 型的. 此外,

$$1 = 235 = 346 = 12456,$$

$$2 = 135 = 12346 = 456,$$
$$12 = 35 = 2346 = 1456$$

是 d_0 的 WP 别名集 (因为它们分别包含 WP 型束 1, 2 和 12), 而

$$3 = 125 = 146 = 23456$$

是 d_0 的一个 SP 别名集.

众所周知 (Kempthorne, 1952), 两阶段随机化是导致方差分析中的两个误差来源, 一个在 WP 水平, 另一个在 SP 水平, 且前者大于后者. 如果考虑一个全因析设计 (即 $k_1 = k_2 = 0$), 这将导致 WP 型束的估计效率低于 SP 型束. 同样, 在一个 FFSP 设计中, WP 别名集的估计效率低于 SP 别名集的估计效率 (Bingham 和 Sitter, 1999a, 2001). 因此, 一个好的 FFSP 设计应避免将 SP 型束, 特别是那些代表低阶因子效应的束, 分配给 WP 别名集. 特别地, 任何代表 SP 因子主效应的束都不应该出现在 WP 别名集中.

基于上述考虑, Bingham 和 Sitter (2001) 提出了 FFSP 设计的一个后续准则作为 MA 准则的补充. 对于一个 FFSP 设计, 令 N_i $(i = 1, 2, \cdots)$ 为 WP 别名集中包括 i 个因子的 SP 型束的数量. 上一段最后一句中提到的要求相当于 $N_1 = 0$. 在有非同构 MA 设计的情况下, Bingham 和 Sitter (2001) 建议选择一个具有最小 N_2 的设计.

上述要点可以总结如下:

(i) 一个 FFSP 设计必须满足 $N_1 = 0$;

(ii) 在有非同构 MA 设计的情况下, 应该选择一个具有最小 N_2 的设计.

为了说明, 再次考虑 $2^{(2+4)-(0+2)}$ MA 设计 d_0 和 d_1. 从 (8.2.1) 和 (8.2.2) 很容易看出, 这两个设计都满足 $N_1 = 0$. 观察如上所示的 d_0 的 WP 别名集, 发现包含两个因子且出现在 WP 别名集中的 SP 型束只有 35. 因此, 对于 d_0, $N_2 = 1$. 类似地, SP 型束 35 和 46 出现在 d_1 的 WP 别名集中, 因此, 对于 d_1, $N_2 = 2$. 所以, 尽管 d_0 和 d_1 都是 MA 设计, 但在具有较小 N_2 的意义上, d_0 优于 d_1. d_0 和 d_1 具有不同的 N_2 值, 这一事实也强调了当区分 WP 和 SP 因子时, 这些设计不是同构的.

在本章的剩余部分, 研究 MA 准则下的 FFSP 设计. 必要时也使用最小化 N_2 的后续准则. 在整个过程中, 只关心分辨度为 III 或更高且满足 $N_1 = 0$ 的设计.

8.3　射影几何表示

本节给出有助于最优 FFSP 设计研究和制表的射影几何表示. 令

$$t_1 = n_1 - k_1, \quad t_2 = n_2 - k_2, \quad t = t_1 + t_2, \tag{8.3.1}$$

且令 P 表示有限射影几何 $\mathrm{PG}(t-1,s)$ 的 $(s^t-1)/(s-1)$ 个点的集合. 令 $e_1,\cdots,e_t$ 表示 $\mathrm{GF}(s)$ 上的 $t\times 1$ 单位向量. 定义 P_1 为由 $e_i\,(1\leqslant i\leqslant t_1)$ 生成的 P 的 (t_1-1)-平面, P_2 为 P_1 在 P 中的补集. 通常, 对于 P 的任何非空子集 Q, 令 $V(Q)$ 是由 Q 的点给出的列构成的矩阵. 此外, 令 $\mathcal{R}(\cdot)$ 表示矩阵的行空间.

定义 8.3.1 称 P 的一个有序子集对 (T_1,T_2) 为合格 (n_1,n_2)-对, 如果 (a) T_i 的基数为 $n_i\,(i=1,\,2)$, (b) $T_i\subset P_i\,(i=1,\,2)$, (c) $\mathrm{rank}\,[V(T_1)]=t_1$, 且 (d) $\mathrm{rank}\,[V(T)]=t$, 其中 $T=T_1\cup T_2$.

作为对 s^{n-k} 设计的定理 2.7.1 的一个对应结论, 以下结果成立, 该结果来自 Mukerjee 和 Fang (2002).

定理 8.3.1 给定任意 $s^{(n_1+n_2)-(k_1+k_2)}$ FFSP 设计 d, 其分辨度为 III 或更高, 且 $N_1=0$, 则存在 P 的一个合格 (n_1,n_2)-子集对 (T_1,T_2), 使得对于 $T=T_1\cup T_2$ 和

$$V(T)=\begin{bmatrix} V(T_1) & V(T_2) \end{bmatrix},\tag{8.3.2}$$

以下结果成立:

(a) d 中包含的处理组合是 $\mathcal{R}[V(T)]$ 中向量的转置;

(b) d 中的 WP 因子设置由 $\mathcal{R}[V(T_1)]$ 中的向量给出;

(c) 任何束 b 是 d 的一个定义束, 当且仅当 $V(T)\,b=0$;

(d) d 中任意两个束互为别名, 当且仅当对于这些束的某些表示 b 和 b^*, 有 $V(T)\,(b-b^*)=0$.

反之, 给定 P 的任意的合格 (n_1,n_2)-子集对 (T_1,T_2), 存在一个 $s^{(n_1+n_2)-(k_1+k_2)}$ FFSP 设计 d, 其分辨度为 III 或更高且 $N_1=0$, 使得 (a)—(d) 成立, 其中 $V(T)$ 如 (8.3.2) 中所定义.

证明 考虑一个由 (8.1.1)—(8.1.3) 确定的 $s^{(n_1+n_2)-(k_1+k_2)}$ FFSP 设计 $d=d(B)$. 不难看出在 $\mathrm{GF}(s)$ 上存在一个矩阵

$$G=\begin{bmatrix} G_{11} & G_{12} \\ 0 & G_{22} \end{bmatrix},\tag{8.3.3}$$

其中, G_{11}, G_{12} 和 G_{22} 分别为 $t_1\times n_1$, $t_1\times n_2$ 和 $t_2\times n_2$ 矩阵, 使得

$$\mathrm{rank}\,(G_{11})=t_1,\quad \mathrm{rank}\,(G_{22})=t_2,\tag{8.3.4}$$

且

$$BG'=0.\tag{8.3.5}$$

由 (8.1.2) 和 (8.1.3), B 行满秩. 类似地, 由 (8.3.3) 和 (8.3.4) 得 G 行满秩. 此外, 根据 (8.3.1), $[B'G']'$ 是一个方阵. 因此, 由 (8.3.5), B 和 G 的行空间是彼此的正交补, 且以下结果成立:

(i) d 中包含的处理组合是 $\mathcal{R}(G)$ 中向量的转置;

(ii) d 中的 WP 因子设置由 $\mathcal{R}(G_{11})$ 中的向量给出;

(iii) 任何束 b 是 d 的定义束, 当且仅当 $Gb = 0$;

(iv) 任何两个束在 d 中互为别名, 当且仅当对于这些束的某些表示 b 和 b^*, 有 $G(b - b^*) = 0$;

(v) G_{22} 的任何一列都不是零向量,

其中, (i), (iii) 和 (iv) 与引理 2.6.1 完全一样, 而 (ii) 可以从 (i) 和 (8.3.3) 直接得出. 在练习 8.3 中, 要求读者证明 (v).

由于 d 的分辨度为 III 或更高, (iii) 意味着 G 的列是非零的且其中任意两列都不成比例. 因此, 这些列可以解释为 $P(= \mathrm{PG}(t-1, s))$ 的点. 令 T_1 和 T_2 分别是由 G 的前 n_1 列和后 n_2 列给出的点的集合, 则对 $T = T_1 \cup T_2$, 有

$$V(T_1) = \begin{bmatrix} G_{11} \\ 0 \end{bmatrix}, \quad V(T_2) = \begin{bmatrix} G_{12} \\ G_{22} \end{bmatrix}, \quad V(T) = G. \tag{8.3.6}$$

(8.3.6) 前两个方程和事实 (v) 表明 $T_i \subset P_i$ $(i = 1,\ 2)$. 由 (8.3.4) 和 (8.3.6), 显然可以得到 (T_1, T_2) 是 P 的一个合格 (n_1, n_2)-子集对. 由于 $V(T) = G$ 和 $\mathcal{R}[V(T_1)] = \mathcal{R}(G_{11})$, 定理中 (a)—(d) 的正确性可以由上面的 (i)—(iv) 直接得出.

逆命题可以通过逆转上述步骤来证明.   □

为了说明定理 8.3.1, 考虑例 8.1.1 中的设计 $d_0 = d(B_0)$. 该设计分辨度为 IV, 且 $N_1 = 0$. 由 (8.3.1), $t_1 = n_1 = 2, t_2 = 2, n_2 = 4$ 和 $t = 4$. 矩阵

$$G = \begin{bmatrix} 1 & 0 & 0 & 0 & 1 & 1 \\ 0 & 1 & 0 & 0 & 1 & 0 \\ 0 & 0 & 1 & 0 & 1 & 1 \\ 0 & 0 & 0 & 1 & 0 & 1 \end{bmatrix}$$

有 (8.3.3) 的形式, 符合 (8.3.4) 中秩的条件, 并满足 $B_0 G' = 0$. 因此, 将 G 的列解释为 $\mathrm{PG}(3, 2)$ 的点, 设计 d_0 等价于合格的 $(2, 4)$-子集对 (T_1, T_2), 其中

$$T_1 = \left\{ (1, 0, 0, 0)', (0, 1, 0, 0)' \right\},$$
$$T_2 = \left\{ (0, 0, 1, 0)', (0, 0, 0, 1)', (1, 1, 1, 0)', (1, 0, 1, 1)' \right\}.$$

从基本原理容易验证定理 8.3.1 的 (a)—(d) 在本例中成立.

如上一节末尾提到的, 我们只对那些分辨度为 III 或更高且 $N_1 = 0$ 的 FFSP 设计感兴趣. 定理 8.3.1 表明, 在研究此类设计时, 考虑 P 的合格 (n_1, n_2)-子集对

就足够了. 与一个合格子集对 (T_1, T_2) 相对应的设计用 $d(T_1, T_2)$ 表示. 显然, 根据 (8.3.2) 和定理 8.3.1(a) 和 (b), WP 因子和 SP 因子分别对应于 T_1 和 T_2 的点. 考虑 T_1, T_2, P_1 和 P_2 的基数, 给定 n_1, n_2, k_1 和 k_2, 这种设计存在当且仅当

$$n_1 \leqslant \frac{s^{t_1} - 1}{s - 1}, \quad n_2 \leqslant \frac{s^t - s^{t_1}}{s - 1}, \tag{8.3.7}$$

其中 $t_1 = n_1 - k_1$, $t = n_1 + n_2 - k_1 - k_2$, 参考 (8.3.1). 此后, 假设上述条件成立.

定理 8.3.1 也为定义一般 s 水平的 FFSP 设计的同构奠定了基础. 称两个 $s^{(n_1+n_2)-(k_1+k_2)}$ FFSP 设计 $d(T_{11}, T_{12})$ 和 $d(T_{21}, T_{22})$ 是同构的, 如果存在一个非奇异变换, 在成比例的意义下, 将 T_{11} 的每个点映射到 T_{21} 的某个点, 将 T_{12} 的每个点映射到 T_{22} 的某个点. 虽然这个定义遵循了 4.4 节中为 s^{n-k} 设计给出的同构定义, 但一个新的特征是 WP 因子和 SP 因子之间的区别. 根据定理 8.3.1, 同构的 FFSP 设计不仅具有相同的字长型, 而且对每个 i 都有相同的 N_i. 对于 $s = 2$, 可以验证上述同构定义等价于上一节给出的定义.

8.4 补集的应用

与前几章一样, 使用补集有助于探索最优 FFSP 设计. 对一个 $s^{(n_1+n_2)-(k_1+k_2)}$ FFSP 设计 $d = d(T_1, T_2)$, 令 $\overline{T}_1$ 和 $\overline{T}_2$ 分别为 T_1 和 T_2 在 P_1 和 P_2 中的补集, 并记 $\overline{T} = \overline{T}_1 \cup \overline{T}_2$, 则 $\overline{T}_1$, $\overline{T}_2$ 和 $\overline{T}$ 的基数分别为

$$f_1 = \frac{s^{t_1} - 1}{s - 1} - n_1, \quad f_2 = \frac{s^t - s^{t_1}}{s - 1} - n_2, \quad f = f_1 + f_2. \tag{8.4.1}$$

如果 $f = 0$, 那么只有一个设计, 即对应于 $T_1 = P_1$ 和 $T_2 = P_2$ 的设计. 此外, 当 $f = 1$ 时, 不难看出所有设计都是同构的. 因此, 下面只考虑 $f \geqslant 2$ 的情况.

令 $(A_1(d), \cdots, A_n(d))$ 表示 $d = d(T_1, T_2)$ 的字长型, 其中 $A_1(d) = A_2(d) = 0$. 以下包含补集 $\overline{T}$ 的等式, 由推论 4.3.2 立得

(a) $A_3(d) = C_1 - A_3(\overline{T})$, $\hspace{3cm}$ (8.4.2)

(b) $A_4(d) = C_2 + (3s - 5) A_3(\overline{T}) + A_4(\overline{T})$, $\hspace{2cm}$ (8.4.3)

(c) $A_5(d) = C_3 - \frac{1}{2} \left\{ s^{n-k} - 2(s-1)n + (s-2)(12s-17) \right\} A_3(\overline{T})$

$\hspace{3cm} - (4s - 7) A_4(\overline{T}) - A_5(\overline{T})$, $\hspace{2cm}$ (8.4.4)

其中, $A_i(\overline{T})$ 如 (4.3.3) 中所示. 此外, 用 $N_2(d)$ 表示 d 的 N_2 值, 在 Mukerjee 和 Fang (2002) 中给出了

$$N_2(d) = C_4 + H_2(P_1, \overline{T}_2), \tag{8.4.5}$$

如 (6.3.7) 所示

$$H_2(P_1, \overline{T}_2) = (s-1)^{-1} \# \{\lambda : \lambda \text{ 是 GF}(s) \text{ 上的 } f_2 \times 1 \text{ 向量, 有两个非零元,}$$

$$\text{使得 } V(\overline{T}_2)\lambda \text{ 非零且与 } P_1 \text{ 中的某个点成比例}\}, \quad (8.4.6)$$

这里 $\#$ 表示集合的基数. (8.4.2)—(8.4.5) 中的常数 C_1, C_2, C_3, C_4 可能取决于 s, n_1, n_2, k_1 和 k_2, 但不依赖于 d 的特定选择.

当 f_1 和 f_2 相对于 n_1 和 n_2 较小时, 补集更容易处理, 从而等式 (8.4.2)—(8.4.5) 特别有用. 如第 4 章, (8.4.2)—(8.4.4) 有助于找到 MA 设计, 如果出现非同构 MA 设计, 可能需要 (8.4.5) 来进一步辨别. 采用 (8.4.5) 是 FFSP 设计的一个新特征. 与 s^{n-k} 设计相比, 另一个特征是, 当使用 (8.4.2)—(8.4.4) 时, 一个任意的基数为 f 的集合不一定是 $\overline{T}$ 的一个候选. 这里要求 $\overline{T}$ 可分解为

$$\overline{T} = \overline{T}_1 \cup \overline{T}_2, \quad (8.4.7)$$

其中

$$\#\overline{T}_i = f_i, \quad \overline{T}_i \subset P_i, \quad i = 1, 2. \quad (8.4.8)$$

接下来的两个例子说明了这些思想. 在本章的剩余部分给出的表格中, 设计的唯一性都是在同构意义下的. □

例 8.4.1　令 $s = 2, f_1 = 4, f_2 = 1$. 由于 $f_1 = 4$, 由 (8.4.1) 得到 $t_1 \geqslant 3$. 存在唯一的设计最大化 $A_3(\overline{T})$. 这个设计对应于

$$\overline{T}_1 = \{e_1, e_2, e_3, e_1 + e_2\}, \quad \overline{T}_2 = \{e_{t_1} + 1\},$$

其中, 与以前相同, $e_1, e_2, \cdots$ 是 $t \times 1$ 单位向量. 由 (8.4.2), 这是唯一的 MA 设计. 这里 $f = 5$, 用当前符号解释表 3.1, 一个 2^{n-k} MA 设计由

$$\overline{T} = \{h_1, h_2, h_3, h_1 + h_2, h_1 + h_3\} \quad (8.4.9)$$

给出, 其中 h_1, h_2, h_3 是有限射影几何 P 的线性无关的点. 然而, 在 $f_1 = 4$ 和 $f_2 = 1$ 的情况下, (8.4.9) 中的集合 T 不能像 (8.4.7) 和 (8.4.8) 那样分解, 因此它不能在 FFSP 设计的背景下出现.

例 8.4.2　令 $s = 3, f_1 = 1, f_2 = 4$. 由于 $f_1 = 1$, 由 (8.4.1) 得到 $t_1 \geqslant 2$.

(a) 如果 $t_2 = 1$, 那么与上一个例子一样, 唯一的 MA 设计由下式给出

$$\overline{T}_1 = \{e_1\}, \quad \overline{T}_2 = \{e_{t_1+1}, e_1 + e_{t_1+1}, e_1 + 2e_{t_1+1}, e_2 + e_{t_1+1}\}. \quad (8.4.10)$$

(b) 如果 $t_2 \geqslant 2$, 那么在同构的意义下, 有三个不同的设计最大化 $A_3(\overline{T})$. 其中一个由 (8.4.10) 给出, 记为 d_1. 另外两个, 分别记为 d_2 和 d_3, 分别对应于

$$\overline{T}_1 = \{e_1\}, \quad \overline{T}_2 = \{e_{t_1+1}, e_1 + e_{t_1+1}, e_1 + 2e_{t_1+1}, e_{t_1+2}\}, \quad (8.4.11)$$

和

$$\overline{T}_1 = \{e_1\}, \quad \overline{T}_2 = \{e_{t_1+1}, e_{t_1+2}, e_{t_1+1} + e_{t_1+2}, e_{t_1+1} + 2e_{t_1+2}\}. \tag{8.4.12}$$

这里 $f = 5$, 所有这些设计都有相同的 $A_4\left(\overline{T}\right)$ 和 $A_5\left(\overline{T}\right)$. 根据定理 4.3.1, 它们都有相同的字长型, 从而都是 MA 设计. 因此, 现阶段需要最小化 N_2 的后续准则. 由 (8.4.6) 及 (8.4.10)—(8.4.12), 对于 d_1, d_2 和 d_3, $H_2\left(P_1, \overline{T}_2\right)$ 分别等于 6, 3 和 0. 因此, (8.4.5) 意味着 d_3 在 MA 设计中唯一地最小化 N_2 的值. $\square$

对于上面两个例子中的最优设计, 不难看出子集对 (T_1, T_2) 满足定义 8.3.1 中的秩条件. 特别地, 在例 8.4.1 中, 取 $t_1 = 3$ 和 $t_2 = 2$ 或 $t_1 = 4$ 和 $t_2 = 1$, 可以得到具有 MA 的 $2^{(3+23)-(0+21)}$ 和 $2^{(11+15)-(7+14)}$ FFSP 设计. 类似地, 在 $t_1 = t_2 = 2$ 的情况下, 例 8.4.2 得出具有 MA 和最小 N_2 的 $3^{(3+32)-(1+30)}$ FFSP 设计.

关于最优 FFSP 设计的进一步理论结果参考 Bingham 和 Sitter (1999b) 及 Mukerjee 和 Fang (2002). 后者还考虑了 FFSP 设计的最大估计容量准则.

8.5 最优设计表

表 8.1 和表 8.2 改编自 Bingham 和 Sitter (1999a) 以及 Mukerjee 和 Fang (2002), 分别对 (i) $s = 2$, 16 个处理组合; (ii) $s = 3$, 27 个处理组合, 这两种情况展示了最优 FFSP 设计的集合 T_1 和 T_2. 这里考虑了满足 (8.3.7) 的所有可能的 n_1, n_2, k_1, k_2, 表 8.1 中 $n_1 + n_2 = 14$, 15 和表 8.2 中 $n_1 + n_2 = 12$, 13 的情况除外, 因为这些情况对应于 $f = 1$ 或 0, 结果是平凡的. 有趣的是, (8.3.7) 排除了表 8.1 中 $(n_1, n_2) = (4, 9)$ 的情况. 表中的每个设计都是 MA 设计; 它要么是唯一的 MA 设计, 要么在所有 MA 设计中最小化 N_2. 表格的脚注解释了每个设计在什么意义下是最优的. 与前几章一样, 表格对 P 的点使用紧记号.

表 8.1 有 16 个处理组合的最优二水平 FFSP 设计的集合 T_1 和 T_2

n_1	n_2	k_1	k_2	t_1	t_2	T_1	T_2	最优性
1	4	0	1	1	3	{1}	{2,3,4,1234}	1
2	3	0	1	2	2	{1,2}	{3,4,1234}	1
3	2	1	0	2	2	{1,2,12}	{3,4}	1
3	2	0	1	3	1	{1,2,3}	{4,1234}	1
4	1	1	0	3	1	{1,2,3,123}	{4}	1
1	5	0	2	1	3	{1}	{2,3,123,4,124}	1
2	4	0	2	2	2	{1,2}	{3,123,4,134}	2
3	3	1	1	2	2	{1,2,12}	{3,4,134}	1
3	3	0	2	3	1	{1,2,3}	{4,124,134}	1
4	2	1	1	3	1	{1,2,3,123}	{4,124}	1
5	1	2	0	3	1	{1,2,12,3,13}	{4}	1
1	6	0	3	1	3	{1}	{2,3,123,4,124,134}	1

n_1	n_2	k_1	k_2	t_1	t_2	T_1	T_2	最优性
2	5	0	3	2	2	{1,2}	{3,123,4,124,134}	1
3	4	1	2	2	2	{1,2,12}	{3,13,4,234}	1
3	4	0	3	3	1	{1,2,3}	{4,124,134,234}	1
4	3	1	2	3	1	{1,2,3,123}	{4,124,134}	1
5	2	2	1	3	1	{1,2,12,3,13}	{4,234}	1
6	1	3	0	3	1	{1,2,12,3,13,23}	{4}	1
1	7	0	4	1	3	{1}	{2,3,123,4,124,134,234}	1
2	6	0	4	2	2	{1,2}	{3,123,4,124,134,234}	1
3	5	1	3	2	2	{1,2,12}	{3,13,4,14,234}	1
3	5	0	4	3	1	{1,2,3}	{4,14,24,34,1234}	1
4	4	1	3	3	1	{1,2,3,123}	{4,124,134,234}	1
5	3	2	2	3	1	{1,2,12,3,13}	{4,14,234}	1
6	2	3	1	3	1	{1,2,12,3,13,23}	{4,1234}	1
7	1	4	0	3	1	{1,2,12,3,13,23,123}	{4}	1
1	8	0	5	1	3	{1}	{2,12,3,23,4,24,134,1234}	2
2	7	0	5	2	2	{1,2}	{3,13,23,4,124,34,1234}	1
3	6	1	4	2	2	{1,2,12}	{3,13,4,14,234,1234}	1
3	6	0	5	3	1	{1,2,3}	{4,14,24,134,234,1234}	1
4	5	1	4	3	1	{1,2,3,123}	{4,14,24,34,1234}	1
5	4	2	3	3	1	{1,2,12,3,13}	{4,14,234,1234}	1
6	3	3	2	3	1	{1,2,12,3,13,23}	{4,14,234}	1
7	2	4	1	3	1	{1,2,12,3,13,23,123}	{4,14}	1
1	9	0	6	1	3	{1}	{2,12,3,13,23,4,24,134,1234}	2
2	8	0	6	2	2	{1,2}	{3,13,23,4,14,24,134,234}	2
3	7	1	5	2	2	{1,2,12}	{3,13,23,4,14,234,1234}	1
3	7	0	6	3	1	{1,2,3}	{4,14,24,124,34,134,234}	1
4	6	1	5	3	1	{1,2,3,123}	{4,14,24,124,34,1234}	1
5	5	2	4	3	1	{1,2,12,3,13}	{4,14,24,234,1234}	1
6	4	3	3	3	1	{1,2,12,3,13,23}	{4,14,234,1234}	1
7	3	4	2	3	1	{1,2,12,3,13,23,123}	{4,14,24}	1
1	10	0	7	1	3	{1}	{2,12,3,13,23,4,14,24,134,234}	2
2	9	0	7	2	2	{1,2}	{3,13,23,4,14,24,134,234,1234}	2
3	8	1	6	2	2	{1,2,12}	{3,13,23,4,14,24,134,234}	1
3	8	0	7	3	1	{1,2,3}	{4,14,24,124,34,134,234,1234}	1
4	7	1	6	3	1	{1,2,3,123}	{4,14,24,124,34,134,234}	1
5	6	2	5	3	1	{1,2,12,3,13}	{4,14,24,34,234,1234}	1
6	5	3	4	3	1	{1,2,12,3,13,23}	{4,14,24,134,234}	1
7	4	4	3	3	1	{1,2,12,3,13,23,123}	{4,14,24,34}	1
1	11	0	8	1	3	{1}	{2,12,3,13,23,4,14,24,134,234,1234}	1
2	10	0	8	2	2	{1,2}	{3,13,23,123,4,14,24,124,34,1234}	1
3	9	1	7	2	2	{1,2,12}	{3,13,23,4,14,24,134,234,1234}	1
4	8	1	7	3	1	{1,2,3,123}	{4,14,24,124,34,134,234,1234}	1
5	7	2	6	3	1	{1,2,12,3,13}	{4,14,24,124,34,234,1234}	1
6	6	3	5	3	1	{1,2,12,3,13,23}	{4,14,24,134,234,1234}	1
7	5	4	4	3	1	{1,2,12,3,13,23,123}	{4,14,24,124,34}	1
1	12	0	9	1	3	{1}	{2,12,3,13,23,123,4,14,24,124,34,234}	2

续表

n_1	n_2	k_1	k_2	t_1	t_2	T_1	T_2	最优性
2	11	0	9	2	2	$\{1,2\}$	$\{3,13,23,123,4,14,24,124,34,134,1234\}$	1
3	10	1	8	2	2	$\{1,2,12\}$	$\{3,13,23,123,4,14,24,34,134,234\}$	2
5	8	2	7	3	1	$\{1,2,12,3,13\}$	$\{4,14,24,124,34,134,234,1234\}$	1
6	7	3	6	3	1	$\{1,2,12,3,13,23\}$	$\{4,14,24,124,34,134,234\}$	1
7	6	4	5	3	1	$\{1,2,12,3,13,23,123\}$	$\{4,14,24,124,34,134\}$	1

注: (1) 唯一的 MA 设计.

(2) MA 设计; 在所有 MA 设计中唯一一地最小化 N_2.

表 8.2　有 27 个处理组合的最优三水平 FFSP 设计的集合 T_1 和 T_2

n_1	n_2	k_1	k_2	t_1	t_2	T_1	T_2	最优性
1	3	0	1	1	2	$\{1\}$	$\{2,3,123\}$	1
2	2	0	1	2	1	$\{1,2\}$	$\{3,123\}$	1
3	1	1	0	2	1	$\{1,2,12\}$	$\{3\}$	1
1	4	0	2	1	2	$\{1\}$	$\{2,3,23,12^23\}$	2
2	3	0	2	2	1	$\{1,2\}$	$\{3,13,123^2\}$	3
3	2	1	1	2	1	$\{1,2,12\}$	$\{3,12^23\}$	1
4	1	2	0	2	1	$\{1,2,12,12^2\}$	$\{3\}$	1
1	5	0	3	1	2	$\{1\}$	$\{2,12,3,12^23,12^23^2\}$	1
2	4	0	3	2	1	$\{1,2\}$	$\{3,13,123,12^23^2\}$	1
3	3	1	2	2	1	$\{1,2,12\}$	$\{3,12^23,12^23^2\}$	1
4	2	2	1	2	1	$\{1,2,12,12^2\}$	$\{3,13\}$	1
1	6	0	4	1	2	$\{1\}$	$\{2,12,3,13^2,23^2,12^23^2\}$	2
2	5	0	4	2	1	$\{1,2\}$	$\{3,13^2,23,123,123^2\}$	1
3	4	1	3	2	1	$\{1,2,12\}$	$\{3,13^2,23^2,12^23^2\}$	3
4	3	2	2	2	1	$\{1,2,12,12^2\}$	$\{3,13,23\}$	1
1	7	0	5	1	2	$\{1\}$	$\{12^2,13,13^2,123,123^2,12^23,12^23^2\}$	1
2	6	0	5	2	1	$\{12,12^2\}$	$\{23,23^2,123,123^2,12^23,12^23^2\}$	1
3	5	1	4	2	1	$\{2,12,12^2\}$	$\{23^2,123,123^2,12^23,12^23^2\}$	1
4	4	2	3	2	1	$\{1,2,12,12^2\}$	$\{123,123^2,12^23,12^23^2\}$	1
1	8	0	6	1	2	$\{1\}$	$\{12,12^2,13,13^2,123,123^2,12^23,12^23^2\}$	1
2	7	0	6	2	1	$\{12,12^2\}$	$\{13^2,23,23^2,123,123^2,12^23,12^23^2\}$	1
3	6	1	5	2	1	$\{2,12,12^2\}$	$\{23,23^2,123,123^2,12^23,12^23^2\}$	1
4	5	2	4	2	1	$\{1,2,12,12^2\}$	$\{23^2,123,123^2,12^23,12^23^2\}$	1
1	9	0	7	1	2	$\{1\}$	$\{12,12^2,13,13^2,23^2,123,123^2,12^23,12^23^2\}$	2
2	8	0	7	2	1	$\{12,12^2\}$	$\{13,13^2,23,23^2,123,123^2,12^23,12^23^2\}$	1
3	7	1	6	2	1	$\{2,12,12^2\}$	$\{13^2,23,23^2,123,123^2,12^23,12^23^2\}$	1
4	6	2	5	2	1	$\{1,2,12,12^2\}$	$\{23,23^2,123,123^2,12^23,12^23^2\}$	1
1	10	0	8	1	2	$\{1\}$	$\{12,12^2,13,13^2,23,23^2,123,123^2,12^23,12^23^2\}$	2
2	9	0	8	2	1	$\{12,12^2\}$	$\{3,13,13^2,23,23^2,123,123^2,12^23,12^23^2\}$	1
3	8	1	7	2	1	$\{2,12,12^2\}$	$\{13,13^2,23,23^2,123,123^2,12^23,12^23^2\}$	1
4	7	2	6	2	1	$\{1,2,12,12^2\}$	$\{13^2,23,23^2,123,123^2,12^23,12^23^2\}$	1

注: (1) 唯一的 MA 设计.

(2) MA 设计; 在所有 MA 设计中唯一一地最小化 N_2.

(3) MA 设计; 在所有 MA 设计中最小化 N_2, 但是存在其他非同构 MA 设计, 对每个 i, 其与列出的设计有相同的 N_i.

对于较小的 n_1 和 n_2, 通过直接搜索获得最优设计. 对于相对较大的 n_1 和 n_2, 补集的使用会有所帮助. 下例说明了后一种情况.

例 8.5.1　令 $s = 3$, 考虑表 8.2 中 $n_1 = 3$, $n_2 = 5$, $k_1 = 1$, $k_2 = 4$ 的情况. 由 (8.3.1) 和 (8.4.1) 知, $t_1 = 2$, $t_2 = 1$, $t = 3$, $f_1 = 1$, $f_2 = 4$. 因此, (8.4.10) 表明, 唯一的 MA 设计由 $\overline{T}_1 = \{1\}$, $\overline{T}_2 = \{3, 13, 13^2, 23\}$ 给出, 或等价地, 如表 8.2 所示, 由 $T_1 = \{2, 12, 12^2\}$, $T_2 = \{23^2, 123, 123^2, 12^23, 12^23^2\}$ 给出.　　□

练　　习

8.1 对例 8.2.1 中的设计, 求出定理 8.3.1 中设想的集合 T_1 和 T_2. 从基本原理出发对该设计验证定理中 (a)—(d) 的正确性.

8.2 验证定理 8.3.1 的证明中设想的矩阵 G 存在.

8.3 再次参考定理 8.3.1 的证明. 假设 G_{22} 的一列, 比如第一列, 为零向量.

(a) 用证明中的事实 (iii) 来证明 G_{12} 的第一列, 记为 ξ, 是非零向量. 因此, 用 (8.3.4) 推断出: 在 $\mathrm{GF}(s)$ 上存在一个非零向量 δ, 使得 $G_{11}\delta = \xi$.

(b) 令 e 为 $\mathrm{GF}(s)$ 上第一个分量为 1 的 $n_2 \times 1$ 单位向量. 定义 $b^{(1)} = (0', e')'$ 和 $b^{(2)} = (\delta', 0')'$, 其中 $b^{(1)}$ 和 $b^{(2)}$ 中的零子向量分别为 n_1 和 n_2 维. 对 (8.3.3) 中的 G, 证明 $G\left(b^{(1)} - b^{(2)}\right) = 0$.

(c) 因此, 利用证明中的事实 (iv) 推断出: 一个表示 SP 因子主效应的束出现在该设计的一个 WP 别名集中.

观察 (c) 中结论的不可能性, 从而推断出证明中事实 (v) 的正确性.

8.4 证明 (8.4.5).

8.5 使用补集的方法, 证明存在两个非同构的 MA $2^{(3+26)-(1+23)}$ FFSP 设计. 哪一个有更小的 N_2?

8.6 对于 $n_1 = 1, n_2 = 10, k_1 = 0, k_2 = 7$, 使用补集的方法证明表 8.1 中的 FFSP 设计是 MA 设计, 并且在所有 MA 设计中最小化 N_2.

8.7 对表 8.2 中 $n_1 = 1, n_2 = 10, k_1 = 0, k_2 = 8$ 的 FFSP 设计, 证明练习 8.6 中相同的结论.

8.8 对 $s = 3, n_1 = 2, n_2 = 3, k_1 = 0, k_2 = 2$, 找到一个与表 8.2 中的设计不同构的 FFSP 设计, 但具有相同的字长型, 并且对每个 i 都有相同的 N_i.

第 9 章 稳健参数设计

稳健参数设计是减小变差的有效工具. 本章研究这种方法的设计, 并讨论参数设计试验中控制因子和噪声因子的区别, 为此引入选择设计时所需的新的优先顺序和准则. 根据新的优先顺序, 探讨在这方面发挥主要作用的两种试验策略: 乘积表和单一表.

9.1　控制因子和噪声因子

稳健参数设计 (或参数设计) 是一种统计/工程方法 (Taguchi, 1987), 它通过适当选择其控制因子的设置来减小系统对噪声变化的灵敏度, 从而达到减少一个产品或过程的性能变化的目的. 它的有效性是通过利用一些重要的控制 × 噪声交互作用来实现的. 由于改变控制因子设置通常比直接减小噪声变差要容易得多且成本也低得多, 该方法已在工程实践中被广泛采用, 且目前是质量工程中的常用工具. 它在制造业和高科技行业的成功运用已经记录在很多公司和专业协会汇编的案例研究中.

参数设计试验中的因子分为两类: 控制因子和噪声因子. 控制因子是其值 (即水平) 一旦选择后就保持固定不变的变量, 包括产品和生产过程设计中的设计参数. 相比之下, 噪声因子是在正常过程或使用条件下, 其值 (即水平) 难以控制的变量, 包括产品和过程参数的变化、环境的变化、载荷因子、使用条件和降级. 考虑一个提高化学过程收率的问题, 控制因子包括反应温度和时间, 以及催化剂的类型和浓度; 噪声因子包括试剂的纯度和溶剂流的纯度. 之所以视后两者为噪声因子, 是因为纯度因批次而异, 因此很难控制.

从设计理论的角度来看, 对于稳健参数设计, 最感兴趣的是控制因子和噪声因子所发挥作用的差异. 如上所述, 控制 × 噪声交互作用在实现稳健性方面至关重要. 因此, 这种类型的两因子交互作用 (2fi) 应该放在与主效应同等重要的类别中. 这显然违背了效应分层原则. 控制因子主效应与控制 × 噪声交互作用的重要性将通过它们在后面 (9.3.1) 式中给出的参数设计优化的两步程序中发挥的作用来着重说明. 第一步选择一些控制因子的设置以降低响应对噪声因子变化的灵敏度 (例如方差); 第二步选择其他控制因子的设置以调整平均响应接近目标值. 第一步的成功取决于存在一些重要的控制 × 噪声交互作用. 而要执行第二步, 需要控制因子的主效应是可估的.

本章讨论两种试验策略: 乘积表和单一表. 控制因子和噪声因子之间的区别导致新的设计优先级以及效应分层原则的适当修改. 本章重点仍是设计方面. 有关稳健参数设计的详细内容, 请参阅 Wu 和 Hamada (2000) 的第 10 章和第 11 章.

9.2 乘 积 表

首先由一个简单的例子来引出这些想法. 假设有四个控制因子 $F_1, \cdots, F_4$ 和三个噪声因子 F_5, F_6, F_7, 每个因子都有两个水平. 设 d_C 为一个只包含控制因子的 2^{4-1} 设计, 并由定义关系 $I = 1234$ 确定. 同样, 设 d_N 为一个只包含噪声因子的 2^{3-1} 设计, 并由定义关系 $I = 567$ 确定. 把 d_C 和 d_N 中的处理组合写成行, 这些设计可以表示为

$$
d_C = \begin{bmatrix} 0000 \\ 1100 \\ 1010 \\ 1001 \\ 0110 \\ 0101 \\ 0011 \\ 1111 \end{bmatrix}, \quad d_N = \begin{bmatrix} 000 \\ 110 \\ 101 \\ 011 \end{bmatrix}.
$$

像 d_C 这样只包含控制因子的表称为控制表. 类似地, 像 d_N 这样只包含噪声因子的表称为噪声表. 包含所有七个因子的乘积表由 d_C 和 d_N 的乘积直接给出. 换句话说, 它通过把 d_C 的每一行与 d_N 的每一行组合获得, 因此大小为 $32(= 8 \times 4)$. 容易验证此乘积表是一个 2^{7-2} 设计, 并有定义关系

$$
I = 1234 = 567 = 1234567. \tag{9.2.1}
$$

一般来说, 一个乘积表 d 是一个控制表 d_C 和一个噪声表 d_N 的直接乘积. 通常, 如上例所示, d_C 和 d_N 都采用正交表. 这确保了噪声因子水平的合理均匀性, 因此实施一个基于乘积表的试验相当于在噪声变差范围内进行一次系统的蒙特卡罗试验. 出于现实原因, 如小样本, 设计区域不规则, 因子的水平数多, 有时 d_C 和 d_N 可以选择非正交表, 如拉丁超立方或其他空间填充设计; 有关详细信息, 请参阅 Santner, Williams 和 Notz (2003).

假设总共有 $n (= n_1 + n_2)$ 个因子 $F_1, \cdots, F_n$, 每个都是 s 水平, 其中 s 是素数或素数幂. 前 n_1 个因子是控制因子, 后 n_2 个因子是噪声因子. 对于控制因子, 考虑一个 $s^{n_1-k_1}$ 设计 d_C, 对于噪声因子, 考虑一个 $s^{n_2-k_2}$ 设计 d_N, 且

$$
d_C = \left\{ x^{(1)} : B_1 x^{(1)} = 0 \right\}, \quad d_N = \left\{ x^{(2)} : B_2 x^{(2)} = 0 \right\},
$$

其中 B_1 和 B_2 分别是 GF(s) 上行满秩的 $k_1 \times n_1$ 和 $k_2 \times n_2$ 矩阵. 由 d_C 和 d_N 产生的乘积表 d 由 s^{n-k} 个处理组合 $x = (x^{(1)'}, x^{(2)'})'$ 组成, 其中 $x^{(1)}$ 是 $B_1 x^{(1)} = 0$ 的任意解, $x^{(2)}$ 是 $B_2 x^{(2)} = 0$ 的任意解, $k = k_1 + k_2$. 因此, d 本身是一个 s^{n-k} 设计, 可以记为

$$d = \{x : Bx = 0\},$$

其中

$$B = \begin{bmatrix} B_1 & 0 \\ 0 & B_2 \end{bmatrix}. \tag{9.2.2}$$

在上述论述中, d_C 或 d_N 也可以是一个全因析设计, 在这种情况下, 不会出现 (9.2.2) 中相应的分块.

对于 GF(s) 上的任意 $n \times 1$ 向量 b, 令 $b^{(1)}$ 和 $b^{(2)}$ 分别为与控制因子和噪声因子相对应的子向量. 那么 $b^{(1)}$ 和 $b^{(2)}$ 分别由 b 的前 n_1 项和后 n_2 项组成. 用 $\mathcal{R}(\cdot)$ 表示矩阵的行空间, 从 (9.2.2) 中可以清楚地看出, $b' \in \mathcal{R}(B)$ 当且仅当 $b^{(i)'} \in \mathcal{R}(B_i)$, $i = 1, 2$. 这等价于下面的结论.

定理 9.2.1 向量 b' 属于 d 的定义对照子群, 当且仅当 $b^{(1)'}$ 和 $b^{(2)'}$ 分别属于 d_C 和 d_N 的定义对照子群.

上述定理与 (9.2.1) 一致, 虽然结论显然, 但有有趣的意义. 例如, 它表明 d 的定义束形如 $(b^{(1)'}, 0')'$, 或 $(0', x^{(2)'})'$, 或 $(b^{(1)'}, x^{(2)'})'$, 其中 $b^{(1)}$ 和 $b^{(2)}$ 分别是 d_C 和 d_N 的任意定义束. 因此, d 的分辨度等于 d_C 和 d_N 的分辨度的最小值. 之前已经说明, 在参数设计试验中, 我们最感兴趣的因子效应是主效应与包含控制因子和噪声因子的 2fi. 因此, 与前几章一样, 规定 d 的分辨度为 III 或更高, 为了确保这一点, 假设这个条件对 d_C 和 d_N 都是同样成立的. 下一个结果表明 d 具有令人感兴趣的性质.

定理 9.2.2 在 d 中, 所有包含控制因子和噪声因子的 2fi 束都不与任何主效应束或任何其他 2fi 束别名.

证明 考虑任意包含控制因子和噪声因子的 2fi 束 b. 设 $\widetilde{b}$ 是在 d 中与 b 别名的任意其他束. 和以前一样, 定义 b 的子向量 $b^{(1)}$ 和 $b^{(2)}$, 以及 $\widetilde{b}$ 的子向量 $\widetilde{b}^{(1)}$ 和 $\widetilde{b}^{(2)}$. 由于 b 和 $\widetilde{b}$ 在 d 中别名, 由 (2.4.9) 知 $(b - \widetilde{b})' \in \mathcal{R}(B)$, 因此根据定理 9.2.1, 得

$$(b^{(1)} - \widetilde{b}^{(1)})' \in \mathcal{R}(B_1), \quad (b^{(2)} - \widetilde{b}^{(2)})' \in \mathcal{R}(B_2). \tag{9.2.3}$$

因为 d_C 和 d_N 的分辨度为 III 或更高, 对于 $i = 1, 2$, 由 (9.2.3) 可以得到 $b^{(i)} - \widetilde{b}^{(i)}$ 或者是零向量, 或者至少有三个非零元. 另外, 根据 b 的定义, 在 $b^{(i)}$ 中恰好有一个非零元. 因此, 对于 $i = 1, 2$, 要么 $\widetilde{b}^{(i)}$ 等于 $b^{(i)}$, 故而恰好有一个非零元, 要么

$\tilde{b}^{(i)}$ 至少有两个非零元. 然而, 对于 $i = 1$ 和 $i = 2$, 第一种可能性不能都出现, 因为此时 $\tilde{b} = b$, 这是不可能的. 因此, $\tilde{b}$ 必须有至少三个非零元, 定理得证.   □

定理 9.2.2 可以进一步衍生和推广. 事实上, 当 d_C 和 d_N 是混合水平设计、非正规设计甚至非正交表时, 这个结果有对应的结论. 在适当模型假设下的详细结果可参考 Shoemaker, Tsui 和 Wu (1991).

定理 9.2.2 可以重述为 "在一个乘积表中, 所有包含控制因子和噪声因子的 2fi 都是纯净的." 根据此类交互作用在实现稳健性方面的重要性, 这是乘积表的一个非常理想的性质. 然而, 不能保证同等重要的控制因子主效应是纯净的. 为了进一步确保控制因子主效应的可估性, 需要根据分辨度或最小低阶混杂 (MA) 等准则选择控制表. 这可能需要一个大的控制表, 进而乘积表也大. (一种更节约成本的替代方案是使用单一表, 这将在后面的章节中讨论.) 选择噪声表时类似的说明也成立, 但所需要增加的试验次数可能就没那么严格的限制. 如果像将在 9.3 节中讨论的位置-散度建模方法那样不需要估计噪声因子主效应, 那么噪声表所需要的试验次数就没那么多.

乘积表的另一个吸引人的特点是, 它具有自然的试验布局. 其控制因子的每个设置 (即控制表中的水平组合) 与其噪声因子的所有设置 (即噪声表中的水平组合) 交叉. 这使得实施试验很方便, 特别是当噪声因子的水平比控制因子的水平更容易改变时. 例如, 在等离子蚀刻试验中, 控制因子 (等离子体温度和蚀刻时间) 应用于同一批次的所有晶片, 而每个晶片中的芯片位置代表噪声因子.

9.3   建 模 策 略

本节讨论乘积表试验数据的两种建模方法, 即位置和散度建模以及响应建模. 详情见 Wu 和 Hamada (2000, 第 10 章).

一个由乘积表 d 产生的观测值可以表示为 Y_{ij}, 对应于 d_C 的第 i 行和 d_N 的第 j 行给出的处理组合. 对每个固定的 i, 令 $\overline{Y}_i$ 和 S_i 分别为 Y_{ij} 对 j 的均值和标准差. 显然, $\overline{Y}_i$ 和 S_i 对应 d_C 中的控制因子设置. 采用位置和散度建模方法, 以控制因子的主效应 $\overline{Y}_i$ 和交互作用 $\log S_i$ 构建模型. 注意只有控制因子才能出现在这些模型中. 为了使响应 Y 达到目标值, 同时最小化噪声因子引起的性能变化, 这些模型可以按以下程序使用.

两步程序:

(i) 选择出现在散度模型中的控制因子的水平, 以最小化散度.

(ii) 选择出现在位置模型中而不出现在散度模型中的控制因子的水平, 以使位置达到目标值.

(9.3.1)

注意两个模型中都出现的因子在步骤 (ii) 中不考虑, 因为此类因子设置的变化会同时影响位置和散度.

由于位置和散度模型只包含控制因子, 因此在构建这些模型时遵循适用于控制因子的 2.5 节的效应分层原则. 所以, 给定 d_N, d_C 的选择遵循与普通 s^{n-k} 设计的选择相同的思想. 换句话说, 在选择 d_C 时可以使用第 2—5 章中讨论的准则和技术, 因此这一点不再详细阐述.

位置和散度建模方法的一个缺点是, 只用控制因子进行建模可能会掩盖控制因子和噪声因子之间重要的交互作用. 此外, 即使初始响应与控制因子和噪声因子之间存在线性关系, 但是 $\log S_i$ 也可能与控制因子存在非线性关系. 从这些考虑来看, 响应建模方法 (Welch, Yu, Kang and Sacks, 1990; Shoemaker, Tsui and Wu, 1991) 提供了一个可行的替代方案. 在这种方法中, 直接基于 Y_{ij} 将响应建立为控制因子和噪声因子的函数. 可以通过研究这种模型中出现的控制 × 噪声交互作用, 来识别那些使拟合响应与噪声因子关系较为平坦的控制因子的设置, 称为稳健设置. 然后, 可以为控制因子选择一个稳健的设置, 使得拟合响应倾向于接近目标值 (与噪声因子的变化无关). 或者, 基于响应模型, 可以在噪声因子方差的适当假设下获得拟合响应的方差. 这就是传递方差模型, 该模型仅包含控制因子, 因此可用于查找具有较小传递方差的控制因子设置. 在这样确定的设置中, 可以选择使拟合响应的期望接近目标的设置作为控制因子设置.

响应模型可能包含任何因子, 而不仅仅是控制因子. 虽然这与对一般 s^{n-k} 设计的分析一样, 但一个关键的区别在于模型中包括的因子效应的相对重要性, 这是因为控制因子和噪声因子发挥的作用不同. 这需要引入一个新的效应排序原则来处理这种区别, 并为响应建模方法下的乘积表提出新的设计准则. 由于下一节中介绍的单一表的选择也以相同的原则为指导, 这使得在一个统一的框架中讨论这个问题是有意义的. 因此, 关于这一原则及其在最优设计研究中的应用推迟到9.5 节和 9.6 节讨论.

9.4 单 一 表

乘积表的直接乘积结构有时会导致过度的试验次数. 假设一个试验有三个控制因子和两个噪声因子, 每个因子都有两个水平, 要求所有主效应都纯净. 容易看出, d_C 和 d_N 都必须是全因析设计. 因此, 所得乘积表是一个大小为 $32(= 8 \times 4)$ 的全因析设计. 另一方面, 2^{5-1} 设计 $I = 12345$, 设计大小仅为 16, 分辨度为 V, 因此保证了所有主效应以及 2fi 纯净. 后一种设计合并了控制因子和噪声因子, 而没有使用直接乘积结构, 称为单一表, 并说明了单一表如何在不牺牲感兴趣的因子效应的情况下显著减少试验次数.

与上一节一样, 假设有 $n(= n_1 + n_2)$ 个 s 水平的因子, 其中前 n_1 个是控制因子, 其余是噪声因子. 单一表只是一个 s^{n-k} 设计

$$d = \{x : Bx = 0\}, \tag{9.4.1}$$

其中 B 是 GF(s) 上的 $k \times n$ 矩阵, 并且是行满秩的. 然而, 控制因子和噪声因子之间的区别是一个新特征, 在为单一表定义设计同构或制定设计准则时必须认真考虑. 和之前同样的原因, 后面只考虑分辨度为 III 或更高的单一表.

特别地, 如果 (9.4.1) 中的 B 有形如 (9.2.2) 的分块对角结构, 则单一表转化为乘积表. 当然, B 一般不需要有这种形式, 因此单一表比乘积表更灵活. 上一节位置和散度建模方法要求相同的噪声因子设置与控制因子的每个设置一起出现. 因此, 这种方法不能用于单一表, 除非它也是乘积表. 所以, 对基于单一表的试验, 推荐使用响应建模方法. 与 9.3 节所述方法相同, 它适用于任何单一表, 无论 B 是否具有 (9.2.2) 的形式.

因为单一表包含乘积表为特殊情况, 并且响应建模方法适用于两者, 所以这种方法下的最优设计问题可以方便地在单一表的统一框架下进行研究, 并且在特定情况下最优设计可能是乘积表. 在后面两节详细展开之前, 研究单一表的同构概念会有所帮助.

对所有因子都是二水平的情况, 如果一个单一表的定义对照子群可以通过置换控制因子的标签和 (或) 噪声因子的标签从另一个单一表的定义对照子群得到, 则称这两个单一表是同构的. 注意因子标签的置换分别限制在控制因子和噪声因子上. 这与上一章相同, 在定义同构时, 将整区和子区的因子分开考虑. 同样, 对于 s 水平因子, 可以按照 8.3 节来定义单一表的同构. 显然, 当所有因子具有同等的地位时, 如果两个一般的 s^{n-k} 设计是非同构的, 那么这些设计给出的单一表是非同构的. 然而, 值得注意的是, 同一个 s^{n-k} 设计也可能产生非同构单一表, 这取决于把哪些因子作为控制因子, 哪些因子作为噪声因子. 下面的例子 (Wu 和 Zhu, 2003) 说明了这些.

例 9.4.1 假设有三个控制因子 F_1, F_2, F_3 和三个噪声因子 F_4, F_5, F_6, 每个因子都是二水平. 下面列举 $k = 2$ 时的所有非同构单一表. 这里 $n = 6$, 表 3A.2 列出了所有非同构 2^{6-2} 设计. 易知, 第一个设计, 即设计 6-2.1, 有定义关系

$$I = 1235 = 1246 = 3456. \tag{9.4.2}$$

根据 (9.4.2), 映射

$$1 \to F_1, \ 2 \to F_2, \ 3 \to F_3, \ 4 \to F_4, \ 5 \to F_5, \ 6 \to F_6$$

和

$$1 \to F_1, \ 2 \to F_4, \ 3 \to F_3, \ 4 \to F_2, \ 5 \to F_5, \ 6 \to F_6$$

产生单一表 d_1 和 d_2, 其定义关系分别为

$$d_1 : I = 1235 = 1246 = 3456 \tag{9.4.3}$$

和

$$d_2 : I = 1345 = 1246 = 2356. \tag{9.4.4}$$

在 (9.4.3) 和 (9.4.4) 中, 字母 $1, \cdots, 6$ 分别对应于因子 $F_1, \cdots, F_6$. 虽然 (9.4.3) 和 (9.4.4) 可以通过交换字母 2 和 4 从彼此得到, 但单一表 d_1 和 d_2 不是同构的, 因为 2 表示控制因子 F_2, 4 表示噪声因子 F_4, 二者是不可互换的. 可以验证这两个是仅有的产生于 (9.4.2) 的非同构单一表.

类似地, 表 3A.2 中的设计 6-2.2 产生六个非同构单一表

$$d_3 : I = 123 = 1456 = 23456,$$
$$d_4 : I = 124 = 1356 = 23456,$$
$$d_5 : I = 145 = 1236 = 23456,$$
$$d_6 : I = 456 = 1234 = 12356,$$
$$d_7 : I = 145 = 2346 = 12356,$$
$$d_8 : I = 124 = 3456 = 12356,$$

而设计 6-2.3 产生两个非同构单一表

$$d_9 : I = 123 = 456 = 123456,$$
$$d_{10} : I = 124 = 356 = 123456.$$

最后, 设计 6-2.4 生成六个非同构单一表:

$$d_{11} : I = 123 = 145 = 2345,$$
$$d_{12} : I = 124 = 135 = 2345,$$
$$d_{13} : I = 124 = 156 = 2456,$$
$$d_{14} : I = 124 = 456 = 1256,$$
$$d_{15} : I = 145 = 246 = 1256,$$
$$d_{16} : I = 124 = 345 = 1235.$$

因此, 本例中共有 16 个非同构单一表. □

在本节结束之前, 简要讨论单一表的一个形式, 称为复合表. 根据 Rosenbaum (1994, 1996) 与 Hedayat 和 Stufken (1999), 复合表通常可以定义为一类正交表,

它甚至可以不是正规部分. 在当前条件下, 这个定义可以归结为单一表 d 的定义, 其在 (9.4.1) 中的矩阵 B 形如

$$B = \begin{bmatrix} B_{11} & 0 \\ B_{21} & B_{22} \end{bmatrix}, \tag{9.4.5}$$

其中, B_{11}, B_{21} 和 B_{22} 分别为 $k_1 \times n_1$, $k_2 \times n_1$ 和 $k_2 \times n_2$ 矩阵, $k_1 + k_2 = k$, B_{11} 和 B_{22} 行满秩. 结构 (9.4.5) 在形式上与部分因子裂区设计 (FFSP) 的 (8.1.2) 相同, 因此根据定理 8.1.1, 以下结果成立:

(i) d 的处理组合包含 $s^{n_1-k_1}$ 个控制因子设置;

(ii) 每个此类控制因子设置都与 d 中 $s^{n_2-k_2}$ 个噪声因子设置一起出现.

尽管 (9.4.5) 和 (8.1.2) 形式相似, 但控制因子和噪声因子并不发挥其在 FFSP 设计中整区因子和子区因子的作用. 例如, 这里没有两阶段随机化.

特别地, 如果 $B_{21} = 0$, 那么复合表简化为乘积表. 在这种情况下, 每个控制因子设置都与 d 中的同一组噪声因子设置一起出现. 然而, 一般不需要如此, 因为 B_{21} 可能是非零的. 容易看出, 在例 9.4.1 中列出的单一表中, d_3, d_9 和 d_{11} 是复合表, d_9 是乘积表.

参考 (9.4.5), 假设由

$$\left\{ x^{(1)} : B_{11}x^{(1)} = 0 \right\}, \quad \left\{ x^{(2)} : B_{22}x^{(2)} = 0 \right\}, \quad \{ x : Bx = 0 \}$$

给出的 $s^{n_1-k_1}$, $s^{n_2-k_2}$ 和 s^{n-k} 设计的分辨度分别为 R_1, R_2 和 R. 令 $g_1 = R_1 - 1$, $g_2 = R_2 - 1$ 和 $g = R - 1$. 那么根据定理 2.6.2, 当上述 (i) 中的 $s^{n_1-k_1}$ 个控制因子设置记为行时, 形成强度为 g_1 的正交表. 类似地, 如上述 (ii) 所示, 与同一个控制因子设置一起出现的每组 $s^{n_2-k_2}$ 个噪声因子设置表示一个强度为 g_2 的正交表. 进而, 复合表本身形成一个强度为 g 的正交表. 虽然强度 g_1, g_2 和 g 是复合表的重要综合特征, 但它们并不完全决定当前情形的相关设计特征. 例如, 例 9.4.1 中产生的复合表 d_3 和 d_9 都有 $(g_1, g_2, g) = (2, 2, 2)$, 但如 9.6 节 (见 (9.6.3)) 所示, 它们在人们感兴趣的纯净效应方面并不相同. 因此, 从现在开始, 一般考虑单一表, 而不特别注意复合表.

9.5   效应排序原则

使平均响应接近目标值和减少变差的双重目标决定了稳健参数设计中的效应排序原则. 遵循通用符号, 用 C 表示控制因子主效应, N 表示噪声因子主效应, CN 表示控制因子和噪声因子的 2fi, 等等.

在因子效应中, C 是调整平均响应最关键的效应, 而期望 CN 对减小变差有最大影响. 如果使用响应模型, 那么 N 也可以在减小变差方面发挥与 CN 一样重要的作用. 此外, 作为主效应, N 是潜在重要的, 它与其他感兴趣的效应别名会严重损害设计的效用. 鉴于此, 把 C, N 和 CN 视为最重要的因子效应. 与效应分层原则相比, 任何 2fi CN 都享有与主效应相同的地位. 按重要性排序, 接下来是 CC 和 CCN, 然后是 CCNN, CNN 和 NN. 假设 CC 对调整平均响应的影响与 CCN 对减小变差的影响相当, 因此把它们放在一组. 另外, CCN 只包含一个噪声因子, 因此在减小变差方面, 认为它比 CCNN, CNN 和 NN 更重要.

一般来说, 根据 Wu 和 Zhu (2003), 可以开发一个按重要性顺序对因子效应进行排序的数值规则. 任何包含 i 个控制因子和 j 个噪声因子的效应的权重定义为

$$W(i,j) = \begin{cases} 1, & \max(i,j) = 1, \\ i, & i > j \text{ 且 } i \geqslant 2, \\ j + \dfrac{1}{2}, & i \leqslant j \text{ 且 } j \geqslant 2. \end{cases} \tag{9.5.1}$$

对于 $w = 1, 2, 2.5, \cdots$, 令 K_w 是权重为 w 的因子效应的集合. 那么

$$K_1 = \{C, N, CN\}, \quad K_2 = \{CC, CCN\}, \quad K_{2.5} = \{CCNN, CNN, NN\}, \tag{9.5.2}$$

等等. 上述讨论可以总结为以下效应排序原则:

(i) 权重较小的因子效应比权重较大的因子效应更重要;

(ii) 具有相同权重的因子效应同样重要.

虽然效应排序原则是基于对参数设计的特殊考虑, 但应该谨慎使用. 例如, 可能存在实际情况, 对因子效应的相对重要性有足够的先验认识, 以便对这一原则进行修改. 事实上, Bingham 和 Sitter (2003) 通过不同的权重分配提出了一个替代的效应排序方案. 无论如何, 即使有这种其他的效应排序, 设计准则的制定也应该基本遵循下一节的思路.

9.6 设 计 准 则

在响应建模的方法下, 由效应排序原则得出适合单一表的设计准则, 同时也适用于乘积表. 为了避免繁琐的符号和代数运算而了解主要思想, 考虑二水平因析设计, 并假设包含三个或更多因子的交互作用缺失. 由 (9.5.1) 和 (9.5.2) 得

$$K_1 = \{C, N, CN\}, \quad K_2 = \{CC\}, \quad K_{2.5} = \{NN\}, \tag{9.6.1}$$

并且对于 $w > 2.5$, K_w 是空集. 以下六种别名型产生于 (9.6.1):

(i)　$1 \sim 1$,　　(ii)　$1 \sim 2$,　　(iii)　$1 \sim 2.5$,

(iv)　$2 \sim 2$,　(v)　$2 \sim 2.5$,　(vi)　$2.5 \sim 2.5$.

这里, 来自 K_1 的两个不同效应的别名用 $1 \sim 1$ 表示, 来自 K_1 的效应与来自 K_2 的效应别名表示为 $1 \sim 2$, 以此类推. 与效应排序原则一致, (i) 是最严重的, (ii) 的严重程度低于 (i), 以此类推, (vi) 是严重程度最低的. 对任意单一表 d, 将类型 (i)—(vi) 的别名对的数量分别定义为 $J_1(d), \cdots, J_6(d)$, 根据 Wu 和 Zhu (2003), 自然得出以下设计准则.

定义 9.6.1　设 d_1 和 d_2 是有相同 n_1, n_2 和 k 的两个单一表.

(a) 如果 $J_i(d_1) = J_i(d_2), 1 \leqslant i \leqslant 6$, 则称 d_1 和 d_2 为 J-等价.

(b) 否则, 设 r 为使得 $J_r(d_1) \neq J_r(d_2)$ 的最小整数. 如果 $J_r(d_1) < J_r(d_2)$, 那么称 d_1 比 d_2 有更小的 J-混杂.

(c) 如果没有其他单一表比 d_1 有更小的 J-混杂, 那么称 d_1 具有最小 J-混杂.

上述准则的应用要求用 d 的定义关系表达 $J_i = J_i(d) (1 \leqslant i \leqslant 6)$. 对于 $i \geqslant 0$, $j \geqslant 0$ 且 $(i, j) \neq (0, 0)$, 令 $A_{ij} = A_{ij}(d)$ 是 d 的定义关系中包含 i 个控制因子和 j 个噪声因子的字的数量. 注意到, 对于 $i + j \leqslant 2$, 有 $A_{ij} = 0$, 这是因为考虑的是分辨度为 III 或更高的单一表. 那么

$$J_1 = 2A_{21} + 2A_{12} + 2A_{22}, \quad J_2 = A_{21} + 3A_{30} + 3A_{31}, \tag{9.6.2}$$
$$J_3 = A_{12} + 3A_{03} + 3A_{13}, \quad J_4 = 3A_{40}, J_5 = A_{22}, J_6 = 3A_{04}.$$

由于在 d 中两个不同的主效应不别名, 根据 (9.6.1), 类型 (i) 的任意别名对一定是 (C, CN) 或 (N, CN) 或 $(\mathrm{CN}, \mathrm{CN})$. 那么 (9.6.2) 中 J_1 的方程成立, 因为 d 的定义关系中的一个字对应以下情况:

(i) 两个别名对 (C, CN), 如果它是 CCN 的形式;

(ii) 两个别名对 (N, CN), 如果它是 CNN 的形式;

(iii) 两个别名对 $(\mathrm{CN}, \mathrm{CN})$, 如果它是 CCNN 的形式.

类似地, (9.6.2) 中的其他方程也成立, 并留作练习. 下面的例 9.6.1 说明了这些方程在应用最小 J-混杂准则时的作用.

出于特殊情况下的实际考虑, 可能需要根据严重程度对别名类型 (i)—(vi) 的排序进行微小调整. 例如, 可能希望交换 (iii) 和 (iv) 的顺序. 相应地, 这种重新排序将促使定义 9.6.1 中 $J_1, \cdots, J_6$ 的顺序发生对应变化. 尽管如此, (9.6.2) 仍成立, 即使对任何这样修改的准则, 也可以按照下例的思路探索最优单一表.

例 9.6.1　考虑例 9.4.1 的设置, 该例有三个控制因子和三个噪声因子, 每个因子有两个水平, 且 $k = 2$. 在列出的 16 个非同构单一表中, 只有 d_3, d_6 和 d_9 有 $A_{21} = A_{12} = A_{22} = 0$. 因此, 由 (9.6.2), 这三个表的 J_1 等于零, 其余表的 J_1 为正. 三个表 d_3, d_6 和 d_9 都有 $A_{40} = A_{04} = 0$, 它们的 A_{30}, A_{03}, A_{31} 和 A_{13} 值如下

$$d_3 : A_{30} = 1, A_{03} = 0, A_{31} = 0, A_{13} = 1,$$
$$d_6 : A_{30} = 0, A_{03} = 1, A_{31} = 1, A_{13} = 0,$$
$$d_9 : A_{30} = 1, A_{03} = 1, A_{31} = 0, A_{13} = 0.$$

因此, 由 (9.6.2), 对它们中的每一个, 向量 $(J_1, \cdots, J_6)$ 等于 $(0, 3, 3, 0, 0, 0)$. 因此, d_3, d_6 和 d_9 是 J-等价的, 它们都有最小的 J-混杂. 回想一下, d_6 实际上是一个乘积表. 有趣的是, 最小 J-混杂准则排除了单一表 d_1 和 d_2, 当视为一般 2^{6-2} 设计时, 它们是 MA 设计. □

在上例中, 有最小 J-混杂的单一表 d_3, d_6 和 d_9, 有另一个有吸引力的性质. 可以验证, 在所有非同构单一表中, 只有它们最大化 $\mathrm{cl}(C) + \mathrm{cl}(N) + \mathrm{cl}(CN)$, 其中对于任意这样的表, $\mathrm{cl}(C), \mathrm{cl}(N)$ 和 $\mathrm{cl}(CN)$ 分别是类型 C, N 和 CN 的纯净效应的数量. 事实上, d_3, d_6 和 d_9 的 $\mathrm{cl}(C), \mathrm{cl}(N)$ 和 $\mathrm{cl}(CN)$ 的值分别如下

$$d_3 : \mathrm{cl}(C) = 0, \quad \mathrm{cl}(N) = 3, \quad \mathrm{cl}(CN) = 6,$$
$$d_6 : \mathrm{cl}(C) = 3, \quad \mathrm{cl}(N) = 0, \quad \mathrm{cl}(CN) = 6, \qquad (9.6.3)$$
$$d_9 : \mathrm{cl}(C) = 0, \quad \mathrm{cl}(N) = 0, \quad \mathrm{cl}(CN) = 9.$$

虽然它们都有相同的 $\mathrm{cl}(C) + \mathrm{cl}(N) + \mathrm{cl}(CN)$, 但当有关于系统的额外信息时, 上述细节可能有助于进一步区分它们. 例如, 在许多实际情况下, 不可能所有 CN 型的 2fi 都是重要的. 如果可以选择 d_6 中这一类型的六个纯净 2fi 来表示重要的 2fi, 那么 d_6 比 d_9 有优势. 此外, 如果可以合理地假设 NN 型的 2fi 缺失, 那么 d_6 中的噪声因子主效应也变得纯净, 其对 d_9 和 d_3 的优势会变得更加明显.

Wu 和 Zhu (2003) 与 Wu 和 Hamada (2000, 第 10 章) 列出了在 J-准则和纯净效应方面表现良好的单一表. 如例 9.4.1 和例 9.6.1 所示, 这些表是通过枚举非同构单一表获得的. 不难将 J-准则和 (9.6.2) 中的方程推广到包含四个或更多因子的交互作用缺失的情形. 虽然这可以从基本原理完成, 但 Wu 和 Zhu (2003) 给出的一般公式可能会有所帮助.

与前几章一样, 可以为单一表发展一个基于补集方法的理论. 为此, 需要根据定理 2.7.1 的思路考虑一个有限射影几何表示, 其中控制因子和噪声因子是两个不相交的点集. 令 T_C 和 T_N 分别是这两个集合且 $\overline{T}$ 是它们并集的补集. 可以推导出 A_{ij} 关于 T_C 和 $\overline{T}$ 或 T_N 和 $\overline{T}$ 的公式. 当 $\overline{T}$ 相对较小时, 这些结果很有用. 有关详情见 Zhu (2003) 以及 Zhu 和 Wu (2006).

练　习

9.1 当已知 d_C 和 d_N 的分辨度为 IV 或更高时, 推导一个比定理 9.2.2 更强的形式.

9.2 假设 d_C 和 d_N 分别为控制因子和噪声因子的 $2^{n_1-k_1}$ 和 $2^{n_2-k_2}$ 设计. 令 H_C 是在所有其他因子效应缺失的条件下 d_C 中可估因子效应的集合. 类似地, 定义关于 d_N 的 H_N. 记 H_{CN} 为形如 $E_C E_N$ 的因子效应的集合, 其中 $E_C \in H_C$, $E_N \in H_N$. 例如, 如果 $n_1 = n_2 = 3$, $H_C = \{F_1, F_2, F_3\}$, $H_N = \{F_4, F_4 F_6\}$, 那么

$$H_{CN} = \{F_1 F_4, F_2 F_4, F_3 F_4, F_1 F_4 F_6, F_2 F_4 F_6, F_3 F_4 F_6\}.$$

令 d 为从 d_C 和 d_N 得到的乘积表. 证明在所有其他因子效应缺失的条件下, $H_C \cup H_N \cup H_{CN}$ 中的所有因子效应在 d 中都是可估的.

9.3 证明 (9.6.3).

9.4 在例 9.6.1 中, 证明在所有非同构单一表中, 只有 d_3, d_6 和 d_9 最大化 $\mathrm{cl}(C) + \mathrm{cl}(N) + \mathrm{cl}(CN)$.

9.5 (a) 设有四个控制因子和两个噪声因子, 每个因子有两个水平, 且 $k = 2$, 使用表 3A.2 列举所有非同构单一表;

(b) 在 (a) 中得到的单一表中, 找到一个或多个有最小 J-混杂的表.

9.6 证明 (9.6.2) 中的后五个方程.

9.7 假设只有包含四个或更多因子的交互作用缺失, 描述集合 $K_w (w = 1, 2, 2.5, \cdots)$. 在相同的假设下, 对二水平因析设计, 求出 (9.6.2) 中方程的对应结果.

参 考 文 献

Bingham, D.R. and R.R. Sitter (1999a). Minimum-aberration two-level fractional factorial split-plot designs. *Technometrics* **41**, 62-70.

Bingham, D.R. and R.R. Sitter (1999b). Some theoretical results for fractional factorial split-plot designs. *Ann. Statist.* **27**, 1240-1255.

Bingham, D.R. and R.R. Sitter (2001). Design issues in fractional factorial split-plot experiments. *J. Qual. Tech.* **33**, 2-15.

Bingham, D.R. and R.R. Sitter (2003). Fractional factorial split-plot designs for robust parameter experiments. *Technometrics* **45**, 80-89.

Block, R.M. and R.W. Mee (2005). Resolution IV designs with 128 runs. *J. Qual. Tech.* **37**, 282-293 (Correction, *ibid.* **38**, to appear).

Bose, R.C. (1947). Mathematical theory of the symmetrical factorial design. *Sankhyā* **8**, 107-166.

Bose, R.C. (1961). On some connections between the design of experiments and information theory. *Bull. Inst. Internat. Statist.* **38**, 257-271.

Box, G.E.P. and J.S. Hunter (1961a). The 2^{k-p} fractional factorial designs. *Technometrics* **3**, 311-352.

Box, G.E.P. and J.S. Hunter (1961b). The 2^{k-p} fractional factorial designs, II. *Technometrics* **3**, 449-458.

Box, G.E.P., W.G. Hunter, and J.S. Hunter (1978). *Statistics for Experimenters.* New York: Wiley.

Box, G.E.P., J.S. Hunter, and W.G. Hunter (2005). *Statistics for Experimenters.* 2nd ed. New York: Wiley.

Box, G.E.P. and S. Jones (1992). Split-plot designs for robust product experimentation. *J. Appl. Statist.* **19**, 3-26.

Brouwer, A.E. (1998). Bounds on linear codes. In *Handbook of Coding Theory* (V.S. Pless and W. Huffman, eds.), 295-461, Amsterdam: North Holland.

Brouwer, A.E. and T. Verhoeff (1993). An updated table of minimum-distance bounds for binary linear codes. *IEEE Trans. Inform. Theory* **39**, 662-676.

Brownlee, K.A., B.K. Kelly, and P.K. Loraine (1948). Fractional replication arrangements for factorial experiments with factors at two levels. *Biometrika* **35**, 268-276.

Bush, K.A. (1952). Orthogonal arrays of index unity. *Ann. Math. Statist.* **23**, 426-434.

Chen, H. and C.S. Cheng (1999). Theory of optimal blocking of 2^{n-m} designs. *Ann. Statist.* **27**, 1948-1973.

Chen, H. and A.S. Hedayat (1996). 2^{n-l} designs with weak minimum aberration. *Ann. Statist.* **24**, 2536-2548.

Chen, H. and A.S. Hedayat (1998). 2^{n-m} designs with resolution III or IV containing clear two-factor interactions. *J. Statist. Plann. Inference* **75**, 147-158.

Chen, J. (1992). Some results on 2^{n-k} fractional factorial designs and search for minimum aberration designs. *Ann. Statist.* **20**, 2124-2141.

Chen, J. (1998). Intelligent search for 2^{13-6} and 2^{14-7} minimum aberration designs. *Statistica Sinica* **8**, 1265-1270.

Chen, J., D.X. Sun, and C.F.J. Wu (1993). A catalogue of two-level and three-level fractional factorial designs with small runs. *Internat. Statist. Rev.* **61**, 131-145.

Chen, J. and C.F.J. Wu (1991). Some results on s^{n-k} fractional factorial designs with minimum aberration or optimal moments. *Ann. Statist.* **19**, 1028-1041.

Cheng, C.S. (1980). Orthogonal arrays with variable numbers of symbols. *Ann. Statist.* **8**, 447-453.

Cheng, C.S. and R. Mukerjee (1998). Regular fractional factorial designs with minimum aberration and maximum estimation capacity. *Ann. Statist.* **26**, 2289-2300.

Cheng, C.S. and R. Mukerjee (2001). Blocked regular fractional factorial designs with maximum estimation capacity. *Ann. Statist.* **29**, 530-548.

Cheng, C.S., D.M. Steinberg, and D.X. Sun (1999). Minimum aberration and model robustness for two-level fractional factorial designs. *J. Roy. Statist. Soc. B* **61**, 85-93.

Cheng, C.S. and B. Tang (2005). A general theory of minimum aberration and its applications. *Ann. Statist.* **33**, 944-958.

Cheng, S.W. and C.F.J. Wu (2002). Choice of optimal blocking schemes two-level and three-level designs. *Technometrics* **44**, 269-277.

Cheng, S.W. and K.Q. Ye (2004). Geometric isomorphism and minimum aberration for factorial designs with quantitative factors. *Ann. Statist.* **32**, 2168-2185.

Deng, L.Y. and B. Tang (1999). Generalized resolution and minimum aberration criteria for Plackett-Burman and other nonregular factorial designs. *Statistica Sinica* **9**, 1071-1082.

Dey, A. (1985). *Orthogonal Fractional Factorial Designs*. New York: Halsted Press.

Dey, A. and R. Mukerjee (1999). *Fractional Factorial Plans*. New York: Wiley.

Draper, N.R. and D.K.J. Lin (1990). Capacity considerations for two-level fractional factorial designs. *J. Statist. Plann. Inference* **24**, 25-35 (Correction, *ibid.* **25**, 205).

Draper, N.R. and T. Mitchell (1970). Construction of the set of 512-run designs of resolution $\geqslant 5$ and the set of even 1024-run designs of resolution $\geqslant 6$. *Ann. Math. Statist.* **41**, 876-887.

Fang, K.T., R. Li, and A. Sudjianto (2005). *Design and Modeling for Computer Experiments*. Boca Raton: CRC Press.

Franklin, M.F. (1984). Constructing tables of minimum aberration p^{n-m} designs. *Technometrics* **26**, 225-232.

Franklin, M.F. (1985). Selecting defining contrasts and confounded effects in p^{n-m} factorial experiments. *Technometrics* **27**, 165-172.

Fries, A. and W.G. Hunter (1980). Minimum aberration 2^{k-p} designs. *Technometrics* **22**, 601-608.

Hamada, M. and C.F.J. Wu (1992). Analysis of designed experiments with complex aliasing. *J. Qual. Tech.* **24**, 130-137.

Hedayat, A.S., N.J.A. Sloane, and J. Stufken (1999). *Orthogonal Arrays: Theory and Applications*. New York: Springer.

Hedayat, A.S. and J. Stufken (1999). Compound orthogonal arrays. *Technometrics* **41**, 57-61.

Huang, P., D. Chen, and J.O. Voelkel (1998). Minimum aberration two-level split-plot designs. *Technometrics* **40**, 314-326.

John, J.A. and E.R. Williams (1995). *Cyclic and Computer Generated Designs*. 2nd ed. London: Chapman and Hall.

Kempthorne, O. (1952). *Design and Analysis of Experiments*. New York: Wiley.

Kiefer, J.C. (1975). Construction and optimality of generalized Youden designs. In *A Survey of Statistical Design and Linear Models* (J. N. Srivastava, ed.), 333-353, Amsterdam: North Holland.

Kurkjian, B. and M. Zelen (1962). A calculus for factorial arrangements. *Ann. Math. Statist.* **33**, 600-619.

Kurkjian, B. and M. Zelen (1963). Applications of the calculus for factorial arrangements, I. Block and direct product designs. *Biometrika* **50**, 63-73.

Lin, D.K.J. (1993). A new class of supersaturated designs. *Technometrics* **35**, 28-31.

Lin, D.K.J. (1995). Generating systematic supersaturated designs. *Technometrics* **37**, 213-225.

MacWilliams, F.J. (1963). A theorem on the distribution of weights in a systematic code. *Bell Systems Technical Journal* **42**, 79-84.

MacWilliams, F.J. and N.J.A. Sloane (1977). *The Theory of Error Correcting Codes*. Amsterdam: North Holland.

Marshall, A. and I. Olkin (1979). *Inequalities: Theory of Majorization and Its Applications*. New York: Academic Press.

Montgomery, D. (2000). *Design and Analysis of Experiments*. 5th ed. New York: Wiley.

Mukerjee, R. (1982). Universal optimality of fractional factorial plans derivable through orthogonal arrays. *Calcutta Statist. Assoc. Bull.* **31**, 63-68.

Mukerjee, R., L.Y. Chan, and K.T. Fang (2000). Regular fractions of mixed factorials with maximum estimation capacity. *Statistica Sinica* **10**, 1117-1132.

Mukerjee, R. and K.T. Fang (2002). Fractional factorial split-plot designs with minimum aberration and maximum estimation capacity. *Statistica Sinica* **12**, 885-903.

Mukerjee, R. and C.F.J. Wu (1999). Blocking in regular fractional factorials: a projective geometric approach. *Ann. Statist.* **27**, 1256-1271.

Mukerjee, R. and C.F.J. Wu (2001). Minimum aberration designs for mixed factorials in terms of complementary sets. *Statistica Sinica* **11**, 225-239.

National Bureau of Standards (1957). Fractional Factorial Experiment Designs for Factors at Two Levels. *Applied Mathematics Series 48*. Washington, D.C.: U.S. Government Printing Office.

National Bureau of Standards (1959). Fractional Factorial Experiment Designs for Factors at Three Levels. *Applied Mathematics Series 54*. Washington, D.C.: U.S. Government Printing Office.

Nguyen, N.K. (1996). An algorithmic approach to constructing supersaturated designs. *Technometrics* **38**, 69-73.

Plackett, R.L. and J.P. Burman (1946). The design of optimum multifactorial experiments. *Biometrika* **33**, 305-325.

Pless, V. (1963). Power moment identities on weight distributions in error correcting codes. *Information and Control* **6**, 147-152.

Pless, V. (1989). *Introduction to the Theory of Error-Correcting Codes*. New York: Wiley.

Raghavarao, D. (1971). *Constructions and Combinatorial Problems in Design of Experiments*. New York: Wiley.

Raktoe, B.L., A.S. Hedayat, and W.T. Federer (1981). *Factorial Designs*. New York: Wiley.

Rao, C.R. (1947). Factorial experiments derivable from combinatorial arrangements of arrays. *J. Roy. Statist. Soc. Suppl.* **9**, 128-139.

Rao, C.R. (1973). *Linear Statistical Inference and Its Applications*. 2nd ed. New York: Wiley.

Robillard, P. (1968). Combinatorial problems in the theory of factorial designs and error correcting codes. *Inst. Statist. Mimeo Series 594*. Chapel Hill: Univ. North Carolina.

Rosenbaum, P.R. (1994). Dispersion effects from fractional factorials in Taguchi's method of quality design. *J. Roy. Statist. Soc. B* **56**, 641-652.

Rosenbaum, P.R. (1996). Some useful compound dispersion experiments in quality design. *Technometrics* **38**, 354-364.

Santner, T., B. Williams, and W. Notz (2003). *The Design and Analysis of Computer Experiments*. New York: Springer.

Shah, B.V. (1958). On balancing in factorial experiments. *Ann. Math. Statist.* **29**, 766-779.

Shoemaker, A.C., K.L. Tsui, and C.F.J. Wu (1991). Economical experimentation methods for robust design. *Technometrics* **33**, 415-427.

Sitter, R.R., J. Chen, and M. Feder (1997). Fractional resolution and minimum aberration in blocked 2^{n-k} designs. *Technometrics* **39**, 382-390.

Suen, C., H. Chen, and C.F.J. Wu (1997). Some identities on q^{n-m} designs with application to minimum aberration designs. *Ann. Statist.* **25**, 1176-1188.

Sun, D.X. (1993). *Estimation Capacity and Related Topics in Experimental Design.* Univ. Waterloo Ph.D. thesis.

Sun, D.X., C.F.J. Wu, and Y. Chen (1997). Optimal blocking schemes for 2^n and 2^{n-p} designs. *Technometrics* **39**, 298-307.

Taguchi, G. (1987). *System of Experimental Design.* White Plains, NY: Unipub/Kraus.

Tang, B. and L.Y. Deng (1999). Minimum G_2-aberration for nonregular fractional factorial designs. *Ann. Statist.* **27**, 1914-1926.

Tang, B. and C.F.J.Wu (1996). Characterization of minimum aberration 2^{n-k} designs in terms of their complementary designs. *Ann. Statist.* **24**, 2549-2559.

van der Waerden, B.L. (1966). *Modern Algebra.* New York: Frederick Ungar.

van Lint, J.H. (1999). *Introduction to Coding Theory.* 3rd ed. Berlin: Springer.

Welch, W.J., T.K. Yu, S.M. Kang, and J. Sacks (1990). Computer experiments for quality control by parameter design. *J. Qual. Tech.* **22**, 15-22.

Wu, C.F.J. (1989). Construction of $2^m 4^n$ designs via a grouping scheme. *Ann. Statist.* **17**, 1880-1885.

Wu, C.F.J. (1993). Construction of supersaturated designs through partially aliased interactions. *Biometrika* **80**, 661-669.

Wu, C.F.J. and Y. Chen (1992). A graph-aided method for planning two-level experiments when certain interactions are important. *Technometrics* **34**, 162-174.

Wu, C.F.J. and M. Hamada (2000). *Experiments: Planning, Analysis, and Parameter Design Optimization.* New York: Wiley.

Wu, C.F.J. and R. Zhang (1993). Minimum aberration designs with two-level and four-level factors. *Biometrika* **80**, 203-209.

Wu, C.F.J., R. Zhang, and R. Wang (1992). Construction of asymmetrical orthogonal arrays of the type $OA(s^k, s^m(s^{r_1})^{n_1} \cdots (s^{r_t})^{n_t})$. *Statistica Sinica* **2**, 203-219.

Wu, C.F.J. and Y. Zhu (2003). Optimal selection of single arrays for parameter design experiments. *Statistica Sinica* **13**, 1179-1199.

Wu, H. and C.F.J. Wu (2002). Clear two-factor interactions and minimum aberration. *Ann. Statist.* **30**, 1496-1511.

Xu, H. (2003). Minimum moment aberration for nonregular designs and supersaturated designs. *Statistica Sinica* **13**, 691-708.

Xu, H. (2005). A catalogue of three-level regular fractional factorial designs. *Metrika* **62**, 259-281.

Xu, H. (2006). Blocked regular fractional factorial designs with minimum aberration. *Ann. Statist.*, to appear.

Xu, H. and C.F.J. Wu (2001). Generalized minimum aberration for asymmetrical fractional factorial designs. *Ann. Statist.* **29**, 1066-1077.

Xu, H. and C.F.J. Wu (2005). Construction of optimal multi-level supersaturated designs. *Ann. Statist.* **33**, 2811-2836.

Yamada, S. and D.K.J. Lin (1999). Three-level supersaturated designs. *Statist. Probab. Lett.* **45**, 31-39.

Ye, K.Q. (2003). Indicator function and its application in two-level factorial designs. *Ann. Statist.* **31**, 984-994.

Zelen, M. (1958). Use of group-divisible designs for confounded asymmetric factorial experiments. *Ann. Math. Statist.* **29**, 22-40.

Zhang, R. and Q. Shao (2001). Minimum aberration $(S^2)S^{n-k}$ designs. *Statistica Sinica* **11**, 213-223.

Zhu, Y. (2003). Structure function for aliasing patterns in 2^{l-n} design with multiple groups of factors. *Ann. Statist.* **31**, 995-1011.

Zhu, Y. and C.F.J. Wu (2006). Structure function for general s^{l-m} design and blocked regular (s^{l-m}, s^r) design and their complementary designs. *Statistica Sinica* , to appear.

人 名 索 引

名 词 索 引

"统计与数据科学丛书"已出版书目